JN065325

戦争という選択

〈主戦論者たち〉から見た
太平洋戦争開戦経緯

Sekiguchi Takashi
関口高史

作品社

戦争という選択

——〈主戦論者たち〉から見た太平洋戦争開戦経緯

平和を望むすべての人へ、この本を捧ぐ

はじめに——誰がための「勝利」

太平洋戦争では美しい島々で日本軍の玉砕が続いた。日本軍は勝てない、とわかった後も戦いを続けた。そればかりか、島嶼に配置された多くの将兵は助け出されることも、食糧や武器・弾薬を届けられることもない袋小路の中で戦うしかなかった。

それは太平洋だけのことではなかった。大陸の奥深くでも見られる光景だった。遠くインド・ビルマ国境付近で行われたインパール作戦などは、補給が絶え、撤退中に多くの将兵が命を落とした。その退路は後に「白骨街道」と呼ばれるほど悲惨なものだった。

日本軍は敗北の末、戦争に勝つという大義を見失い、当初、与えられた任務に固執した。最後は打つ手もなくなり、結果から考察すれば、その意思とは別に、国家と国民を道連れにして敗戦するのだった。それは任務達成のため、生殺与奪の権利を与えられた指揮官が文字どおり部下たちの命を握り、戦いを実行していった末のことである。

日本軍は負けることより、拠るべき任務を放棄することの脆弱性を知っていたのだ。その結果、太平洋戦争では、軍人、民間人を含め、約三百十万人の尊い命がなくなったのである……。

このように戦争は恐ろしい。それは、とてつもなく恐ろしいものだ。戦争は、これまで人類に悲惨な結末をもたらしてきた。それにもかかわらず、人類の歴史は戦争の歴史と言っても過言ではない。

むしろ戦争の本当の恐ろしさは、戦争のことを知ろうともせず、戦争の本質から目を反らし、戦争に魅了される狂気が人々の中に存在することだ。

事実、戦争はさまざまな国家・民族の興亡の契機にもなってきた。しかも、この狂気は単なる妄想で終わらない。ある目的を達成する、つまり、「勝利」に至る方程式を自ら組み立て、その解を具体的かつ合理的に証明できるのだ。ここで言う勝利は戦いに勝つことだけを意味しない。領土や奴隷を含むあらゆる資源の獲得、国家の意思やイデオロギー、それに民族の価値観を敵に強要することや、膺懲や名声の獲得なども含む包括的な概念だ。

「勝利」という包括的な概念のことゆえ、多くの人々から支持を得ることもできる。もちろん中には強制された、という人もいるだろう。しかし彼らに強制力を働かせることのできる人物からは支持を得ていたことになる。我が国にもそういう時代があった。

昭和十六年（一九四一年）十二月八日、大日本帝国は米英と戦争状態に入った。なぜ、日本は国力があまりにも違う米国を主敵として「無謀な」戦争という選択をしたのだろうか。その疑問は、敗色が濃くなってからも日本が戦争をやめられなかったことにつながる。

本書の目的は、この問いに真摯に向き合い、一つの答えを導き出すことである。

様々な説と本書のアプローチ——主戦論者たちの勝利

太平洋戦争についても、これまで数多の文献が日本の米国との戦争へ突入した経緯を語っている。それは各種要因を極端な二元論に集約させ、日本あるいは米国が顕在的または潜在的に戦争を仕掛けたというものから、もっぱら事象の羅列に終始し、地理的要因に準拠して「宿命だった」あるいは「不可避だった」と主張するものまで存在する。そればかりか、もともと日本に戦略などなく、ただ単に強大な軍があるから戦争になった、という滑稽なものまでまかりとおっている。最近の米軍の研究を例にとると、「戦略環境」を統計学的に人工知能が分析し、国家意思を戦争により実現しようとする傾向を導き出している。その具体例として、我が国の戦前の人口爆発を解決する手段は他国に対する攻撃的政策だったとする。つまり、ある事象が生ずれば、一つの傾向が「自動的に」導き出され、戦争が発生するという考え方だ。[1]

その他にも、日本が「デッドロック」と呼ばれる事態に陥ったとする説がある。永野修身(ながのおさみ)海軍大将は、「戦うも亡国、戦わざるも亡国。戦わざる亡国は真の亡国なり」と語った。[2]つまり船が岩礁に乗り上げた時、船乗りがとる一か八かの賭けに太平洋戦争も似た行動だと結論付けているのだ。デッドロックは何もしないで失うものと何かをして得るものの確率・期待値がほぼ同じになった時、採られることが多い選択だからだ。

しかし本書は、それらとは異なるアプローチをとる。人間の顔が見えてこない理論あるいは史実だけの歴史ではなく、あえて「主戦論者たち」の主張とその思考に焦点を当て、当事者たちの自己弁護ではなく、現在の安全保障学の観点から、方程式と解を求めていく。

なぜなら開戦に至る経緯を考えた時、彼らは他の主張を抑え、明らかに「勝利」した者たちだからだ。つまり彼らは大日本帝国とときの政権で多くの人々から支持を得るのに成功したのである。

本書のアプローチを要約すれば、これまで多くの批判にさらされてきた軍事の領域から戦争手段へ訴えた理由を再考することになるであろう。戦争を起こした人々の言い分をよく聞き、ストーリーを展開していく、というものである。換言すれば主戦論者たちによる開戦までの「物語」とも呼ぶべきか。

そして、なぜ日本が国際問題の解決を戦争手段に訴えたのか、当時とはこれだけ価値観が異なる現代でも理解可能な原因の解明を試みることでもある。そのようなアプローチによって、多くの読者は戦争と向き合う、すなわち、戦争を回避するための糸口についても見えてくるはずだ。

よって本書では当時の為政者の意思決定だけではなく、政治・外交、経済、軍事、文化・社会等の各領域へ考察の範囲を拡げ、国家の意思に大きな影響を与えた国民の戦争に対する「期待」にも言及していく。これは国家の「感情」[3]にまで検討を加える、ということに他ならない。

なお、本書では考察する対象・出来事を、主体（アクター）と空間と時間で区分している。主体は、米、英、独、露（ソ）、支（中）及び日本などの国家を挙げた。

空間については、主にアジア太平洋を中心とする地域とした。そして時間は日露戦争の終結から太平洋戦争の劈頭、真珠湾攻撃の直前までをクローズアップした。

同じく本書においては「戦略的思考」という用語をたびたび使用している。この意味するところは、戦略環境の認識、戦略環境の醸成、そして抑止（対処）という三つの次元で事象を整理し、結果と原因を分析・究明していこうというものだ。

軍事の視点——合理的説明の超限

本書では、日本が戦争を選択した要因を主戦論者たちの主張から考察していくと書いた。よって軍事に開戦経緯の考察の軸足を置くものである。別の言い方をすれば、軍事以外の領域から見ると、合理的には説明できない事象も多々あるということだ。

また、これは「正しい」か「悪いか」という単純な議論で終わるものではない。戦争の本質を議論するための「資」を提示するものである。プロイセンの陸軍参謀総長ヘルムート・カール・ベルンハルト・フォン・モルトケは、「戦争は他の技術のごとく推理的方法をもって学ぶに能わず、ただ経験的道程においてこれを学び得るべし」と語った。[4]つまり、軍事の領域では失敗は許されない。よって理論の偏重を戒める必要があり、経験的道程を軽視すれば、また同じ失敗を繰り返すだけだというのだ。

その他、本書では概ね時系列（時代順）に従い、事象を記述していく。しかし、理解を容易にするため、項目を優先して多少、相前後に記述したものもある。また本書の目的から全ての事象・事件を網羅することはできない。本書の目的と合致したものに焦点を絞ることで議論を発散させることなく、伝えたいことを収斂させつつ論を進めていく。換言すれば、個々の事象・事件にこだわるのでなく、大きな時代のうねりを見ていく、ということである。

ここで近衛（このえ）文麿（ふみまろ）[▼5]元首相の家族に宛てた最期の手紙を紹介したい。巣鴨プリズンに収監される（予定の）前日に書かれたものだ。

> 戦争に伴う昂奮と激情と勝てる者の行き過ぎた増長と敗れた者の過度の卑屈と故意の中傷と誤解に本づく流言飛語と是等一切の所謂輿論なるものもいつか冷静さを取り戻し正常に復する時も来よう。

これは国同士の話だけではない。国内における様々な個人においても同様なことが言えるのではないだろうか。この時こそ、正に本書を展開していく理想とすべき時機なのである。

戦争は国家の重要な役割の一つにもかかわらず、我が国では、これまで議論が活発化してこなかった。それは、あまりにも問題が複雑化してしまったため、専門家以外の容喙を躊躇させるからに他ならない。しかし「平和を欲するなら、戦争のことをよく知る」ことが大事である。公平、公正、客観的に過去を振り返る機会を失ってはならないのは当然だ。しかし、そればかりではなく、戦争をよく知ることが平和をもたらす一助となる。

戦争に関心を持つのは安全保障・防衛などの領域に携わる人たちだけではない。民主主義国家ならば、国民主権の下、国民の知る権利と政府の説明責任が求められる。それゆえに戦争と安全保障の「認識」について、真剣に共有されるべきなのである。

我が国に未曽有の不幸をもたらした、この戦争について、国民一人ひとりが目を反らさず、考える時が来たのではないだろうか。戦場へ赴いた兵士の中には、出征によって自分が英雄になることを夢見た者も多くいた。戦争が悲惨なものと知っていれば、そのようなことは起こるまい。

もう一度言う。戦争はとてつもなく恐ろしい。しかし、戦争をするのも、しないのも人間が決める、ということを決して忘れてはならない。

戦争という選択／目次

第一部　日米開戦の間接的経緯

第二部　日米開戦の直接的経緯

序章　「学」としての戦争――安全保障のアプローチと方法論

戦争と平和は国家が行う諸施策の結果と密接な関係にある。となれば当然、両者は社会とも密接な間柄になる。そして社会の分業化が進むと、他の学問と同様、戦争も学問として成り立つ。ここで言う学問とは「知識と方法」によって構成されるものだ。

洋の東西を問わず、戦争を究明しようとする動きはあった。なぜ戦争は起きるのか。どうしたら戦争で勝てるのか。そういった素朴ではあるが、簡単に答えが見つからない問いに端を発するものだった。中でも古典戦略家として、戦うことより戦わずして勝つことの優位性を説いた孫子（孫武）[1]、戦争を哲学的に分析し、その理論を確立しようとしたカール・フォン・クラウゼヴィッツなどの名が挙げられるであろう[2]。

また戦争を対象とする学問は、「戦争学」「軍事学」「用兵学」などと呼ばれ、戦争の本質や戦争の組織と行動、戦争で勝利へ導く武器の開発、軍人の在るべき姿、そして戦争がもたらす影響などを解明しようとした[3]。ただし戦争を研究する人も戦争を学ぼうとする人も、その多くは軍人あるいは軍との関係が深い人たちであった。それゆえ戦争に関する学問は学術体系的には国防あるいは軍事として個別に扱われ、時には統治学系の社会科学に位置付けられることもあった[4]。そして戦争は、それと同時に国家あるいは主権者にとっては必要なものであり、有用であると認められてきたのだった。

これは長い間、戦争が国家の持つ領域の一つ、すなわち軍事に主体を置かれていた、と多くの人から認識されていたことと無縁ではあるまい。しかし、それは総力戦時代を迎え、戦争の形態が大きく変化することで戦争に関する学問の在り方にも影響を与えた。つまり戦争をめぐる学問は個別の分野では対応できなくなり、幅広い分野での実り多き成果の総和で評価されるものへと変化したからだ。それがさらに安全保障や危機管理など、戦争を抑止する動きが加わると、戦争と日常生活との差異も希薄となり、対象とすべき学問も拡大したのである。

また総力戦時代の到来は、軍事が形而上、国家の領域での上位概念となり、軍事に関する学問が他の学問より優先されることもあった。実社会における軍事の実践が尊重され、軍事の他の領域に対する侵略も始まった。つまり、他の学問の独立と自由を侵したのである。戦争に「捷つ（勝つ）」ため、殊更日本を中心とする戦争哲学や地政学、歴史認識を強調し、戦時経済学や科学技術、そして医学などの分野で戦争に貢献する学問を優遇したのも、その一つである。

また統帥権干犯の問題などからもわかるように、軍人は政治家や他の領域の人たちの干渉を嫌った。軍事は軍事の領域に携わる人、つまり軍人の聖域とされた。しかも戦争の手段が高度化、専門化することで軍人がやるべきことも増えた。それにより軍国主義という名の視野の狭隘を招いた。

そして日本は太平洋戦争に負けた。その反動は大きかった。徹底的に軍事は否定され、アカデミズムとミリタリズムは水と油の関係のように扱う向きさえあった。ちょうど社会への影響力や浸透力と比例するように、軍事の領域の学問・研究は抑え込まれていった。軍事は悪という考えを持たれることもあった。それが軍事と他の領域との分離が進む要因になったのは言うまでもない。

しかし、それは軍事先進国と呼ばれる国々の軍事学の趨勢とは明らかに異なった。各国は最先端の知識と方法を軍事へ応用するとともに、軍事学の発展にも寄与してきた。米国などでは効果的な作戦の遂行には最新の技術を積極的に取り入れる努力も積み重ねられている。▼5 特に日常生活と戦争とのシームレスな関係が特徴づけられる現代戦においては、軍事の領域とその他の領域との新たな融合が始まっている。従来の作戦領域であった「陸」「海」「空」などの空間に加え、「宇宙」「サイバー」「電磁波」などのあらゆる作戦領域がマルチ・ドメインなどと定義される。[6] これらは軍事と非軍事の融合が軍事学においても進めなくてはならないことを示唆するものである。

ところで戦争には学問のように、理論で証明できる普遍性があるだろうか。著者は理論だけでは証明しづらいものだと考える。ただし理論に加え、事象をもとに構成されるものならば普遍的な学問としても成り立つと考える。そういった意味で戦争哲学、戦時経済学、政軍関係や危機管理理論などの発展経緯、もちろん戦史なども学問の対象となるであろう。とはいえ方法論において、学問として成り立たない「術（アート）」の存在も否定できない。いわゆる指揮官の統率や戦術などである。よって戦争、安全保障の定義を明確にできないのも、その事情による。客観的に評価すること自体、難しいのだ。[7]

経済の分野では、合理的判断に基づく意思決定を前提とすることが多い。しかし軍事の領域では数学や化学反応のように一定の条件が備われば勝ちで、備わらなければ敗ける、といった定理が導き出せない。先述のクラウゼヴィッツは哲学的に戦争を分析したが、一部の理論が抽出されただけで、難解な解説に止まることとなった。むしろモルトケが「戦争は他の技術のごとく……」と語ったように、理論より実践が尊ばれる傾向にある。

戦争の機能

このように摑みどころがない安全保障のアプローチとして、どのようなものがあるだろうか。それには戦争の機能に準拠するものがあり、理解も容易かもしれない。機能の一例として、各機能を総合する「指揮」、戦争の主要な構成要素である「機動」「打撃」「防護」、そして戦争の基盤となる「認識」「持続」などがある。これらの視点から安全保障を考察していくのである。ここで挙げた機能は部隊の規模にかかわらず、これ以上分解できない要素、つまり素数のようなものである。戦争においては目的や戦略環境等に応じてこれらの機能を適宜に組み合わせ、勝利の獲得に邁進する。よって機能から分析することは戦争や戦略の本質を深く理解するのに有効なのである。

まず「指揮」という機能で安全保障を考察した例として、次のようなものが挙げられる。それは戦争目的や国家の意思決定について検討することだ。戦いの究極な目的は勝つことであるが、戦争の目的は何だろうか。何から何を守るために戦うのか。国家存立に必要な主権、領土、領民を守るためか。もちろん、それもあるだろう。クラウゼヴィッツは、戦争は他の手段をもってする政治の延長と語った。つまり我の意思を敵に強要することにあると語るのだ。

戦争の機能

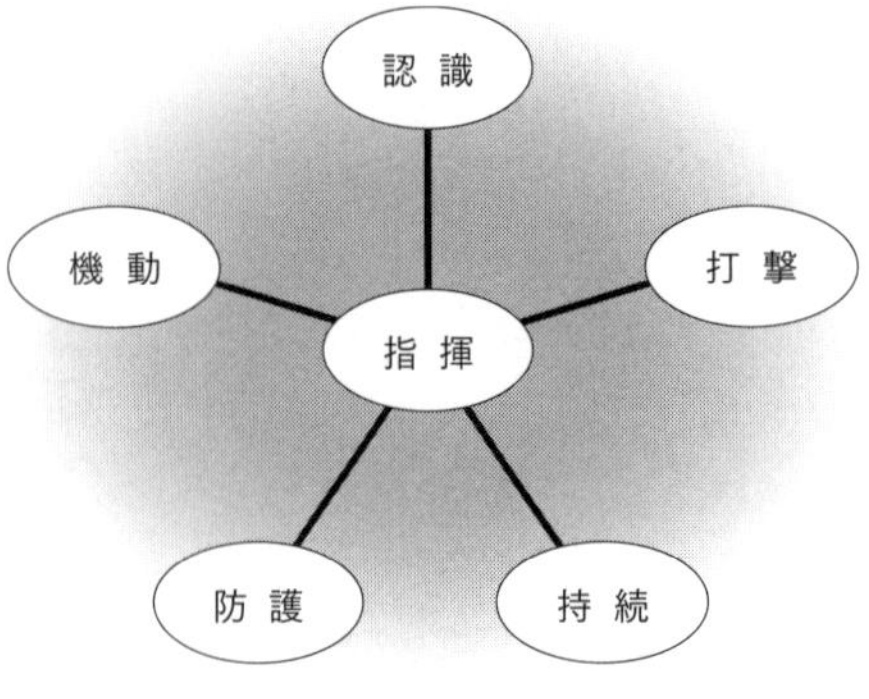

認識
打撃
持続
防護
機動
指揮

しかし総力戦時代はその理論を超越した。先述したように軍事が政治の上位概念になったのだ。そうなれば国家戦略と軍事戦略は一体化し、戦争に勝つことが最大の目的となり、戦争の勝敗によって国家の正邪が決まるなどの特徴が出てくる。よって国家も制度的に変革しなければならないと考えられたのは当然であった。

さらに付け加えると、日本では内閣などは戦争の条件を作為するために存在し、軍が戦争を行うための国家の変革を唱える者まで出来した。「二・二六事件」などで、青年将校は天皇親政による高度国防国家の実現を蹶起理由の一つに挙げていた[8]。目標の達成手段は極めて危険だったが、その目的と方向性の一端は当時の趨勢、あるいは思想に適ったものだったかもしれない。

しかし第二次世界大戦が終結すると、新たに「大戦略」と呼ばれる概念が生まれるのである。ベイジル・リデル＝ハートなどの説である。▼9 つまり米ソ超大国がお互いの勢力拡大を争う中、どのような政策・戦略を遂行していけばよいか、という疑問に答えるためのものだ。軍事に代わり、再び政治・外交が国家のあらゆる領域の最上位概念として存在し、国力を結集して機微な国際情勢に対応していかなければならないと考えられるようになったのである。

　そして「指揮」の機能のうち、指揮官に注目した場合は次のようなアプローチとなる。戦略、作戦、戦術などの戦争の階層を考えた時、ある階層で特別な能力を爆発的に発揮する人物がいるのは周知の通りである。古代カルタゴのハンニバル・バルカはポエニ戦争において地中海を大迂回し、ローマとの決戦を企図した。その進撃に際し、ハンニバルは象を引き連れ、進撃経路の敵に恐怖心を植え付け、戦いを有利に進めたのである。またナポレオン・ボナパルトは縦横無尽に戦場を行き来する数頭の軍馬に牽引させた大砲と騎馬砲兵を運用した。いわゆる「空飛ぶ砲兵」である。これにより、迅速かつ大量の火力の集中が可能となり、戦勢の支配を獲得する手段とした。そしてアドルフ・ヒトラー率いるドイツ軍の電撃戦とアルデンヌの森の突破などはそれまでの「常識」をうち破った戦い方であった。ただし彼らに共通するのは勝つことはできても勝ち続けることは難しい、という史実だ。何か、そこに戦争を研究する際のヒントがあるような気がする。

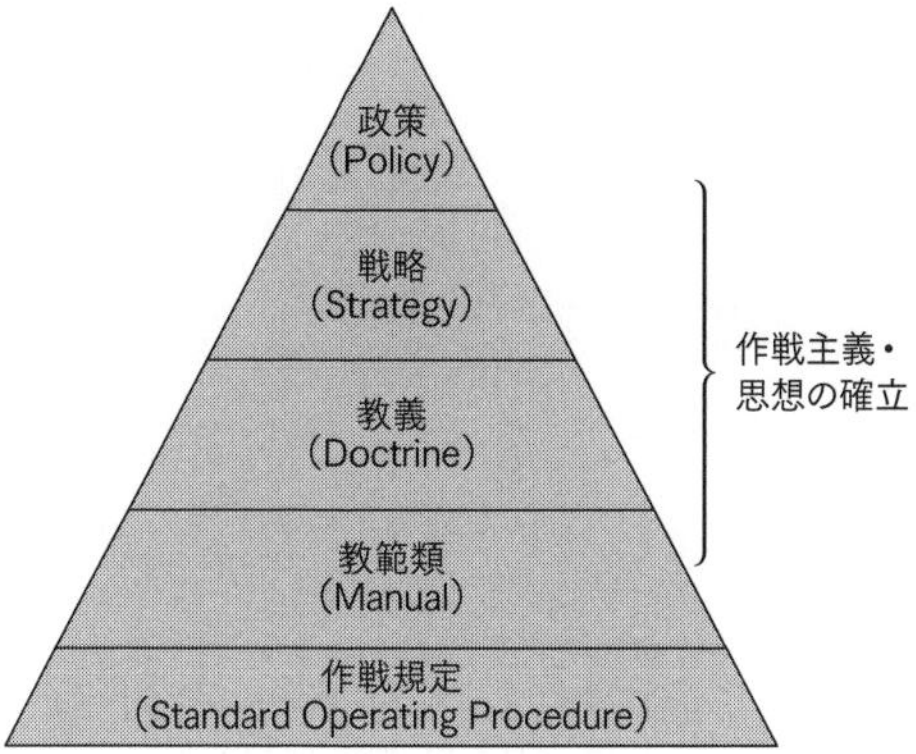

　また国家の中央から小部隊に至る連続した行動の概要は政策、戦略、教義、教範類、作戦規定等で見ていくことが可能だ。軍にとって政策から部隊が決める作戦規定等まで一貫して示されてい

政策（Policy）
戦略（Strategy）
教義（Doctrine）
教範類（Manual）
作戦規定（Standard Operating Procedure）
作戦主義・思想の確立

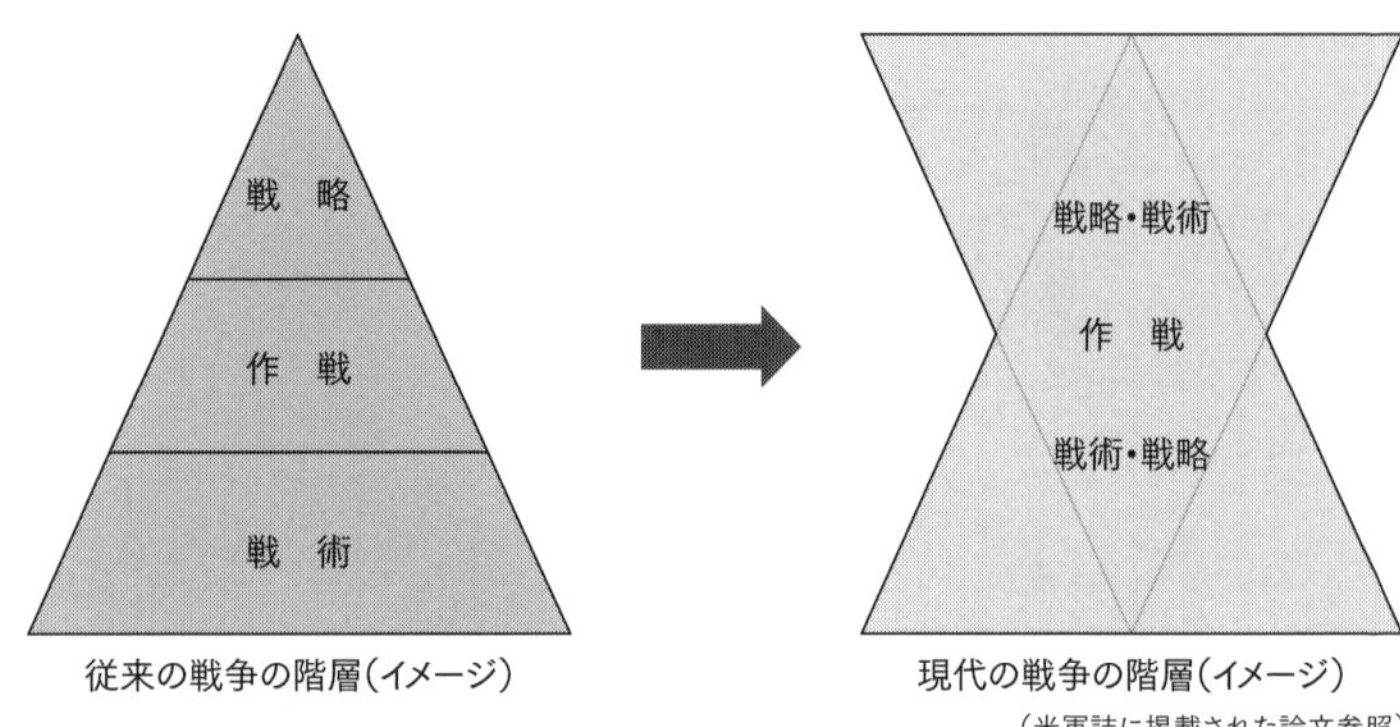

従来の戦争の階層（イメージ）

現代の戦争の階層（イメージ）
（米軍誌に掲載された論文参照）

るのが望ましい。しかし多くの国はそこまで明確になっていない。ある国では戦略がほぼ装備リストだったり、ある国ではドクトリンがなかったりする。

その理由の一つに国家の脅威認識と軍に期待される役割の違いがあるだろう。例えば外征軍はどこへ派遣されるかわからないので一般的な戦場を想定したドクトリンで対応するのが効率的だ。その一方、国内軍は戦場である自国の地形を熟知しているので一般的な地形を想定した戦い方を示す必要はない。ただし戦略環境が変化すれば、それに適応した作戦主義・思想が求められるのは不変である。

さらに意思決定のプロセスについても新たな試みが進んでいる。従来の伝統的な軍事意思決定だけではなく、作戦がもたらす効果を優先して考察する影響ベース型の意思決定や多くの専門的知識を集約させ、閃きによる意思決定、つまりシステミック作戦デザインなどへと変化しているのだ。それらは作戦環境が益々複雑になる中、効率的な意思決定と組織のための最新のビジネスモデルの導入により検討されている。[▼10]

もともと戦争には三つの階層があると言われてきた。ナポレオン戦争の時代に顕著になったものである。しかし現代では各階層の融合が進み、戦争の形態によっては階層の境界が消滅していると目される。それは「ストラテジック・コーポラル」という言葉にも表れている。では昔の時代は、というと、例えば日露戦争において日本は守勢を選択した。しかし初期作戦で旅順へ乗り出した。このような状態を戦略的守勢のための作戦的攻勢などと呼ぶ。またインパール作戦において、日本軍は当時、ビルマの防衛は少ない戦力でままならないと思われた。よって主導的に攻勢作戦をとり、日本軍に有利なところで防御線を設定するのが目的だった。もちろん背景には戦略的な要請もあっただろう。このように戦争には時期・空間・規模などの区分があった。しかし現代の戦争は、そのような階層を意識させず、いきなり、どの階層においても戦いが生ずることを示唆するのである。

次に挙げた「機動」「打撃」「防護」などの機能について、どのようなアプローチがあるだろうか。まず、これらの基礎となるものには適切な国力の運用があることは論を俟たないであろう。

しかし、それらは国家の誕生過程や民族としての共通体験によって大きく異なるものだ。それを考える時、イスラエルを例にとるとわかりやすい。イスラエルは永年虐げられてきたユダヤ民族国家である。その上、建国当初から、その存在すら認めようとしない多くの敵に囲まれてきた。また戦略的縦深性、つまり国内での緩衝空間もほとんどない。人口も少なかった。そのため戦略は他国の善意に身を任せるのではなく、自助が基本となり、政府には強硬姿勢が求められた。具体的には長期にわたる徴兵制の採用、緩衝空間が少ないことによる近隣諸国の航空機やミサイル配備の拒否などが挙げられる。

ただし経済的には比較的恵まれていたため、強国に圧力をかける一方、各種事情により供給が不安定になる外国製品ではなく、高い技術を背景とした純国産や人命を重視したユニークな兵器（無人兵器など）を汎用した。加えて内線作戦が予期されるため、機動力が発揮できる戦車部隊、後には対戦車ミサイルや対戦車ヘリが重用された。

そして他国より軍事力の整備目標が高くなった。それはイスラエルの国際機関などへの紛争解決の期待も薄くなり、紛争解決の主な努力が政治、外交、経済、文化・社会より、軍事に置かれる傾向が強くなることを意味した。イスラエルは敗ければ国がなくなるかもしれない、そんな過酷な運命にあったのだから当然だった。これらは三つの要素、つまり「機動」「打撃」「防護」という機能からの考察を如実に語るものである。

またシャルル・ドゴール仏大統領は「その国の軍隊を見れば、その国のことはわかる」と語った。軍隊の態勢から軍事戦略のみならず。国家の有り様などが、ある程度は理解できると言っているのだ。態勢とは、例えば軍隊の編成装備、部隊の配置、そして教育訓練（共同訓練）などである。また軍隊の性格も国家を知るためには有効である。

技術革新に基づく軍事革命が戦争にもたらす影響も大きい。武器が発達していない「数」が勝敗を決める時代から、武器、つまり工業力の優劣が勝敗を決める時代へ、それは鉄器の導入、飛行機、核の出現による大量破壊の時代などでさらに大きくなったと言える。

そして現代では情報、宇宙・サイバー・電磁波などの領域での戦いへと戦争の様相も変化した。それにより本来生活を豊かにする技術が軍事の領域では犠牲者を格段に増加させ、戦争と日常生活を近づけていることも否定できない。空間的にも時間的にも機能的にも戦争と平和の境界が消滅しているのである。

加えて同盟国との関係も重要である。日本は英国、独伊、そして米国と同盟の相手を変えてきた。ただし戦後、日本で「戦略」という概念に馴染みがないように見えるのは、対等とは言えない立場で同盟を結んだ米国に、その大半を任せていたことと無関係ではないだろう。日本は何かあれば米国との共同対処を前提に、自国の安全保障を確保しようとしていた。しかし昨今の戦略環境に注視すると、これからは日本単独で対処しなくてはならない事態が生起するかもしれない。よって脆弱な機能は補完し、充実している機能は自ら発揮する、さらに同盟国と共有できるように準備しておくことが望ましいのである。

その上、情報の機能の拡大に伴い、戦場、敵、我、その他、全ての要因を含有する多次元、多層的な戦略環境を適切に評価する「認識」や「持続」など、戦争の基盤となる機能からのアプローチにおいては、まず戦略形成のプロセスにおける脅威認識の重要性が挙げられる。ここで言う「認識」とは、情報の機能だけではなく、多次元・多層的な戦場、敵、我、その他のあらゆる要素を含有する戦略環境の適切な評価に資する機能である。また「持続」も人事・兵站の機能だけでなく、作戦の継続に必要な全ての機能を意味する。

脅威が明確な国では戦略も明確になる傾向がある。それが特に資源の少ない国の場合、脅威が明確な分、効率的な軍事力整備をしなくてはならない。逆に脅威が明確でない国は脅威が明確化するにしたがい、従来の軍事力整備の方向性などを修正し、対応しなくてはならない。よって多くの時間とマージンが必要になる。それは軍の性格にも影響すると思われる。

軍の性格について、例を挙げるならば、対極に位置する二つの軍隊、すなわち「任務重視型」軍隊と「環境重視型」軍隊がある。それらは国家を取り巻く戦略環境と国家が持つ性格に影響されるものだ。戦前の日本やドイツのように、脅威認識の重点を絞る必要がある国、すなわち脅威対象が明確な国では、環境醸成より抑止（対処）重視の戦略を形成する傾向にある。よって軍隊も「任務重視型」になりやすい。逆に米英などは環境醸成に勢力を注ぎ、脅威が顕著となるに及び重点を形成し、抑止（対処）を試みる傾向にあった。つまり軍隊も「環境重視型」になりやすいと言える。

歴史を知ることが戦争を理解すること

さらに戦争について考える時、歴史の知識は特に重要である。なぜなら戦争はアナロジー（類推）に影響を受けることもあるからだ。戦争とそれぞれの国が持つ歴史観との関係は深いと思われる。よって多くの歴史を知ることが戦争を理解する上では必須である。

例を挙げると、ジョージ・W・ブッシュ米大統領がイラクのサダム・フセイン大統領に妥協しなかったのは「ミュンヘン症候群」という、歴史にちなんだ意思決定が影響したと言われる。度重なる要求を続けるヒトラーに宥和したネヴィル・チェンバレンは今日ではなく明日の戦争を選択しただけと人気が低迷した。よって独裁者への妥協は禁物、強硬戦略が上策になると考えられたのである。このように戦史は戦争の教訓の宝庫である。それは未来を予測する手掛かりにもなるものだ。

また戦争を持続する機能を考えた時、戦争には莫大なアセットが必要だ。そして戦争が始まれば、それを維持していかなければならない。兵站は戦争に可能性を与えるものである。ある米統合参謀本部議長は、統参議長の最も重い仕事の一つは世界規模で展開する米国軍が必要とする物資を、いつ、どこに集積させるか、それを決めることだ、と語っている[11]。

さらに兵站は先行的に準備をしておく必要がある。そのためには戦争と戦略との密接な関係が構築できなければ非効率になる。国際情勢や安全保障政策を加味してプライオリティーを決め、物資を届ける、そのためには多くの準備が不可欠である。しかし、これは最近の戦争だけのことではない。プロイセンの参謀本部でも国民皆兵になり、戦争に必要な兵站も乗数的に増加する中、戦略物資を展開するための計算を行う参謀も急増した。すなわち近代以降の戦争に宿命づけられたプロセスの一つなのである。

戦後、日本では太平洋戦争の開戦経緯に関し、多くの分析が軍事領域外の研究者等によってなされてきた。しかし、本章において述べてきたように、戦争のアプローチは他の領域のものとはだいぶ異なる。特に、その根源たる軍人、主戦論者たちの考えをよく理解せずに分析してもよいものだろうか。著者は、それに疑問を持った。軍人の考え方をよく知ることが開戦経緯を分析する際に求められる重要な要素の一つではないだろうか。これから書くことは、このような認識に立つものである。

軍人の考え方に基づく、つまり沈殿した開戦経緯を書くに当たり、第一部では開戦経緯の間接的要因を書くことで主戦論者たちの主張をより深く理解するための背景を、第二部では主戦論者たち、あるいは開戦の直接的経緯を多くの読者に理解してもらうための記述に着意した。そして第三部では、第一部と第二部の考察により案出された戦争と向き合うための教訓について記述している。

第一部

日米開戦の間接的経緯

第一章　戦争の深淵

第一節　新しい国、大日本帝国の誕生

国家の誕生と戦略の形成

本章では、まず大日本帝国の誕生に伴う試練について考える。日本が米国と戦うことになった経緯を考えるに当たり、日本の生い立ちを押さえておくのは必要なプロセスであろう。また、その国の軍隊を見れば、その国のこと、つまり志向（「選好」「Orint オリエント」と呼ばれることもある）がわかると言われる。[1]志向とは、国家が遭遇する諸問題を解決する手だての傾向とも言えるものか。

軍隊（特に陸軍）は国家の誕生とほぼ同時に創設されることが多い。それは自然発生的でもある。よって国家が生まれたプロセスから、その国が背負う戦略の命運が、ある程度決まると言えるのだ。

これを「地政学」や「戦略文化」に起因するものと呼ぶことがある。それに戦略形成のプロセス、つまり、国民性や歴史観、国家・民族として体験してきた共通の価値観などが加わり、戦略が決定されるというのだ。

自らを取り巻く戦略環境をどう見るのか、という問いに、この志向が影響を及ぼすのは言うまでもない。

よって戦略は国家（国家群や地域になることもある）を取り巻く環境の変化により修正が加えられていく。すなわち戦略を分析する際、その国の歴史や当時の戦略環境を考察しなくては意味をなさないということだ。

例を挙げる。孫子の兵法が一番輝きを放つのは弱肉強食の時代、つまり自助が最良の戦略の時に、である。[2] それを冷戦時代のような大国間のレジーム（規範・ルール）に当てはめたとしても、その真価を発揮する機会は少ない。むしろ、それは弊害になることの方が多い。

列強のアジア進出

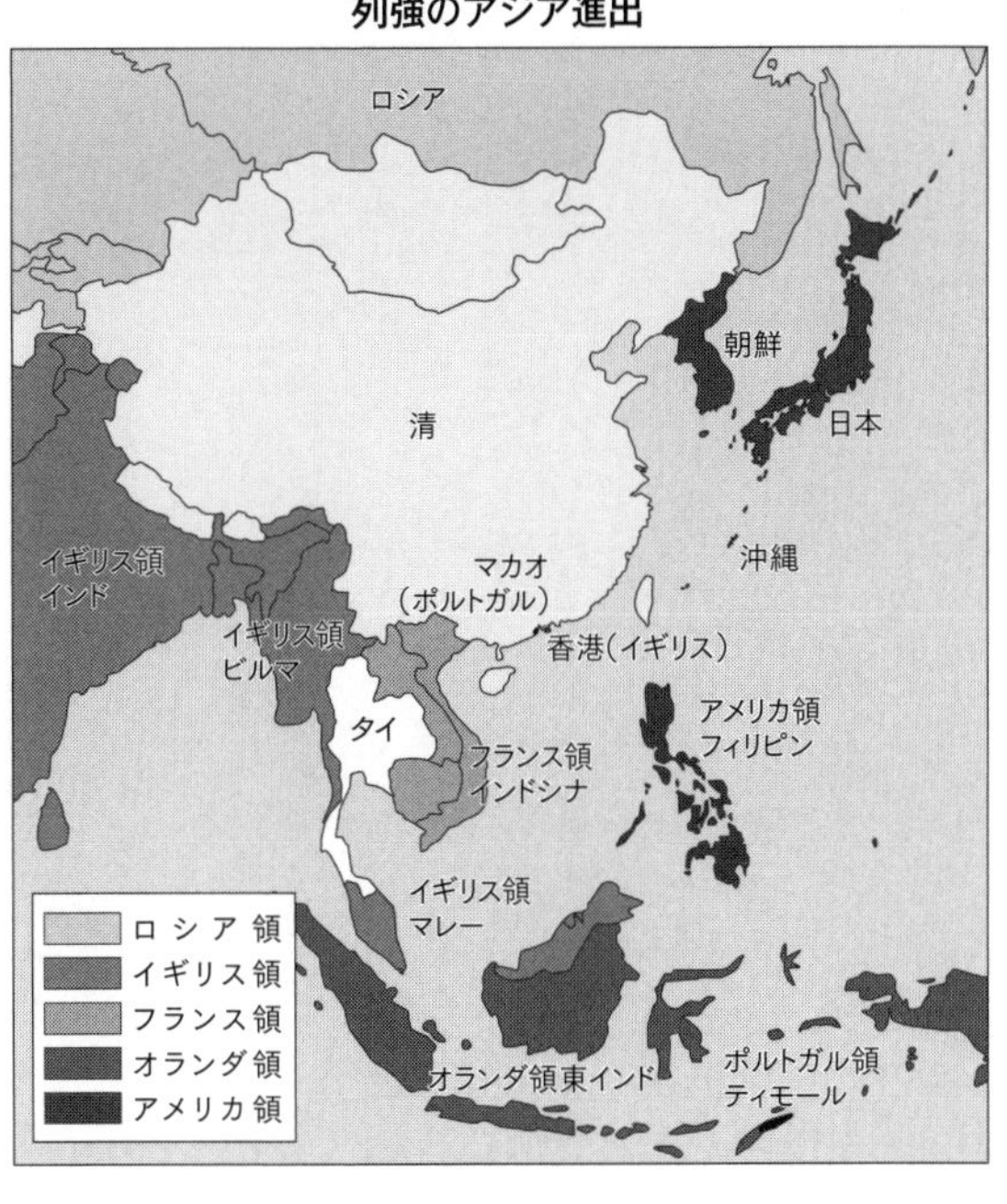

では、幕末期の混乱を経て近代国家へ生まれ変わった「大日本帝国」はどうだったか。

大日本帝国が建国されたモーメントには、いくつかの要因があったのは周知のとおりだ。しかし外圧によるものが大きかったことは否定できまい。当時、西欧列強は「帝国主義」による領土拡大により、「自国」の繁栄を遂げようとしていたのである。

外から、すなわち西洋諸国から日本を見た場合、それはどのように見えたのだろうか。歴史研究者として名高いアーノルド・J・トインビーは『文明の実験』の中で、他のアジアの国とは違う日本の特異性を「日本は極めて珍しい除外例であり、かえって、原住民は反抗しないという一般法則を証明しているのにすぎない」と語った。[3]

著者は、この言葉に全く同意する。世界から見れば、日本の外圧への反応は特異なものだった。もう少し詳しく見ていく。

外圧への反応

日本は江戸時代後期になっても鎖国政策を続けた。しかし何らかの手段をもってアジアあるいは西洋の動きを察知していた。そして日々伝わってくる情報から西欧列強のアジア諸国に対する「処理」に怖れを感じるようになった。

一八四〇年、英国はアヘン戦争に勝利すると、直ちに清へ香港の割譲を要求した。続いて一八五六年、アロー戦争（「第二次アヘン戦争」とも呼ばれる）で英仏連合軍は清を屈服させるのに成功した。英国は多額の賠償金と九龍半島を手に入れることができた。[4]

また露国は、英仏と清国との講和の仲介を条件に、黒龍江以北と沿海州の広大な領土を割譲させるのに成功した。[5]その後も西欧列強の清への侵略は止まらなかった。[6]

このため、江戸時代の日本では急進的な知識人らに「海防（国防）」という概念が浸透していった。実際、米国海軍のマシュー・ペリー提督の率いる黒船艦隊が浦賀に姿を現した時、「ついに来たか」という気持ちと、これまで安泰をむさぼっていた「日の本」に何が起きるのか、という恐怖により、あらゆる階層の人たちにパニックが起きていた。

ある者は徳川幕府の絶対性を信じ、幕府にこれまで以上の忠誠を誓った。[7]また、ある者は旧態依然の日の本では、異国の領土拡大の勢いに飲み込まれるのは必至と感じた。後者の多くは「尊皇攘夷」を旗印に揚げ、自らの軍事力を増強することで異国に対峙しようとした。これが日本の特異性の根源だったのかもしれない。

尊皇思想と攘夷運動は、国防という視点から考察すると、ともにナショナリズムを高揚させ、相互の思想を結び付ける素地があった。しかし日本は外圧に屈し、開国に応ずるしかなかった。ただし、そこには日本独特の経緯があった。それは薩摩、長州の雄藩と列強とのことである。まず長州藩は馬関戦争を戦い、敗れた。しかし四国艦隊に一撃を与え、予想以上の抵抗を見せた。また薩摩藩は薩英戦争で辛勝した。これらの体験から「攻める方」と「守る方」の両者に教訓を与えた。

列強は日本を侮れない、と。また攘夷を唱える者は攘夷を実現するためには、まず「開国」を行い、列強に伍していくだけの実力を備えなくてはならない、とである。

幕府は幕府で列強に示唆を与えた。それは徳川慶喜（とくがわよしのぶ）が鳥羽伏見の戦いで幕府軍が敗れたのを知り、大坂から江戸城に帰ってきた時のことだ。仏国は将軍に資金も武器も渡すので戦いを継続せよ、と詰め寄った。しかし慶喜は一瞬のうちに拒絶した。彼は、そのようなことをして得た勝利が危うい勝利であり、日本がアジアの他の諸国と同様な運命をたどることを危惧したのである。彼自身が「幕府の将軍」より「日本人」であることを優先したのに他ならなかった。[8]

このように見てくると、日本が旧体制から脱却し、近代国家として生まれ変わった際、列強諸国を真似て強い軍隊を持とうとしたのは当然の帰結だったかもしれない。それを裏付けるように、明治元年（一八六八年）に五箇条ノ御誓文をして、「大に斯国是を定め……」に続き、「智識を世界に求め大に皇基を振起すべし」と国民に広く知らしめるのだった。[9] この時代、皇基、つまり天皇が国家を統治するためには戦力が不可欠なのは言うまでもない。

明治も半ば、二十年頃になると、「開国進取」が新たな国是とされたが、その根本的思想が変わることはなかった。これは別の言い方をすると、日本の国家戦略は常に列強のやり方に学び、自らの戦力を整備していく、ということに他ならなかった。

北門の鎖鑰

では、日本が強い軍隊を整備し、一戦を交えると想定した国、すなわち最も恐れた国はどこだったのか。それは露国である。「北門の強敵日に迫らんとするの秋に於て豈之が大計を建てざる可けんや」と山縣有朋兵部大輔は力説している。[10]

しかし、いきなり露国と対立するのは不可能だ。国内では未だ明治維新の余波が収まる気配が一向に見られなかった。また国力の差は勿論、軍事力が圧倒的に違った。日本の戦力は、まだ整備の中途にあって微々たるものだった。その点、露国と最も近く、身近に脅威を感じる北海道で試みられた明治政府の対露戦略は興味深い。

当時、露国は世界規模の三つのベクトルで膨張政策をとっていた。いずれも不凍港の獲得のためだ。三つのベクトルとは地中海、インド洋、そして東アジアに向けられたものだった。そんな露国に対し、明治政府はあまりにも無力だった。そのため北海道を露国から守るために次のような戦略をとった。

まず北海道が力の真空地帯になることを避けた。露国の東方拡大のモーメントを日本から反らすためだ。具体的に言うと、北海道では「屯田兵制度」[11]を採用し、当時、日本が目指していた中央集権体制とは明らかに異なる特例措置をとった。つまり北海道の開拓と防衛は黒田清隆一人に権力を集中させ、徴兵制も猶予したのである。[12]

また北海道は十分な交通網も整備されていなかった。そのため有事、一義的には中央からの支援を期待できない。そんな中、政治・外交、経済、軍事、文化・社会等の領域が一体となり、露国が北海道に手を出したら、総力を尽くして大量の出血を強要する、という強い意志を示したのである。

それは、さながら東ローマ帝国の軍管区制のようだった。おまけに屯田兵たちの兵科は、治安維持のためだけではなく、国際紛争へも対処できるように憲兵で統一するほどの念の入れようだった。[13]

さらに露国と千島・樺太交換条約を結ぶことで、[14]北海道の北東からの侵略を防ぎ、兵力が分散するのを

19世紀末におけるロシア帝国の領土

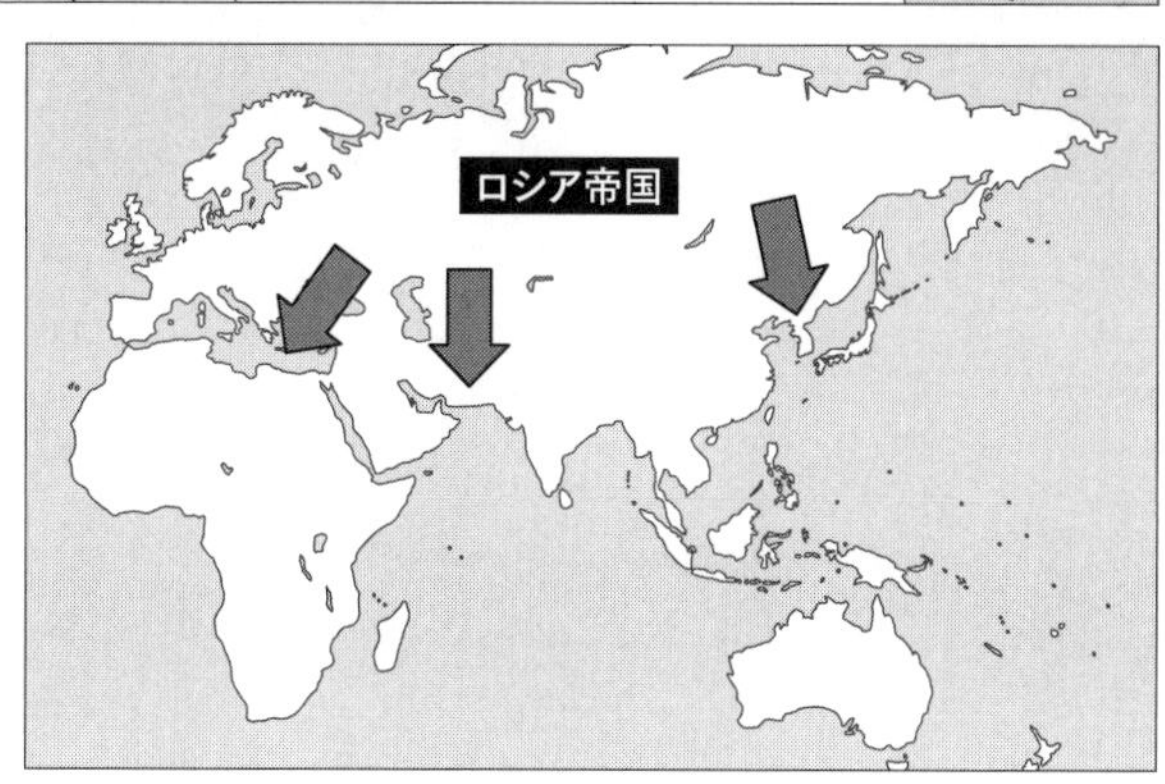

防ぐ一助とした。この条約を明治政府へ熱心に勧めたのは英国だった。英国は露国の太平洋進出を警戒していた。そのため（英）海軍でも防衛が容易な千島列島を日本が統治することを期待していたのである。[15]

それは北海道旭川（上川）に夏の離宮をつくる、いわゆる「北京構想」と相まって、[16]札幌から旭川へ師団を移駐させることにより、飛躍的な効果が期待された。旭川は、それ以降、北鎮の要、北の軍都として栄えたのである。

また北海道から朝鮮半島に防衛線を引き、露国の侵略ベクトルを満州へ反らすことも企図した。この構想に着手したのは西郷隆盛（さいごうたかもり）だった。[17]しかし西郷は、「征韓論」を唱え、それが新政府に受け容れられなかったために下野した。

その後、この戦略を引き継いだのは、西郷の実弟、西郷従道（さいごうつぐみち）だった。従道は北海道開拓使長官の地位を黒田から襲っていた。征韓論をめぐる経緯に思いを馳せると、何か因縁めいたものを感じずにはいられない。

ちなみに北海道以外の場所では、日本は主要海峡、要域を選定し、陸軍を主体とした砲台等による海岸防御と、海軍による沿岸防衛、つまり海防論の発展型とも呼ぶべき守勢に徹するのだった。

北海道の防衛戦略

精神的支柱の確立

北海道から話を全国に戻す。

明治政府は、この間、物的戦力の充実もさることながら心的戦力である軍の精神的基盤の育成にも抜かりはなかった。明治四年（一八七二年）十二月、兵部大輔山縣有朋、兵部少輔川村純義（かわむらすみよし）、同西郷従道から軍備充実と沿岸防衛に関する建議書が提出された。「兵は国を守り民を護する要なり」で始まる、この建議書は明治中期までの我が軍戦備の基調となるものだった。

そこには、「兵部即近の目途は内に在り、将来の目途は外に在り」と記されていた。[▼18] つまり国内治安の維持のためには鎮台などの警察権の拡大による軍隊の整備が目下の急務であり、国内が安定した暁には国外へ乗り出していく、という考えだった。

国内では既得権を失った旧士族の不満が噴出していた。自己の要求を訴える手段として武力が用いられることも珍しくなかった時代である。また国民の自由民権思想の芽生えにより、民衆に支持された社会運動も明治政府にとっては大きな問題になっていた。そういった意味では軍隊に含まれる憲兵の存在も大いに役立った。

明治四年十二月、「海軍読法」が策定された。それには軍がいかに法制や規則を完備しても、ただ外形の整備のみで内に精神の確たるところがなければ精強な国軍ができ上がるものではない、と書かれていた。また明治五年（一八七三年）一月になると、兵部省から陸海両軍に対し、共通の「軍人読法」が布告された。

それでも明治十年（一八七七年）、西郷隆盛を首領とする旧薩摩藩士らによる西南戦争が起きたのである。西郷隆盛、桐野利秋（きりのとしあき）、篠原国幹（しのはらくにもと）などをはじめ、彼らの多くは元軍人だった。軍首脳部は、その体験から「道徳」[19]に関して確たる拠り所が必要と認識した。

その翌年の明治十一年（一八七九年）、山縣有朋陸軍卿は「軍人訓戒」を記した。それには、軍人の精神は「忠実」「勇敢」「服従」の三大徳目に帰するとされた。その他にも政治に関係し、みだりに議論せぬこと、良兵は良民であり、軍隊をして国民的品性の一大教養所にするとの意図を示した。[20]

その後、明治十五年（一八八三年）一月の政事始めの日、明治天皇は太政大臣を経ることなく、直接、陸海軍卿を経て陸海軍人に「陸海軍軍人に賜はりたる勅諭」を給った。これが明治、大正、昭和の三代にわたり陸海軍人が金科玉条として服膺してきたものである。

勅諭には、次のように書かれていた。「朕は汝等軍人の大元帥なるそされは朕は汝等を股肱と頼み汝等は朕を頭首と仰きてそ其親しみは特に深かるへき（中略）」と述べ、「忠節」「礼儀」「武勇」「信義」「質素」の五ヵ条を訓諭し、一誠をもって、これを貫くべきことを示した。[21]

つまり軍首脳部は、唯一絶対の存在である天皇を尊崇させることで、軍の精神的支柱の確立を図ったのである。それは軍人だけではなく国民に対しても、軍を媒体として天皇の絶対性を認識させるとともに、その身近な奉仕者である軍人の権威を高めたことに他ならない。

国家へ不満を持つ軍人に優越感を与え、いざ戦争へ向かう時は、それに必要な国家への忠誠心を植え付けたのだ。このように日本は十数年をかけて軍人の精神的支柱を確立しつつ、まず国内の安定に邁進するのだった。

この時代の軍事戦略を結果論的に考察すると、日本は当初、国内の安定に取り組む一方、爾後は自国を取り巻く情勢を見極め、英国の対露戦略の中、軍事基盤の構築を最優先したことに他ならない。しかし、その後、環境の醸成だけではおさまらない事態が生起する。日本は清国、それに続き露国と戦火を交えていくのだった。

第二節　勝利した戦争での教訓

近傍に同盟国は存在しない——日清戦争での勝利体験

日本は自国を取り巻く情勢を見極め、軍事基盤の構築を優先した。この明治政府がとったプロセスは、日本だけのものではなかった。米国も「モンロー主義」と呼ばれる外交方針を遵守した時期があった。欧州との相互不干渉を約し、新大陸の開拓に専念したのだ。そして国力が十分に備わった後、フロンティアの消滅を高らかに宣言した。米国は「十四ヵ条の平和原則」、いわゆるウィルソン提唱を掲げ、国外問題へ積極的に介入していくのだった。十四ヵ条の平和原則は、第一次世界大戦後に実現すべき国際秩序の構想と、限定的ではあるが民族自決の原則などを全世界に提唱するものだった。

話を元に戻す。日本では国内の騒擾がようやく終息した。しかし日本の脅威対象が変わることはなかった。誰の目から見ても、シベリア鉄道の完成を急ぐ露国は東方進出を企図していると思われた。ただし日本は露国の侵略を本土に迎え入れて撃滅する、いわゆる本土決戦思想をとることはなかった。それは海防(論)からの脱皮を意味した。

その理由は日本の国土が「戦略的縦深性[22]」に欠けていたことも一理ある。しかし資源の問題の方が大きかった。露国と戦争を行うだけの資源は本土にはなかった。それどころか、日本が独立を維持し、近代国家へ生まれ変わるためにも自国の資源だけでは限界があった。

それにも増して大きな問題があった。それは本土決戦思想に基づき敵を待ち受け、日本が守勢に陥った場合、助けてくれる国家が近傍には存在しなかったことだ。日本は中国、朝鮮などの状況を見て、露国の侵略に対抗するため、日本が頼るべき近代国家はアジアには見当たらないと認識した。つまり他国の善意を期待することはできなかったのである。

日本は様々な制約を受ける中、精一杯の自助努力を必要とした。自助努力が必要ということは自らが強くなることはもちろん、生き残りが国家の最大の目標となる。そして強くなるまでは勝てない戦争をしない、すなわち戦わないことが最良の戦略とするのが通常である。しかし日本は違った。戦争を選んだのである。

日本がとった具体的な施策は、国内鎮圧型の陸軍を国外遠征型へ変容させる大改革だった。つまり鎮台から師団へ編制を変えることと、後発ながら帝国主義を支える国民そのものの質や量を充実させることだった。

特に国民の質を高める目的から、明治二十三年(一八九〇年)に国民道徳の規範とすべき教育に関する勅語が下賜され、国民精神の基盤とした[23]。こうして日本は戦争に向けた自助努力を入念に行うのである。そして、それが実践に移されるまで、そんなに長い時間はかからなかった。日清戦争である。

もともと日清戦争に至る兆しはあった。明治四年(一八七一年)、宮古島の住民五十四名の殺害に端を発する台湾出兵もその一つだった。明治七年(一八七四年)の台湾出兵は作戦規模こそ小さかったが、その意

軍制改革

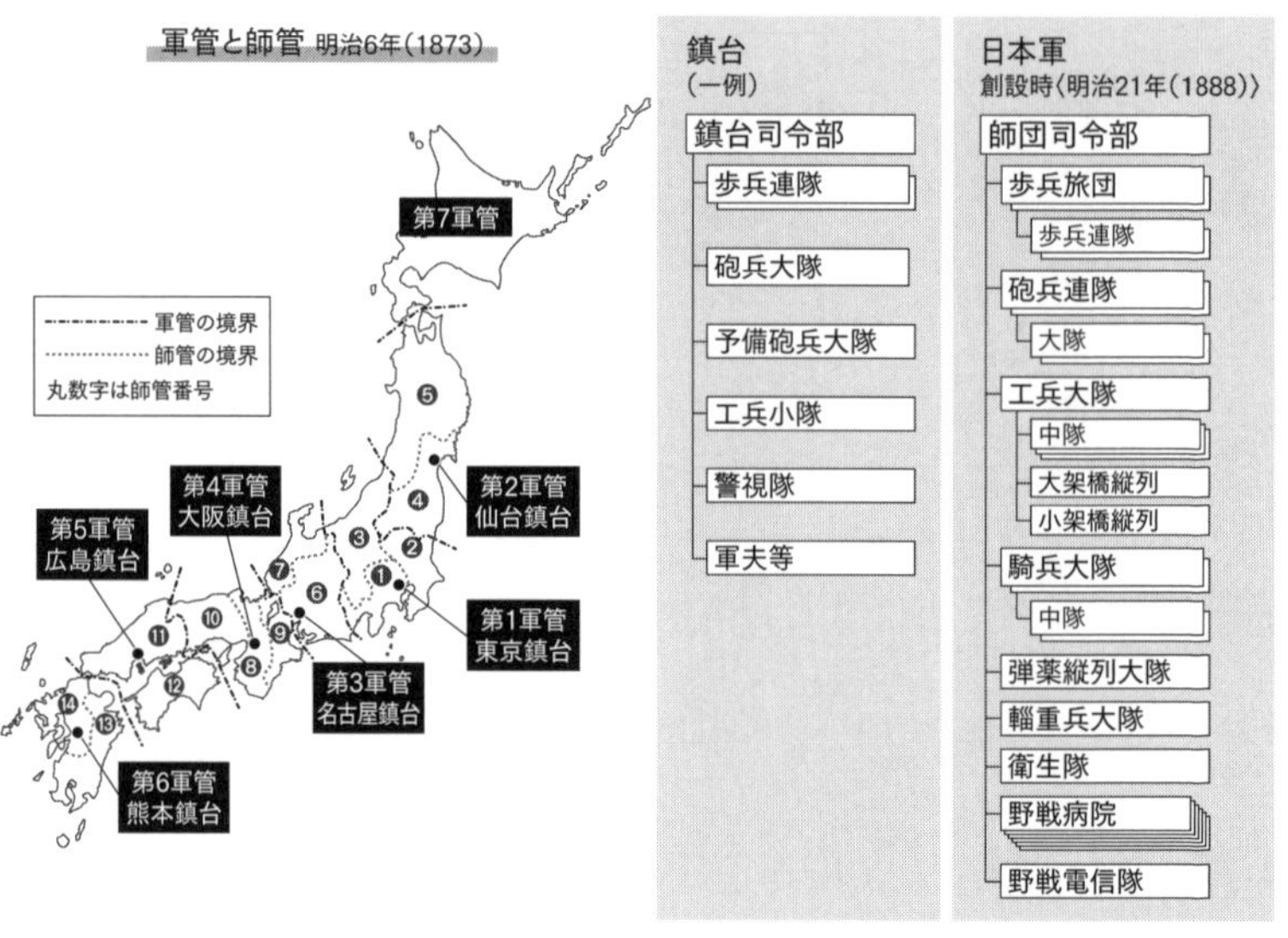

義は大きかった。日本は対外戦争を初めて行い、勝利したからである。清国に与えた衝撃も大きかった。[24]

この時、琉球は日本に帰属すると新政府は主張した。これにより日本が国際的に沖縄の領有を認めさせる足掛かりとなった。[25]そして、それに続くのが京城事件である。明治十五年（一八八二年）の壬午軍乱と明治十七年（一八八四年）の甲申政変という朝鮮の京城で起こった二つの排日運動のことである。日本はこれを鎮圧するため、朝鮮に軍事介入した。これで日本は清国との対立が決定的となった。

さらに朝鮮半島では混乱が続き、明治二十七年（一八九四年）には前年に起きた東学党（キリスト教の「西学」に対して儒教、仏教、道教の三教を発展させたものを「東学」と称する）の乱が直接の引き金となり、日本は清国と戦争になった。経緯は次のとおりだ。

まず朝鮮政府は、この東学の信者たちが起こした一揆を独力で鎮圧することができなかった。このため清国に鎮圧軍の出動を要請した。清国は要請を受け、艦隊を派遣し、陸軍部隊も朝鮮へ向かわせた。しかし日本は、これを黙認するわけにはいかなかった。なぜなら日本は甲申政変の後、「将来朝鮮国若し変乱重大の事件ありて、日中両国或は一国兵を派するときは、応に先つ 互に行文知照すへし。其の事定まるに及ては仍（かさねて）即ち撤回し、再たひ留せす」という「日清条約締結ノ儀[26]」条文を清国と結んでいたからだ。いわゆる「天津条約」である。

日本は清国が天津条約に違反したとして軍の派遣を決定した。しかし日本軍が朝鮮へ進出した頃には、内乱はほぼ収まっていた。日本軍は大義名分を失ってしまった。それにもかかわらず、日本軍は新たな手を打ったのである。

日清戦争の戦況

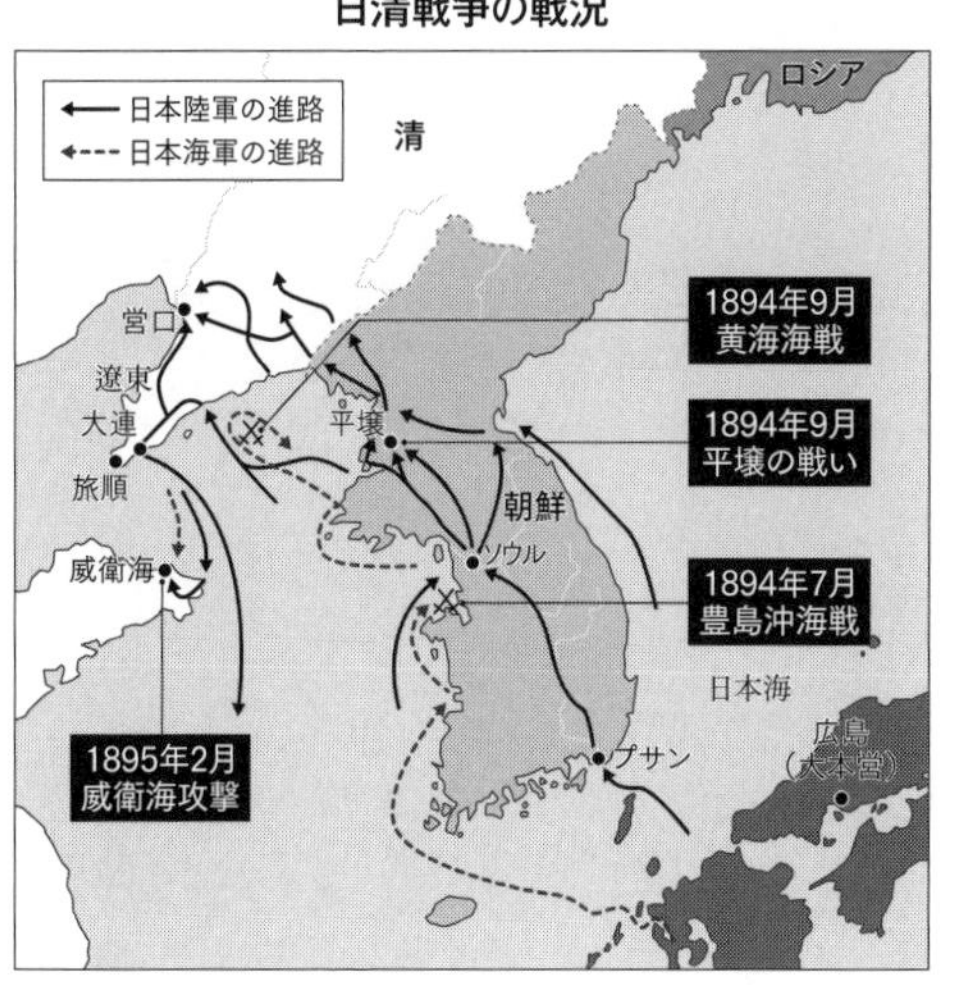

つまり清国が朝鮮を「保護属邦」の名をもって軍を駐兵させるのは朝鮮の独立を侵害する、よって朝鮮に対し、清国軍の撤兵を要求したのだった。朝鮮政府は自ら清国へ鎮圧軍の派遣を要請したにもかかわらず、これを拒否することができず、清国の撤兵を日本へ依頼した。もちろん清国は撤兵に応じない。そのため戦争が始まったのである[27]。

日清戦争の結果は日本の勝利だった。日本は東洋の「眠れる獅子」に勝ったのだ。日清戦争では、陸軍は朝鮮半島、遼東半島、そして山東半島で、海軍は黄海などで戦った。軍事、特に海軍の視点からは、小勢力の艦隊で極めて優勢な、つまり有力艦の揃った清国海軍と戦い、善戦して大勝した。

これは我が艦隊の旺盛な士気と卓越した戦術の賜で

あった。[28]遊撃隊及び本隊という編成で特令あるまでは敵艦隊の陣形如何にかかわらず、終始単縦陣で戦うという規約あるいは敵艦隊を各個に撃滅するという戦策である。運動の軽快整々と常に舷側砲火の集中威力を発揮し得た成果であった。この戦争以来、日本は常に、如何にして寡をもって衆に勝つか、すなわち「以寡制衆」を戦いの基本理念とするようになった。

そして「先制」と「奇襲」をもって勝ち易きに勝つという用兵上の思想が確固不動のものとして根深く底流した。それは昭和の帝国海軍の上下を支配していくのだった。さらに戦闘に臨んでは「見敵必戦、指揮官先頭」の思想は脈々一貫して流れていったのである。[29]

また経済の視点からは、次のように総括できた。この時の戦費は約二億三千万円[30]だった。それに対し、清国から得た賠償金だけでも約三億一千万円に上った。その差額はざっと開戦を前にして「膨らみ過ぎ」と非難された開戦前年度の一般会計歳出決算額に相当する。[31]

このように日本は弱小国だったが、大国に勝つことができたのだ。多額の賠償金も手に入れ、戦争が国家にとって不利益だけではなく利益をもたらすもの、という成功体験を得た。しかし、この勝利を得たことで、次の戦争、すなわち露国との対決を意識させられる結果となった。

戦間期の臥薪嘗胆

日本は戦争に勝ち、朝鮮半島に対する権益が認められた。しかし、その一方で清国から獲得した遼東半島については、露、独、仏の横槍が入り、我が国はこれを放棄するしか道はなかった。いわゆる三国干渉である。露（仏）公使の口述覚書である。[32]

遼東半島を日本にて所有することは　啻（ただ）に清国首府を危ふするの恐あるのみならす　之と同等に朝鮮国の独立を有名無実と為すものにして　右は将来極東永久の平和に対し　障碍を与ふるものと認む

依てロシア政府は日本皇帝陛下の政府に向て重ねてその誠実なる友誼を表せんか為　茲に日本政府に勧告するに遼東半島を確然領有することを抛棄すへきことを以てす

露国は、その丁寧な言葉とは裏腹に、五万の陸軍予備兵を招集してウラジオストックに集結させるとともに、海軍の艦艇には二十四時間以内にいつでも出撃できるように待機を命じていた。[33] これは政治（外交）が軍事の延長というクラウゼヴィッツの言葉を現実の世界で出来させたものに他ならない。彼は火のない戦争を外交と呼び、火のある外交を戦争と呼んだ。時は十九世紀末、これが現実の世界だった。

明治二十八年（一八九五年）五月十日、日本は遼東半島の還付を詔勅により国民に告げた。[34] また明治天皇は「遼東半島還付に際して」と題した御製を詠んだ。

取る棹の心長くも漕ぎ寄せむ
芦間の小船さはありとも

国民はここにおいて自らの力量を知り、冷静になるどころか、上下を挙げ、心底深く復讐の鬼と化した。そして常に露国を意識した物心両面での国家成長に邁進するのだった。そのような折、一部の政治家の「恐露病」などは臆病者がかかる病気と蔑まれたのだった。

その後も露国の行動は自国の欲望を顕在化させるのに十分だった。明治二十九年（一八九六年）、日本が放棄を余儀なくされた遼東半島の鉄道敷設及びこれへの経営権を露国は手に入れた。

また明治三十一年（一八九八年）、同半島の二十五年の租借権を獲得する。そして明治三十三年（一九〇〇年）には、義和団事件が露国市民を危険に陥れたという理由から露国軍を派遣し、満州を占領したのである。

義和団事件とは、義和団という武装した勢力が清国の天津、北京地域で起こした排外運動のことである。義和団が北京にある諸外国の公使館を取り囲んだにもかかわらず、清国はこれを鎮圧しなかった。このため、公使館の人々は本国に軍隊の派遣を要請したのだ。この時、露国に最も同調したのも独国だった。

日本は露国の動きに対し、「臥薪嘗胆」[35]を合い言葉に国力の増強を図った。しかし、それだけでは限界があった。二百数十年もの間、ほとんど戦争の経験がない国と西欧列強との溝は、そんなに簡単には埋まるはずもなかった。

そこで日本は、戦略環境の醸成に当たっては列強中の列強、大英帝国の協力を仰いだ。いわゆる「バンドワゴン」である。バンドワゴンとは「勝ち馬に乗る」という意味である。つまり大国と手を結び、自国の安全保障を他国の保障能力に依存するのだ。現代の「拡大抑止」にもつながる言葉だ。

また他にも大国に対抗する手段として「バランス・オブ・パワー」というものがある。これは「勢力均衡」を意味する。敵対する国に対抗するため、いくつかの国がまとまることを言う。

日本と英国は明治三十五年(一九〇二年)、日英同盟を結ぶことになった。しかし、この同盟は今日の同盟のイメージとは大きく異なる。戦争の相手が一国の場合には援助する義務がお互いになかったのである。すなわち相手が二ヵ国以上になった時、初めて共同参戦する、というものだった。[36]よって日露戦争が生起した場合、英国は日本の同盟国であると同時に中立国でなければならなかった。

この時、英国は日本ではなく独国と同盟を結び、露国に対抗しようと考えていたとされる。しかし先に独国が露国と手を結んでしまったため、英国は日本と同盟を結んだ、という説もあるほどだ。さらに日英同盟がこのような形になったのも、日本が過激な積極政策(「冒険主義」とも呼べるものか)をとり、英国の望まない形で露国と戦争になった場合、それに巻き込まれることを恐れたからとされる。

こうして日本は国外での環境醸成を進めるのだった。その一方で国内では露国と戦うため、限られた資源を有効に使い、あらゆる努力を戦争と結び付けた。国家の大方針として「富国強兵」を唱え、国を豊かにして強い軍隊を整備し、露国へ対抗しようとした。また経済では、官主導による「殖産興業」政策を推し進めた。その結果、軍需が優先され、軍需と民需のバランスは度外視されていくこともあった。

文化・社会の領域では国民に愛国心の涵養を助長し、戦場へ赴く心構えや知識、戦うために不可欠な気力・体力を備える必要性を訴えた。正に「良民即良兵」「良兵即良民」を実践したのである。その上、軍事科学技術の革新時代を迎えるに当たり、科学技術の領域でも軍事に利用できるものは優先的に研究を進めることができた。その中には、やや国家中心的な施策だ、と当時から批判されるものもあった。しかし、その声は大きな流れの中で、いつしか消し去られていったのである。

そして日本は、これらの軍備増強を背景に中国の門戸開放と領土保全を主張し、露国と交渉を開始した。それは露国が義和団事件を好機と捉え、数万の大軍を満州に駐兵した時のことだった。日本は露国を相手に撤兵を要求し、一歩も譲らなかった。露国の満州への進出は日本に直接脅威を与えるものと考えたのである。

しかし露国も満州からの撤兵をあくまで拒絶し、交渉は決裂した。そこで日本は国力が圧倒的に違う大国ロシアを相手に戦争手段へ訴えたのである。これは先述したとおり、「戦略的守勢のための作戦的攻勢」▼37と呼ぶべきものだった。換言すれば国家の生存を脅かす脅威を攻勢にて排除する、という意味だ。

この時の諸外国の対応は、「蟷螂の斧」または「褌担ぎが大関に相撲を挑んだ」というものだった。つまり戦う前から勝敗は決まっている、と考えられていたのだ。では日本の軍事戦略とはどのようなものだったのか。時を遡って見ていく。

日露戦争における軍事戦略

日本が日露戦争で勝利するために練られた軍事戦略、あるいは戦争指導計画は概ね次のとおりだった。

露国海軍の態勢により戦い方は異なるが、まず海軍は当初太平洋艦隊を撃破することのみに集中するとされた。そしてバルチック艦隊が来着するまでの間、その制海権の確保と相まって、陸軍は努めて早期に大陸へ兵力を派遣する。そして露国の態勢未完に乗じて満州に決戦を求め、これに勝利する。その後、当時の状況により爾後の作戦を逐次具体化するというものだった。[38] よって欧州から回航されるバルチック艦隊の邀撃要領も具体化されていなかった。[39]

一言で言えば、こんな単純な軍事戦略だった。日本軍は、これだけ巨大な相手に三連勝というほぼパーフェクトな勝ち方でしか勝利を得ることができなかったのである。これでは、いかに詳細な軍事戦略を策定したとしても、そのとおりに三連勝し、実行へ移すことなど極めて難しいと思われた。日本は「薄氷を履むが如し」の状況で戦うしかなかったのだ。

しかし、そんな戦略だったとしても、日本は必ず戦いに勝たなくてはならなかった。なぜなら、負ければ大日本帝国の存在すら危うくなるからだ。

そのために日本が取り組むべき課題は、陸軍の兵力増強と海軍の大艦巨砲主義の実現だった。

まず陸軍は六個師団の新設を決めた。それまでの七個師団に加え、十三個師団を戦備目標とした。[40] 次に大艦巨砲主義の実現については、海軍は建造中の「富士」「八島」に加え、七年をかけて新たに戦艦四隻、巡洋艦六隻を整備し、いわゆる「六・六艦隊」を編成することに決めた。

この六・六艦隊の企図は、東洋あるいは西太平洋における制海権の獲得に向け主導を確保する、そのために保持すべき海軍力を見積もったものだ。つまり英国との軍備バランスを考えた結果である。当時、英国はアジアにおける圧倒的な戦力、すなわち東洋艦隊をアジアへ派遣していた。[41] 日本は既に英国と海運力の競合では拮抗するまでに成長していた。しかし、軍事の領域では「英国を刺激しない範囲」で自国の戦略的イニシアチブをとろうとしたのだ。

もっと具体的に説明すると、日英同盟により、両国海軍は平時においては協同動作をなすこと、また両国は極東海域において如何なる第三国の海軍よりも優勢な海軍を集合し得るように維持すると約定したのだった。そのため、日本海軍は英国製の主力艦隊をもって戦争に従事することにしたのである。[42]結果から見れば、日本は国民生活に優先し、大艦巨砲主義あるいは艦隊決戦思想による建艦競争へ乗り出したことになる。

また、これに併せ、対馬近海での海上作戦を有利にするため、佐世保港の基地化も進められた。なお米国については、太平洋を横断して艦隊を日本近海にまで派遣することなど、当時の常識では考えられなかった。このため日本海軍は米国海軍のことを重視していなかった。

ここで余談を一つ。明治政府はどれだけ露国の動向に敏感だったか。それを表すエピソードが日露戦争から三十年経って回顧されている。海軍中将森山慶三郎（もりやまけいざぶろう）のものだ。戦争当時、森山は第四戦隊参謀（少佐）だった。

明治三十六年（一九〇三年）、露国海軍は軍務局に所属するプロシロフなる中佐の建言を承認した。その内容は「明治三十六年までは、日本軍の朝鮮進出を黙認していても差し支えないが、三十八年になれば最も好都合なチャンスを摑まえ、日本に対する戦時行動と外交工作を並行して導いていく。その後、ただ戦争に勝つだけではなく、日本海軍を根絶やしにし、朝鮮を取り、優越権を極東に確取せねばならぬ」というものだった。[43]

これを知った日本軍の首脳らは、露国との戦争を回避することは難しいと考えるようになったという。なぜなら、たとえ朝鮮を中立にしても、戦争を一時的に先延ばしにするだけだと認識したからである。このように日本軍は、露国の一中佐の建言についても非常に関心が高かった。[44]よって軍の首脳らが、このまま露国による中国での勢力拡大を看過していたら、いずれ中国は分割され、露独の掌中に収まると考えたのも無理はない。

日露戦争の作戦経過

開戦を決意した日本軍の行動は速かった。直ちに旅順港に停泊していた露国海軍太平洋艦隊を駆逐艦隊で奇襲攻撃したのだった。「先制と奇襲をもって勝ち易きに勝つ」の用兵思想がここでも発揮されたのである。幸い露国では、国民の極東に対する関心は低く、戦争に対する理解も足りなかった。その上、作戦策源地から戦場が離隔していたため、戦力の輸送にも制約があった。

よって日本軍は露国軍の態勢未完に乗ずることができた。ただし、日本にも大きな誤算があった。一例であるが、日本はシベリア鉄道による兵員と物資の輸送が一日八往復までと見積もっていた。しかし極東に到着した貨車は後送されることはなかった。そのまま薪にされたのである。このため、一日十四回の輸送が可能となった。露国軍は日本軍の当初の見積もりより、約一・七五倍も迅速かつ大規模な戦力の集中が可能になったのである。[▼45]ところで、この時、「臥薪嘗胆」のスローガンの下、国民は国家にどのような期待をかけていたのだろうか。

このところの軍と国民の関係も日本特有のものだった。多くの近代国家は、革命などの社会全体の大きな変容を経て国民皆兵制度を迎えた。そこには社会大衆運動などの抵抗もあった。それに対し、我が国では未完成な革命はあったものの、為政者が徳川将軍あるいは藩侯から天皇へと変化したという見方もできる。カール・マルクスの学説にしたがえば、革命とは「一階級から他階級への政治権力の移動」である。[▼46]この公式は日本には適用できない。

もちろん、そのかかわり方は大きく変わった。それでも国民の多くは、源流は政府によるものだとしても、国家の危機に瀕しては自らナショナリズムを高揚させ、他国と比較してもすんなり上意にしたがった。これも日本の軍事力が早期に整備される要因になったと考えられる。

また世紀末から新世紀へ変化する中、多くの皇帝や王が自らを守る兵隊を重用し、他国の侵略から備え

日本周辺での危殆

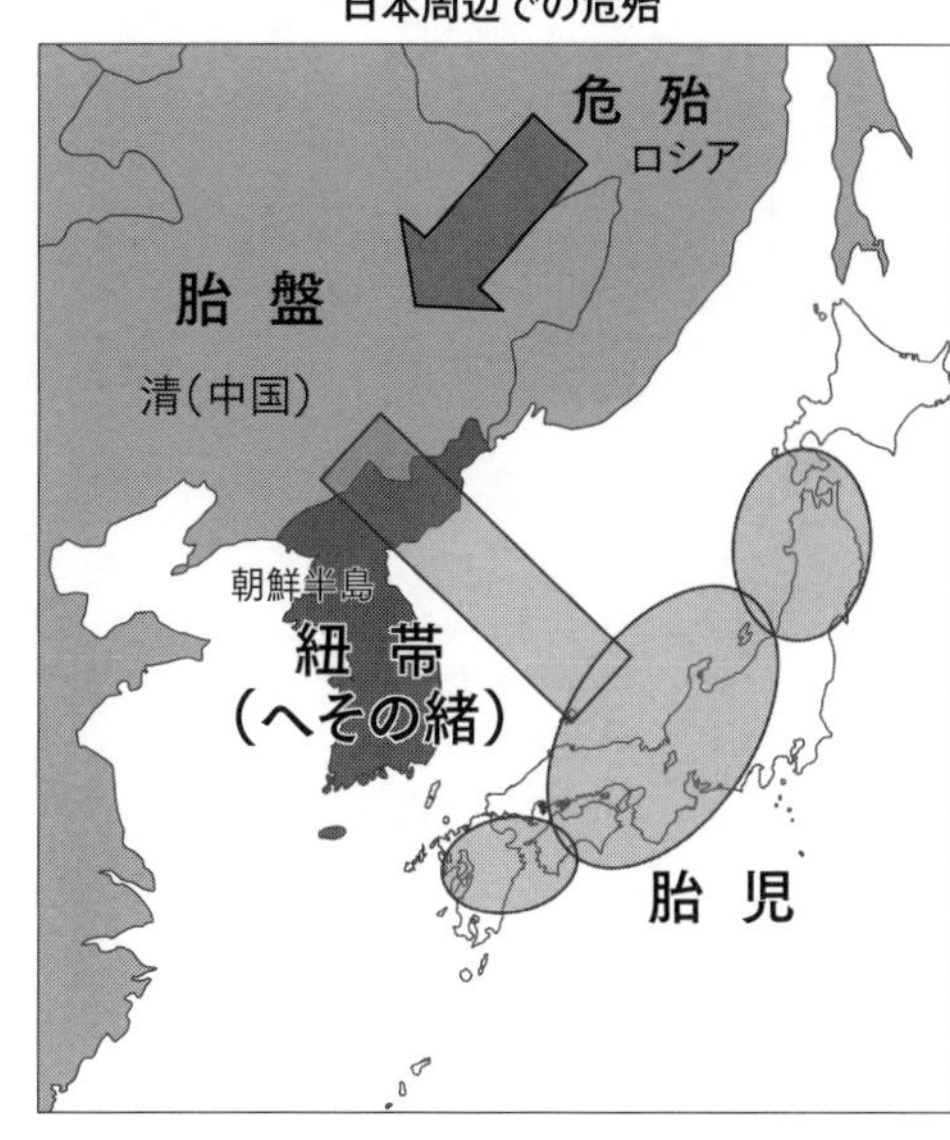

るための兵隊を嫌った。彼らが、いつ自分に刃向かってくるか、不安だったからだ。そういった意味で山縣らの建議書のとおり、外圧の侵略から日本と日本人を守ってくれるのは、陸軍であり、海軍である、という考え方が日本では主流だったのも、他国と異なる点だった。

さらに日本は国民に対し、自国を胎児に見立て日本周辺の戦略環境を説明した。紐帯（へその緒）を朝鮮半島、胎盤を中国北部、いわゆる満州と捉えた。健康な胎児の成長には栄養が必要なように、紐帯と胎盤を結び生命線と呼んだ。そして露国の満州への勢力拡大を「危殆」と称した。国民の戦争手段に対する理解と支持を得ようとしたのである。

屈辱的平和

このような軍事戦略の下、日本海海戦における完全勝利と奉天会戦における優勢の獲得により、日本は露国との戦争に勝利した。そこには潜在的あるいは顕在的な英国の支援もあったのは言うまでもない。それに勝利したといっても、露国には負けたという認識はなかっただろう。ポーツマス会議の席上、「ロシアは戦いに敗れはしたが屈服したのではない」と胸を張ったぐらいだ。[47]

また米国海軍の戦略家アルフレッド・セイヤー・マハンは「海を制する者は世界を制す」と語ったが、

日本海軍の大勝利後も単純に露国との事は運ばなかった。その勝利が危ういものであったと一番認識していたのは日本軍の首脳たちではなかったか。

日露戦争では、日本に露国を屈服させる手段がなく、持久戦に導くのがやっとであった。結果として、速戦即決の勝利を得られたのは全くの天祐だったと言える。さらに外交において英、米、清の好意的中立を勝ち得たことは戦勝の有力な要因だった。かつ日本が過大な欲望を抑えて早期解決に導いたのも極めて当を得たものだった。これが日露戦争での勝利の本質ではなかったか。

国民は、この戦争をどのように総括したのだろうか。まず数字に注目する。日清戦争は約二年で二億三千万円ほどかかった。日露戦争では、当初五億七千六百万円を「臨時事件費」として議会に提出された。ちなみに、戦争が終結するまでには約二十億円は必要だろうと見積もられていた。しかし実際は十八億二千六百万円だった。[48]

それに加え、日清戦争では約一万三千五百名に及ぶ貴重な人命と大量の物資が失われたが、賠償金は三億一千万円にも上ったことは先述のとおりである。また戦利品には、東洋一の堅艦と呼ばれた「鎮遠」など、十数隻が含まれていた。それらは日清戦争後、日本海軍の戦艦として使用された。尊い犠牲があり、戦死者が「軍神」となり、名実ともに大方の国民から尊敬される対象になったのは、このように「国家の礎」になったからだと考えられる。

対する日露戦争では、日本が手に入れた主要なものは樺太の南半分の領土割譲のみだった。日本はポーツマス講和会議の際、十二ヵ条からなる要求を露国に提示した。それには海軍力の制限、戦利品として中立港の軍艦の引き渡し、軍費の賠償、樺太の割譲も含まれていた。しかし、その中で合意できたのは樺太半分の割譲だけだったのである。[49]また他の要求は、合意には至ったものの、そもそも戦争の結果、講和会議などを行わなくとも、当然、日本が領有すべき内容だった。

この見返りに、国民が納得するはずもなかった。一つの事例を紹介する。小村寿太郎（こむらじゅたろう）全権一行を乗せた

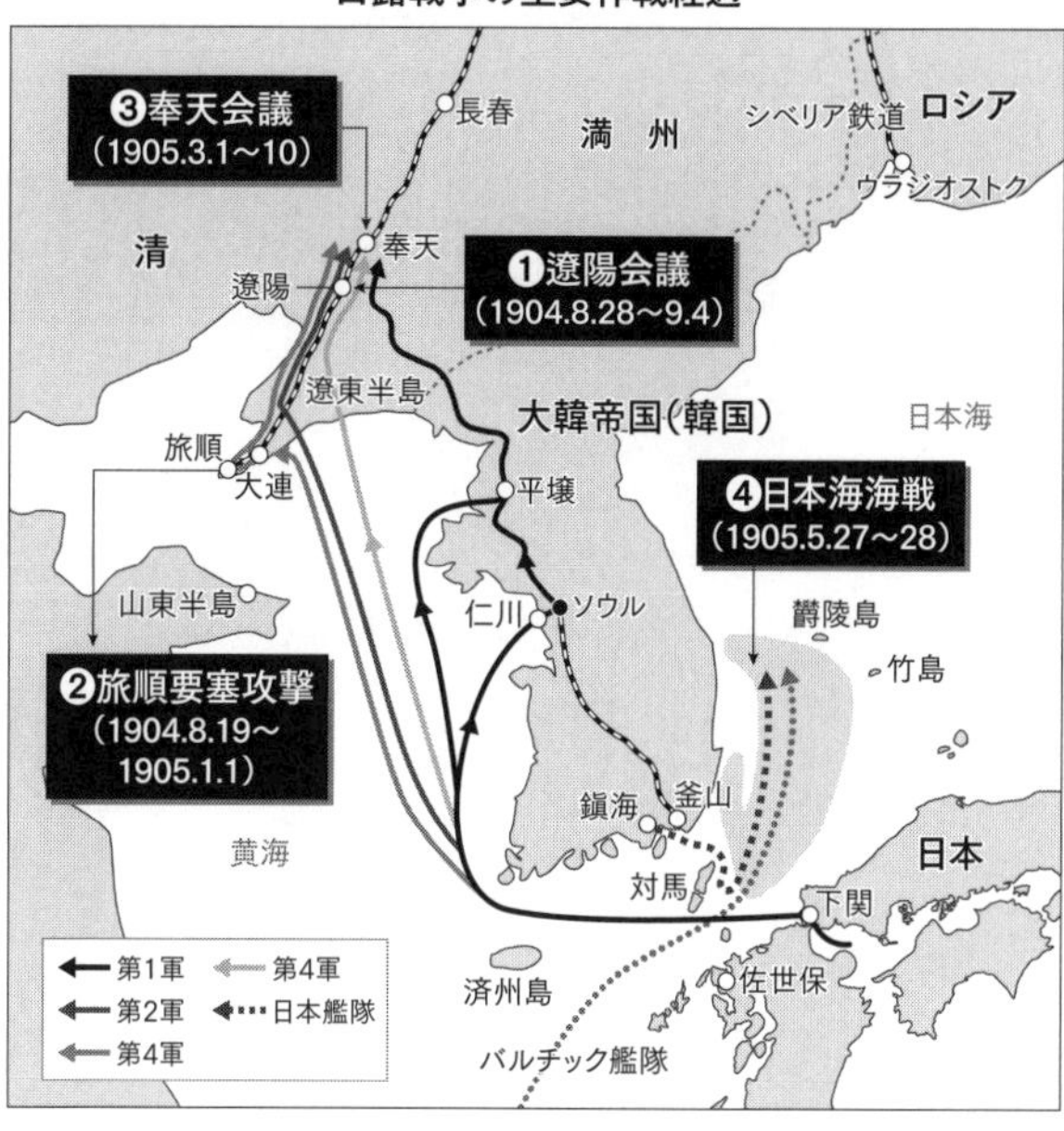

客船が十月十六日午前十時に横浜へ入港した時のことだ。それまで横浜市内各戸に掲げられていた歓迎の国旗は一斉に下げられたのである。[50]

小村といえば、大日本帝国が誕生してからの悲願の一つ、関税自主権を後に回復する屈指の英雄である。その小村に、この時、市民はあくまでも不満と忿激の意を表示し、侮辱を与えているのだ。多くの人は「講和談判が失敗した」と断じた結果だった。

日比谷焼打事件なども国民の国家に対する期待が踏みにじられたことへの反発だった。日比谷焼打事件とは明治三十八年（一九〇五年）、日比谷公園で行われていた日露戦争の講和条約、すなわちポーツマス条約に反対する国民集会をきっかけに発生した暴動のことである。彼らは日露両国による講和を「屈辱的平和」と口々に叫んでいた。

戦争に勝利し、国民から熱狂的に迎え入れられた陸軍と海軍に対し、外交使節団に対する国民の態度はあまりにも冷淡だった。国民の外交に対する失望は大きかった。これは現代から考察すると、環境醸成より目に見える抑止（対処）、つまり政治・外交、経済などの他の領域に比べ、軍事力の方が問題解決の手段として有効であると理解される一因となったと言っても過言ではないであろう。日露戦争はアジアの小国日本が欧州列強の一つ、露国に勝利したという点で、日本人のナショナリズムにも火をつける結果となった。アジアだけではなく、世界の列強の仲間入りをしたぐらいに感じるものもいたかもしれない。

また国民の不満は仲介者である米国への不信にも拡大した。それでも日本は米国に仲介を要請せざるを得なかった。唯一の同盟国である英国は日露の仲介者には当然なれない。米国は米西戦争に勝利し、太平洋進出の機会を得ていた。これと同様に、日露戦争の勝利による日本のアジア太平洋への進出を認めてくれると米国に期待したのだった。

これまでのことをあわせて考えると、日本は、この戦争に勝利したとは言えないのではないか。確かに戦いには勝った。しかし戦争目的を達成したとは言い難かった。日本と露国との戦争がさらに継続していたならば、日露戦争の帰結は不明だったであろう。

当時の両国の国力の差と陸軍軍備の状況を見るに、この戦争も太平洋戦争と同じ結末になった、と仮定できるかもしれない。しかし政府は、戦時中はもちろん、戦後になっても、この仮定から導びかれる見通しを国民が十分に納得する、あるいは了解するまでは説明しなかった。

その結果、国民や軍人の一部は、いたずらに戦勝に昂り、国防の薄弱性を知らずして、現実の国力差などを軽視するきらいがあった。すなわち根本的な国力差は、軍事力（戦いの勝敗）で克服できる、というのである。このような国民の考えが、のちの太平洋戦争開戦の遠因ともなっていくのだった。

では、その後の極東情勢、特に露国の勢力拡大を止めた後の日米関係はどのように推移したのであろうか。

第三節　米国とのかかわり

蜜月の関係

日本と米国はそれまで蜜月の関係と言ってもよかった。

幕末、確かにペリー提督の行動は強硬なところもあり、日本人に不安を与えた。しかし米国は日本の近代化に重大な影響を及ぼした。明治四年（一八七二年）、米国議会へ送られた覚書には、「日本国民は、教育と政治のあらゆる面で、できるかぎり米国民を模範とすべく望んでいるだけではなく、米国民を世界諸国のうちで最大の友人と考えている」という文言も見られるほどだった。[51]

また明治政府は、北海道の防衛と不可分な開拓の分野においても、米国の厚意に甘えた。ユリシーズ・グラント米大統領[52]を通じて四十六人の専門家を日本に招いたのも、その一つの例だった。専門家の中には農務長官のホーレス・ケプロン、札幌農学校の設立者となったウイリアム・クラーク、北海道の炭鉱を開発したベンジャミン・ライマン、技術関係顧問ジョセフ・クロフォード、農業部門顧問のエドウィン・ダンなどがいた。彼らの尽力によって北海道のその後の発展の基礎がつくられたのである。[53]

日本政府は、そんな蜜月な関係の米国に露国との仲介を依頼したのだった。この時、米国が仲介に乗り出した狙いは何だったか。太平洋戦争までの「ことのはじまり」だ。もちろん米国は全くの「お人好し」で仲介を承諾したわけではなかった。日本が舞台の場を戦争から外交へ変え、主な対手が露国一辺倒から米国も加わった瞬間でもあった。ここで、それまでの米国のアジア太平洋政策に目を向けてみる必要があるだろう。

米国と中国との実質的な交易が始まったのは、一七八四年にまで遡ることができる。中国向けの米国製品を積んだ「中国皇后号」がニューヨーク港を出航した時のこととされる。この時の航海は大成功をおさめた。それによって新たな貿易路、いわゆる広東航路が開かれた。そして一八三〇年代、四〇年代を通じ、欧州列強に伍して米国の対中貿易は拡大の一途をたどるのである。

ただし欧州列強が中国へ武力を使用してでも利益を得ていたのに対し、米国は商人たちの自由貿易に任せていたことに大きな違いがあった。初めはそれでよかったのだが、次第に米国商人の要請も強くなり、米国は欧州列強と中国が結んだ同等の経済的利益を得るように中国へ働きかけるようになった。その結果、最恵国待遇を手に入れ、米国は新たな利益を獲得していくのであった。[54]

一八六〇年代前半は南北戦争のために米国のアジア太平洋政策は停滞した。しかし明治三十一年(一八九八年)、キューバ島をめぐって起きた米西戦争では、米国はスペインに勝利し、翌年、フィリピン群島を獲得した。この時、米国に想起させたのは、日清戦争直後の弱体化した中国への列強による貪欲な勢力拡大だった。これがフィリピン群島にまで及ぶことを危惧したのである。[55]

米国務長官ジョン・ヘイは列強、特に露国の中国進出を恐れる英国の働きかけもあり、英、独、露、少し遅れて日、伊、仏に有名な「門戸開放」の覚書を送った。[56] これは米国が武力で問題を解決することを訴えるものではなかった。ただし、ここに米国のアジア太平洋政策の一つのパターンがつくられたと見ることができる。

明治三十四年(一九〇一年)、米国大統領になったセオドア・ルーズベルトの政策は、ヘイの「門戸開放」政策の継続、極東において膨張主義をとる露国の影響力の拡大阻止へと発展した。[57] そのような状況の中、日本は露国と戦い、辛勝した。米国にとって、露国の膨張主義を止めさせるのには、またとない機会に映ったことであろう。

米国の善意

旅順陥落の少し前のことだった。ルーズベルト大統領は金子堅太郎に向かい、「戦争終局の場合、日本が往年の三国干渉のごとく再び第三国のため、その正当な戦勝の果実を叩き落されることのないように自分は努力するつもりである」と語った。[58]金子はルーズベルト大統領とともにハーバード大学の同窓生だったため、日本政府によって外交の広報を任されていた。

また奉天会戦の後、大統領は金子に向かい、「日本はよろしく東亜モンロー主義を国策として採るべし」という意味のことを話している。[59]身の丈に合った国策推進を勧められたのである。いや忠告されたのである。

しかし、のちに日本は将来、大統領が想像していた以上の非妥協的な「東亜モンロー主義」となり、米国を驚かせることになる。[60]

ルーズベルト大統領は、移民問題、満州の門戸開放等の問題で日米関係が悪化した際、戦艦十六隻からなる大艦隊の世界周航を行った。それは主として対日示威のためにやったことだ。[61]それほどの熱血漢だからこそ、日本に忠告を発したのであろう。では、ルーズベルト大統領は何を認め、何を求めたのだろうか。

これを明らかにするためには、日露戦争の開戦原因となった重要問題について、見ていかなくてはなるまい。つまり韓国の自由処分権、露国の満州撤兵、遼東租借及び付属する権利（主として東清鉄道南部支線）の日本への譲渡である。これらの多くは米国にとっては露国に譲ることができない事項だったと見るべきだろう。だからこそルーズベルト大統領によって高い関心を持たれていたのである。当時の状況をもう少し詳しく述べていく。[62]

米大統領は「韓国保護権の設定が条約による場合は勿論のこと、日本の一方的宣言によって行われる場合においても、米国は列国に先んじて公使館の撤退を行うべく、また租借地及び南満州鉄道に対する日本の利権については支那をしてぐずぐず言わさないように、北京駐在の米国公使をして適当の機会に強硬に清国側当局に忠告さして置く」と快諾している。

これらのやりとりからは、米国が何の見返りも要求せずに日本の主張を認めたとしか思えない。そんな米国が日本と仲違いをするとは予想し難い。それをさらに強固にしたのが桂・タフト協定である。協定は明治三十八年（一九〇五年）、内閣総理大臣兼臨時外務大臣だった桂太郎と、ウィリアム・タフト陸軍長官との間で交わされた。タフトは米国特使としてフィリピンを訪問する途での来日だった。

それによれば、次の三つの要件が認められたとする。まず日本は米国の植民地になっているフィリピンに対して領土的野心のないこと、次に極東の平和は日米英の三ヵ国による事実上の同盟によって守られるべきであること、そして米国は日本の朝鮮における指導的地位を認めること、である。[63] これは日英同盟を尊重しつつ、東アジアにおける両国の安全保障について言及されたものに他ならない。

タフトは、この会談での合意事項を米国へ電文で送信している。この電文を読んだルーズベルト大統領は、「桂とタフトの会談はあらゆる点において全く正しいこと、タフトが語ったこと全てを自分が確認したと桂に伝えよ」と返信した。[64]

これは日米首脳が相手の権利を認めた協定であり、その後の日米関係を円滑にするはずのものであった。ちなみに、この協定が世の注目を浴びるようになったのは、大正十三年（一九二四年）のことだった。では、米国は日本に何を期待していたのだろうか。

肚の探り合い

日露戦争に至る軍事戦略のプロセスでも言及したが、日本は本土決戦思想をとることはなかった。日露戦争は戦略的には守勢だったかもしれない。しかし作戦的には明らかに攻勢だった。日本はここで教訓を学んだ。つまり、自国の領域で敵を待ち受けるほどの軍事力はない、このため外征軍となり、他国の領域で主導的に戦争を行うことが有限な戦力を効率的に発揮するためには不可欠である、と。

また日露戦争後、日本が認識した戦略環境にも変化が見られるようになった。当初、脅威の対象として挙げたのは、やはり露国だった。また中国に対する認識も大きく変わらなかった。我が国の生命線は大陸にある、という考えである。

ただし露国は大国だったが、その分、戦争で大きな損害を受け、財政的に傾くのも早かった。また戦争で日本に勝てなかった(負けたという認識はなかったが)ことでロマノフ王朝の権威は失墜した。これにより革命勢力は急速に拡大し、露国は新たな手を模索することになった。[65]

それは、もともとあった仏露協商を軸に日本と英国に救いの手を求めたことである。日本にとっても中国大陸への進出を目下の急務と考える中、露国と協調していくことは決して無駄ではないと判断したのだった。

ただ露国の狙いは何か。露国は欧州では独国へ、そしてアジアでは米国に対する脅威へ対抗しようとしていた。その流れからも日本としては露国を完全に信用することはできなかった。なぜなら露国の国力が盛り返したら、またアジアへ勢力を拡大してくるのは必定と考えられたからである。

よって日本は外交上、露国との協調を模索する一方、日本軍としては露国と再度、戦争になった場合、米国の支援を必要とするのだった。これは明らかに矛盾することである。

もともと後進国の米国は、北米州における西進を続けてきた。これを「西漸政策」と呼んだ。明治二十三年(一八九〇年)、米国は「フロンティア消滅宣言」を行い、ようやく北米州の実質的な「統一」を果たした。その後、カリブ海政策では「自由世界の警察」というスローガンを掲げたが、必ずしも正義に立脚したものではなかった。[66]「棍棒外交」と揶揄された強硬姿勢をとっていたからである。

カリブ海に続いてメキシコ、ハワイ、サイパン、グアム、フィリピンなどと、アジア太平洋州を米国は西漸してきた。次は中国の番だった。よって米国の進出を促進する中継点の役割を日本に期待したとしても不思議はない。

また軍事戦略の視点からも露国と直接対峙するより、日本が緩衝国として存在した方が好都合だった。露国が日本を撃破し、勢力を拡大すれば、太平洋は開けっ放しの状態になるからだ。これこそ米国が良好

米国の西漸の経過

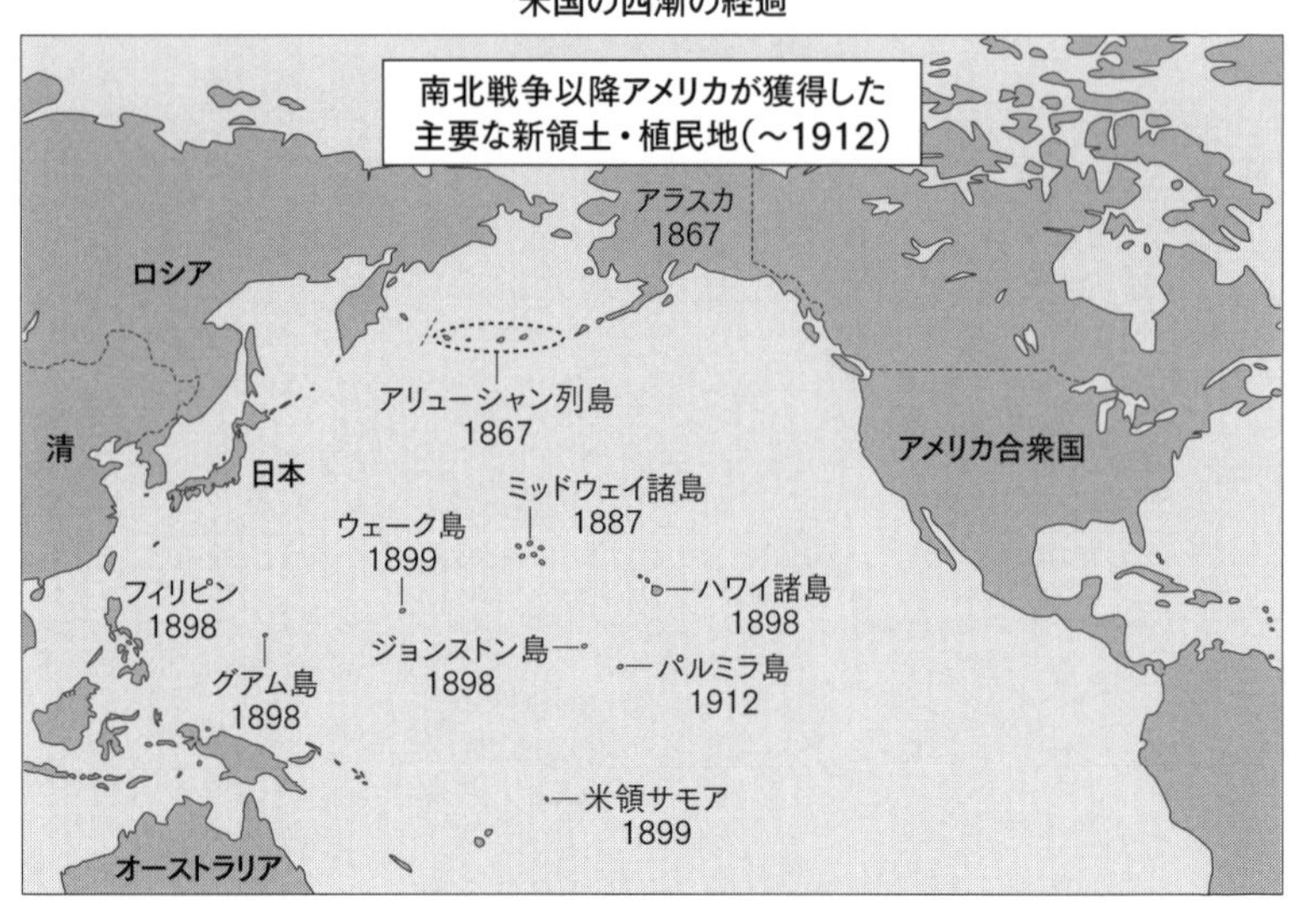

な日米関係の構築を意図した最大の理由ではなかったか。

対立の萌芽

当初、蜜月の関係だと思われていた日米両国だったが、ここにきて日本と米国は同床異夢だったことに気付く。明治三十八年（一九〇五年）八月二十二日のルーズベルト大統領の書簡がきっかけだった。それは我が国の米国に対する期待が全く幻想だったことを気付かせるのに十分だった。

書簡は、ルーズベルト大統領からニューヨークに滞在していた金子へ届けられた。それには従来の彼の親日的な態度が豹変し、「日本は償金のために戦争を継続させてはならない」と書いてあった。[▼67] しかし小村は、この手紙のことを知らず、外交交渉を続けてしまった。

小村らは「（遼東租借地以外の満州に関する日本の態度は）施政の改善及び改革の保障の下に、その占領する地域を支那に還付するにありとする。また日本は今日までの戦績に顧み、講和条件の一つとして賞金（賠償金のこと）を要求する理由ありと信ずる」と主張したのである。[68]これは、ここまでの要求を予期していなかったルーズベルト大統領に日本への警戒心を抱かせるのに十分だった。

大統領の警戒心を米国の「精神状態」、つまり本書で言う「国家の感情」だったと分析する研究者もいる。大統領は、「誇り高く気概ある真に偉大な国民は、国家の名誉を犠牲にしてあがなわれる、かの低俗な繁栄を買い求めるよりは、戦争のあらゆる悲惨から顔をそむけないであろう、いかなる平和も、戦争の至高の勝利ほどには偉大でない」と説いていた。また国民も、そんな大統領を支持していた。つまり米国は戦争で領土を拡大してきたのであり、経済的理由により勢力を拡大してきたのではない、と言っているのだ。

これで米国が日本の態度に失望した要因の一つが理解できたであろう。日本が日露戦争で勝利し、領土拡大を企図するまではよかった。しかし米国も日露戦争における日本の勝利を「真の勝利」とは認めていなかった。それにもかかわらず、日本が賠償金まで要求してきたことに違和感を強めたのである。日本は、どこまでも強欲だと。むしろ米国には、この精神状態が先にあり、中国利権の門戸開放と機会均等を脅かす相手として浮上してきた、よって贔屓などしていられない、という見方をされたとしてもおかしくない。

また日露戦争で有色人が白色人に勝利したことは、国内では日本人のナショナリズムに結び付いたが、アジアでは有色人の士気を大いに鼓舞し、民族意識を高揚させた。[69]このようなことも米国に日本がアジアのリーダーになるのではないか、という危惧を抱かせるのに十分だった。当然、アジアの中にはフィリピンも含まれるからだ。そして決定的だったのは中国の利権に関する認識の違いが顕在化した時だった。

小村は帰国と同時に予想だにしていなかった大きなニュースを伝えられた。それはハリマン協定のことだった。いわゆる南満州鉄道の日米合併に関する提案だ。当時、講和会議全権随員の一人、本多熊太郎（ほんだくまたろう）は、「ハリマン協定の予備協定（覚書）では南満州鉄道を日米共同経営という方式、つまり南満州鉄道及び付属炭坑経営のためにシンジケートを組織し、鉄道及び炭坑、その他一切の付属財産に対しては、日米両当事者において共同かつ均等の所有権を有す、シンジケートにおける代表権及び管理権も、また日米均等たるべく、更にまた満州における諸般の企業に対しても原則として日米均等の権利たるべしとされていた」と回想する。[70]

では、なぜ日本の元老や内閣の重鎮たちは、エドワード・ヘンリー・ハリマンの提案に同意したか。それには二つの理由があった。一つ目は経済的理由だ。日本は日露戦争で莫大な戦費が重なったが、期待していた賠償金も入らず、鉄道経営に必要な費用が賄えないと考えた。二つ目は軍事的理由からだった。露国は再び勢力を取り戻せば、必ず満州に食指を伸ばしてくる。その際、日本だけではなく第三国を取り込み共同防衛の関係を築いていれば、露国への対応が容易になる、というものだった。

しかし小村は、この協定を破棄するために奔走した。[71]小村が協定を否定した理由は、ハリマン提案は自らが交渉し、締結した講和条件に関する廟議の精神を無視するもの、という考えによる。小村の説得によって閣議も協定破棄の決定を行った。そして正式にハリマンへ伝えられた。

失望したハリマンは数年後、新たに錦愛鉄道計画並びにこの計画と対応する米国務長官フィランダー・ノックスの鉄道国際化提議を企んだ。ハリマンの復讐戦だった。[72]いずれも米国が露国に代わり、中国の利権に目を付けていたことに変わりない。これが米国の言う「門戸開放」だった。

これまで米国は高い理想を掲げていたのであり、日清戦争後の中立の保持、日露戦争後の露国との仲介などを日本も高く評価していたはずではなかったか。しかし日本は米国に対する警戒の気持ちが強くならざるを得なくなった。そして、このような経緯から日米関係の対立の兆しが少しずつ見えてきたのだった。

ここで日米友好を妨げる要因を見ていこう。

第一に露国から多くの収穫を期待していた日本国民にとって、米国が仲介したポーツマス条約は失望するものであったこと、第二に日本は朝鮮を支配し併合しようとしていたばかりでなく、米国の誘いを断り日本のみで南満州の足場も固めようとしたこと、第三に米国民の日本の自信過剰に対する批判的な世論が強くなってきたこと、そして第四に拡大する日本の脅威からフィリピン群島を防衛しなくてはならない、という危惧が米国で醸成されたこと、であった。そんな中、日本は満州に対する独占的な勢力拡大を加速させていくのである。

日本は、この時、二つの大きなものを失った。一つは米国という、それまで日本の良き理解者と思われていたパートナーからの信頼であり、もう一つは環境の認識を重視し、物事を決定していく、という慎重な姿勢である。これらは当時の日本の「驕り」と呼ぶべきものだったといえる。

そして、日本は満州政策を考える時、米国の主張する「門戸開放」ではなく、列強の例に倣った。つまり自らが軍事領域を重視する国家へと変貌する道を模索していくのである。さらに、この後、時代の最大の特徴の一つ、「総力戦」というキーワードと接合していくのであった。

第二章　新しい戦争

第一節　総力戦

総力戦の意義

この章では、総力戦時代の到来によって生起した軍主導の国家改造過程について考察する。このことは、日本が米国相手に戦争手段に訴えなければならなくなった要因を問う一つの状況証拠を確認することでもある。また総力戦は主体者がどの領域に所在するかによって見え方が異なる。本書では軍事の領域に軸足を置く。

そもそも総力戦とは何か。

エーリヒ・ルーデンドルフが『国家総力戦』を著しており、「国家総力戦の本質」の中で「総力戦は啻に軍隊の仕事たるのみではなく、参戦国民の一人々々の生活及び精神に直接影響する所のものであって之は単に政治の変化のみではなく、人口の増加に伴ふ一般兵役法の採用と、益々殲滅的威力を増して来た兵器の採用とに依って生じたものである」と語った。[1]

つまり総力戦時代になり、それまでクラウゼヴィッツが唱えた「戦争は政治の延長」という戦争の定義

（あるいは概念）を超越したのである。

戦争のことは軍人に任せておけばよい、という時代は終焉した。戦争で勝つためには国力の総和で勝つ必要があり、国家の全ての領域の統制が不可欠になった。つまり政治の善し悪しではなく、戦争の勝敗が国家の正邪を決定することになったのである。

鉄血宰相オットー・フォン・ビスマルクは普仏戦争が始まった時、記者の一人に「開戦後の経済の見通しは」ときかれ、「経済のことは大蔵大臣にきいてくれ」と答えたと言われる。ビスマルクでさえ、到来したばかりの総力戦時代の本質を理解していなかったのである。

大日本帝国を例にとれば、純粋な軍事の領域、すなわち統帥部がそれまで政治が主導してきた内閣の役割を兼ねることへと変化したと言える。つまり戦略環境の醸成よりも抑止（対処）戦略、つまり軍事の領域が重視される時代になったということだ。

軍事の領域が主導的に国際問題も解決する、それは戦争へのハードルが一つ下げられたことを意味する。また国家の領域の問題だけでは終わらなかった。時間的には平時と有事の、空間的には戦場と日常生活の場の明確な違いがなくなったからである。

日本ではただ単に統帥部が独立していることを最大の問題のように指摘する向きも見られる。しかし、その背景を見ていかないと、この問題の全体像を見誤ることになりかねない。その一例を示すのが、満州という新領土での政治・外交と軍事の主導権の取り合いだった。これこそまさに総力戦時代の国家の在り方を考えさせる嚆矢になった。

新領土での主導権争い

日本は日露戦争が終了したにもかかわらず、戦争中に進出した満州で占領地政策を続けた。満州を日本の新領土となし、戦後経営を行う企てだった。といっても、当初は外務省が主体となり、露国が治めてい

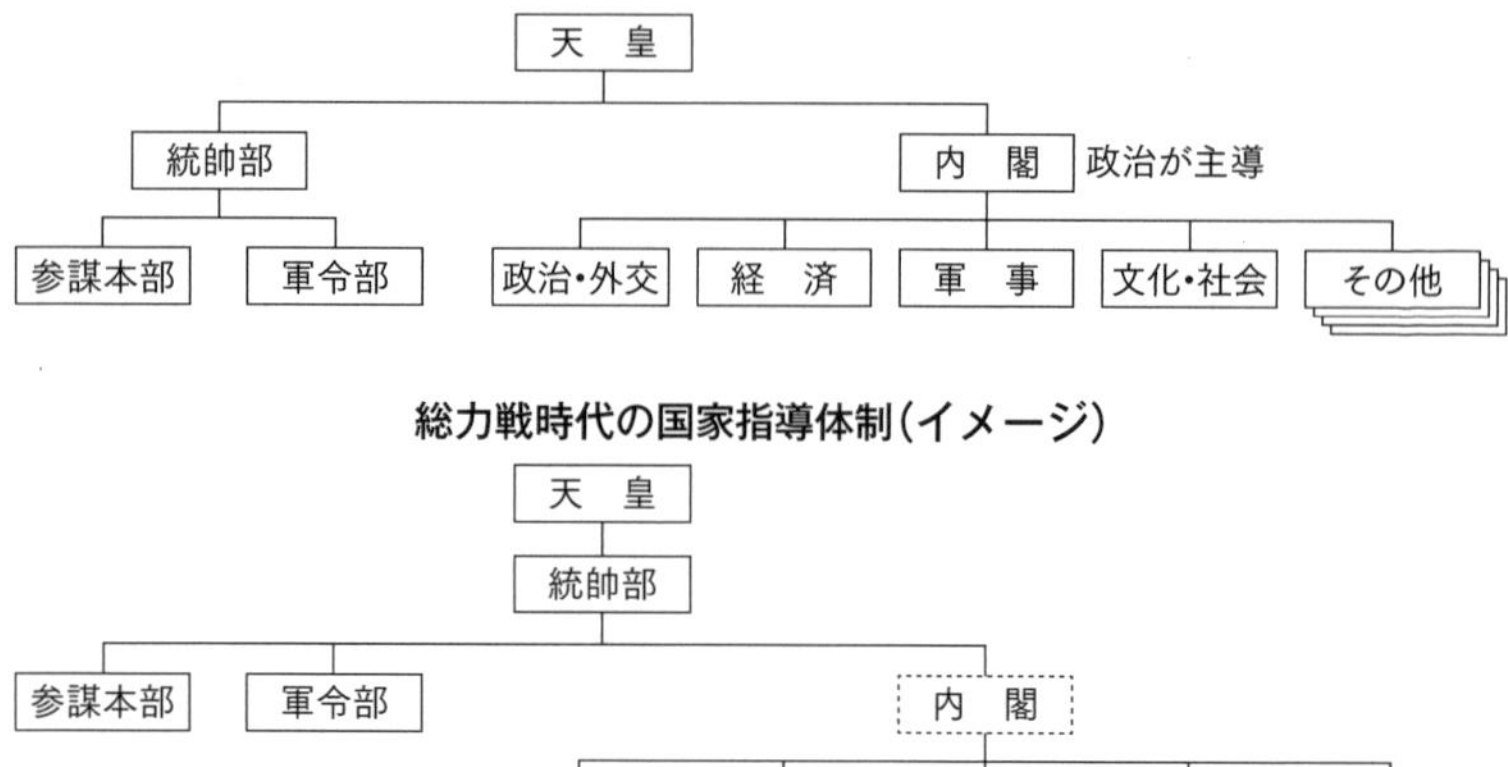

た時よりも関与の度を強くするのは得策ではない、という立場をとっていた。[2]

その後、明治三十八年（一九〇五年）九月二十六日、関東総督府勤務令が制定された。また十月三十一日には遼陽に関東総督府が編成された。関東総督府は満州軍総司令部に直属していたが、総司令部が凱旋すると、天皇直隷となった。そして指定された軍、機関を統御し、関東州の守備に任じるとともに、同地の民政を監督し、関東州内外の各地の軍政機関はすべて関東総督府が管轄することになっていた。[3]

その後、日本軍は南満州を八つの地域に分け、それぞれの地域に軍政署を設置した。そこで示された関東総督府「軍政実施要領」によれば、軍政方針は露国との復讐戦争に備える方針を求め、文章中、「次期戦争」と明記した。また「露探」とも記し、「殖林ノ目的ハ他日我軍用薪材ヲ得ルニアルヲ以テ」と言い、平和克復の現在、露国を敵視した。またはいたずらに他日の復讐戦に公然と備えようとしている点で著しく不穏当なものだった。

このような方針は、ポーツマス条約を一時の休戦条約たらしめるものである、との批判を受けるに至った。[4]それだけではなかった。軍政方針では「軍政署の本務はその管内

郵便はがき

料金受取人払郵便

麹町支店承認

9781

差出有効期間
2022年10月
14日まで

切手を貼らずに
お出しください

102-8790

102

[受取人]
東京都千代田区
飯田橋2−7−4

株式会社 作品社
営業部読者係　行

【書籍ご購入お申し込み欄】

お問い合わせ　作品社営業部
TEL 03(3262)9753／FAX 03(3262)9757

小社へ直接ご注文の場合は、このはがきでお申し込み下さい。宅急便でご自宅までお届けいたします。送料は冊数に関係なく500円（ただしご購入の金額が2500円以上の場合は無料）、手数料は一律300円です。お申し込みから一週間前後で宅配いたします。書籍代金（税込）、送料、手数料は、お届け時にお支払い下さい。

書名	定価　円	冊
書名	定価　円	冊
書名	定価　円	冊
お名前	TEL　(　　)	
ご住所 〒		

フリガナ
お名前

男・女　　　　歳

ご住所
〒

Eメール
アドレス

ご職業

ご購入図書名

●本書をお求めになった書店名

●ご購読の新聞・雑誌名

●本書を何でお知りになりましたか。

イ　店頭で

ロ　友人・知人の推薦

ハ　広告をみて（　　　　　　　　）

ニ　書評・紹介記事をみて（　　　　）

ホ　その他（　　　　　　　　　　）

●本書についてのご感想をお聞かせください。

ご購入ありがとうございました。このカードによる皆様のご意見は、今後の出版の貴重な資料として生かしていきたいと存じます。また、ご記入いただいたご住所、Eメールアドレスに、小社の出版物のご案内をさしあげることがあります。上記以外の目的で、お客様の個人情報を使用することはありません。

における軍務をつかさどり居住民の保護に任じ、わが軍隊及び人民と清国官民との間にあり、交渉折衝の任にあたるものとす（中略）ただしわが利権を獲得すべき好機あらばこれを逸することなく、また軍事上の目的を達成するに有益なるものはこれを断行するを要す」とも書かれていた。

軍政署は、この実施要領に基づき「忠実に」任務を遂行した。占領地への外国商人の立ち入りや商品の輸出入を禁じ、関税収入や通行税、車税などを徴収した。そして、それらに加え日本人居留地の土地買収などを強引に進めた結果、日本の態度が国際問題へと発展するのだった。

これは日本というより、主として軍部によって行われたものだ。外務省をはじめ、日本政府は軍部の独走に困惑した。そこで西園寺公望首相自らが急遽、満州を視察することになった。その上、首相官邸に元老重臣を集めて「満州問題ニ関スル協議会」が開催された。

会議は、「清人の不満を買わない様努めるのは日本にとって最も適当なる方策である（中略）満州に於いても清国人の満足する方針をとるべき」という必要性から行われたものである。[5] しかし実質的には軍部に軍政署の廃止と早期撤兵を求めることだった。

会議の冒頭、伊藤博文が口を開いた。伊藤は、この時、新たに韓国統監を任じられたばかりだった。伊藤は軍政署の関東総督府「軍政実施要領」を読み上げた。次に諸外国からの抗議文を示した。そして、「満州方面における日本の権利は講和条約によって露国から譲りうけたもの、すなわち遼東半島租借地と鉄道以外にはなにもない。満州はけっしてわが国の属地ではない。純然たる清国領土の一部である。属地でもない場所にわが主権がおこなわれる道理がない」と主張した。[6] それは軍事占領の継続を訴える児玉源太郎陸軍参謀総長に向けられた言葉だった。児玉はこの年一月に「満州経営委員会」の委員長に就任し、満州占領中の軍事力を使用して利権の獲得を働きかけてきた張本人だった。児玉は「余は最近初めて此書を手にしたので、一読其の不穏当なることを感じ、直に関東総督府の注意を促して置いた。此の如き規定は、領事が赴任すれば、凡て無用に帰するのであらう」と答えざるを得なかった。[7]

その後も二人の間ではいくつかのやり取りがあったものの、会議は伊藤の説得に児玉が応ずる形で終了した。明治三十九年（一九〇六年）、関東総督府は廃止され、それに伴い、軍政署もなくなった。[8]

しかし、大陸へ積極的に乗り出そうとするグループ（「大陸積極派」などと呼ばれた）が納得したわけではなかった。会議の結論とは別に、満州経営の実態は「対英米協調」を建前とし、本音では積極派に与する形になった。

それが後に後藤新平（ごとうしんぺい）、初代の南満州鉄道株式会社（以下、「満鉄」と略称する）総裁が説く「文装的武備」[9]だった。つまり広義の経済発展と安全保障を実現するという考え方だった。[10]これを外交上に抗議がこない形で大陸へ進出を図る分には支障はない、という考えだったと結論付ける意見も聞かれる。[11]

ともあれ、それを実行に移したのは満鉄だった。このように日本の満州政策は端から政府の意思とは別のところで進められていく可能性を孕んでいたのである。では、満鉄とはどのような組織であったのか。

南満州鉄道株式会社

満鉄が創立されたのは明治三十九年（一九〇六年）十一月のことだった。資本金二億円、そのうち一億円は日本政府の現物出資だった。東清鉄道より譲渡された長春以南の鉄道と付属する土地建物などの一切の財産、港湾、撫順、煙台などの炭鉱を一億円と評価したのだった。

残りの一億円は民間よりの募集で賄った。この年の九月、第一回株式十万株（二千万円）を募集した。その時、大変なブームとなり、総申込株数は一億六百万を超え、申込人も一万一千強を数えた。その結果、満鉄株が国民の間に広まり、国民的会社として親しまれるきっかけとなった。[12]

満鉄創立で中心的役割を果たしてきたのは児玉だった。児玉は満州経営委員会が解散し、七月に満州鉄道設立委員会に切り替わった時も、引き続き委員長についた。後藤の初代総裁への就任も児玉の強い推挙によるものだった。

後藤と児玉は、児玉が台湾総督時代に後藤が民政長官を務めたという関係だった。また後藤は、それまで民衆の反乱に悩まされ、治績が上がらず、積年の赤字経営に苦しんだ台湾統治を一気に黒字経営に転じさせた。その手腕を買われての登用だった。[13]

ポーツマス条約が締結される直前のことだった。後藤が児玉に呈した「満州経営策梗概」というものがある。それには、「戦後満州経営唯一の要訣は、陽に鉄道経営の仮面を装い、陰に百般の施設を実行するにあり」と書かれていた。[14]

また後藤の考えをよく表したものに、次のようなものがあった。日本が韓国の宗主権を得たのは単なる戦争の勝利によってではなく、「旧来、わが国民韓地移入の上において列国の優先を占め」た結果である。したがって「今、鉄道の経営により十年を出でざるに五十万の国民を満州に移入することを得ば、露国倔強といえどもみだりにわれと戦端を開くことを得ず」とする。[15]

簡単に言えば、満州に日本人を送り込み、満州を日本の独占植民地にすることで経済領域だけではなく、軍事の領域でも多大な利益を得られる、というものだった。[16] 後藤は、そのような考えの持ち主だったのである。

そのためには「鉄道事業の満州経営や、名は緒余の如くにして実は主重の本務なるがゆえに軍事行政一切の挙措も、形は鉄道事業を規制すべくして、実は鉄道事業のために規制せられるべからず」と満鉄総裁を満州における「植民政策の中心点」に置くことを総裁就任の条件として要求したのである。[17]

このことはよく吟味しなくてはならない。なぜなら、日本は「危殆論」あるいは貧困の解決策の一つとして、つまり国家の「生存権」の行使の一環と主張し、満州への進出を正当化してきた。しかし、その前提となる生存権の行使が崩れてしまうからである。つまり、この趣旨でいけば、国家としての最低限の自助のための資源獲得のみならず、日本の満州政策が際限もなく拡大解釈されていく土壌が初めから培われていたと言わざるを得ないのである。

さらに後藤は満鉄の「挙措」に対する外務省の干渉を嫌った。このため外務省と距離を置くことを政府に認めさせようと画策した。その結果、後藤の要求は政府に認められたのだが、林董（はやしただす）外相がそれに抗議し、辞任する事態にまで発展した。こうして大陸積極派は「満州問題ニ関スル協議会」で一旦は不利な立場に追い込まれたが、その巻き返しに成功するのだった。[18]

未だ満州北部の鉄道は露国にとられるままだったが、満鉄は日本の中国大陸進出に大きな役割を果たすことになった。また、それは国策会社であり、満鉄の誇るシンクタンク、すなわち調査部などは近い将来、満州が独立する際の有為な人材をストックする重要な役割もあった。

ここにきて、日本の実質的な意思決定は一方を政府と外務省とし、他方を関東軍と満鉄とする大きな対立構造の下で行われることになったのである。このような国内外情勢の大きな変化を受け、日本の軍事戦略はどのように変化していったのであろうか。言葉を変えると、戦争に勝つ、という最大の目的が一旦、収束する中、軍事の領域では、どのように目標を定め、その達成の方策を求めていったのであろうか。

最初の帝国国防方針

明治四十年（一九〇七年）、日本初となる帝国国防方針が策定された。この国防方針では新たに獲得した満州の利権の保持を柱とする領土保全と露国に対する備えが重視されていた。また既にアジアに勢力を伸ばし、露国との関係が密である仏国に対しても配慮されていた。[19]

それに加え、帝国国防方針で示されたのは、従来にも増して攻勢作戦による戦略的守勢の性格が強まったことだ。また陸軍と海軍との協同に対しても積極的な態度をとるべきだとされていた。[20]当然のことだ。島国である日本が攻勢作戦を行うなら、陸海軍の協同が不可欠であるのは火を見るより明らかである。

しかし想定した敵国については、陸軍が露国、海軍は米国にこだわったため、協同とはほど遠いものとなった。結局、露国を想定敵国第一とし、米国は「他日激甚なる衝突を惹起する国」と警戒感を強めてい

くのみにとどめた。そのため米国に対しては環境醸成を重視する、即ち対話を通じて協調していくとされたのである。▼21

米国への警戒が言及された背景には、日露戦争後から日米紳士協約に至る経緯も影響したのであろう。これは勤勉な上、安い賃金で働く日本の労働者に対し、もともと米国で働いていた移民が反発したことで生じた問題だった。

日本の労働力が米国の脅威となったため、日本は米国への移民を自粛したのである。日米紳士協約は、日本と米国との協調が実を結ぶ最初の例となった。しかし、日本にとっては労働人口の受け皿を他に探さなくてはならないことを意味した。▼22 つまり問題の根本的解決に至ったわけではなかった。

そして国防方針では備えるべき兵力も示された。まず陸軍については露国がアジアで展開できる兵力に相応する兵力とした。そこで陸軍は鉄道輸送量から露国の展開可能兵力を五十個師団と見積もった。これにより、平時二十五個師団、戦時はそれに加え二十五個師団、合わせて五十個師団を整備目標とした。▼23

この大増員の基盤になったのは在郷軍人の存在だった。陸軍大臣は明治四十三年(一九一〇年)に在郷軍人会を設立し、監督下に置いた。その後、数年を経て海軍軍人も在郷軍人会に加えられることになる。それに伴い在郷軍人会は陸海軍大臣の監督を受けることになったのである。▼24

一方、海軍は米国が東洋へ展開できる艦隊と対抗するのに必要な兵力を目指すことになった。これは「対米七割」の思想となって表れた。日本海軍の対米作戦は、東洋にある敵海上兵力を掃討し、西太平洋を制御して日本の交通路を確保し、しかるのち敵本国艦隊の進出を待ってこれを邀撃することを根本方針としていた。この時、日本では待ち受ける艦隊は攻撃する艦隊の七割で「五分五分」と考えられていたのである。▼25

さらに帝国国防方針では、それらに加え、政戦略の一致が必要と示された。内閣と統帥部がまとまらなくては、国家の大事に対応できないとする考え方が広まっていたのだ。時あたかも総力戦時代のはじまり

陸軍の師団数の推移

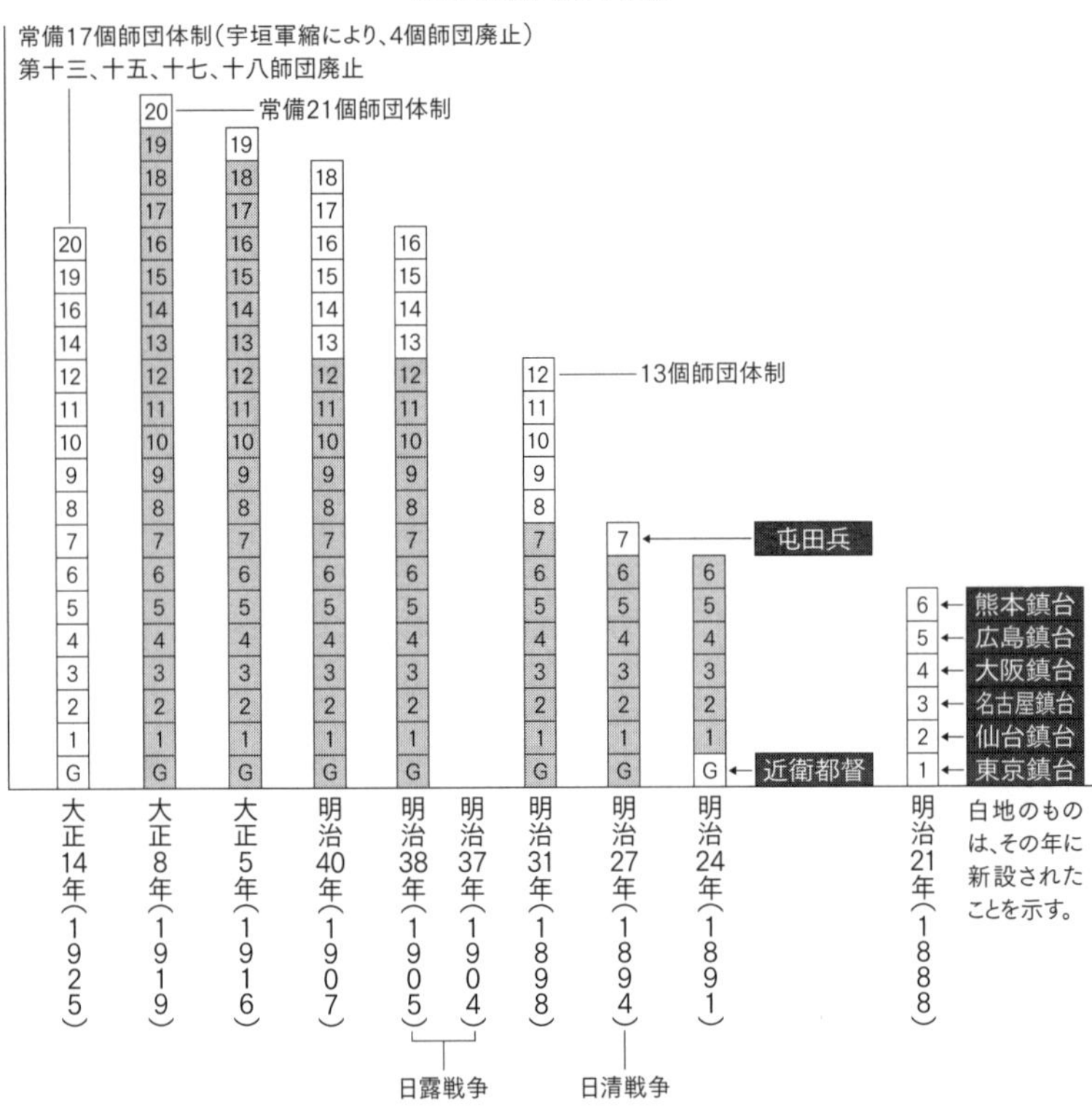

だった。しかし、帝国国防方針でどれだけ政戦略一致の重要性が指摘されたとしても、その実現は困難だった。

　なぜなら内閣は日露協商を追求する一方、統帥部は先述したように陸軍が露国を、海軍は米国をそれぞれ想定敵国としていたため、全くまとまる気配すら見せなかったからだ。そんな日本に対し、欧州では総力戦時代の実践の場が到来し、それまでの軍事に対する考え方、国家の有り様も変えてしまうのである。第一次世界大戦の勃発が端緒だった。

第二節　第一次世界大戦

国家の変革

内閣あるいは統帥部首脳らが政戦略の一致の重要性を感じていたことは間違いない。これは総力戦時代の到来にかかわらず、アジアの貧しい小国の一つ、日本が日露戦争を通じて国家のあらゆる資源を戦争のために使う必要性を肌で感じた結果ではないだろうか。

しかし、その主導権を誰がとるべきか、そこまで認識が共有されているわけではなかった。それが帝国国防方針の策定プロセスを通じて「統帥権の独立」が演繹されていくことになる。つまり国家元首であり、大元帥である天皇と統帥部の結びつきを強めるシステムの一つとして作用していくことになるのだ。

それは戦争に「捷つ（勝つ）」ことが国家の最大の目標になり、捷つための具体的な手段・要領を実践するのが統帥部であり、その条件を整備するのが内閣の役割へと次第に変化していったからである。このように軍事の領域が主導権、あるいは実質上の統制権を握った日本には、どのようなことが起きたのであろうか。

まず政治・外交の領域では、政党が「革新的な」軍人と近づき、党利党略を実現するような風潮が見られるようになった。ちなみに当時は、革新といえば右翼思想に共鳴するものを指すことが多かった。武力による国家革新を目指していたためである。

政治と軍事が結びついた結果、軍事の領域では陸軍、海軍のそれぞれの戦略が次のように変わっていった。まず露国を想定敵国とする陸軍は、主としてシベリア、満州、蒙古などの海外領土の拡大、つまり北進を目指していった。資源の供給あるいは戦略的縦深性に欠ける日本の緩衝地帯として、それらは重要な役割を果たすと期待された。したがって攻勢を第一義とするようになった。

それに対し、海軍は当面の敵である露国海軍を既に撃滅していたため、米国を想定敵国とする艦隊決戦を有利にすることへと集中した。植民地や艦隊の中継点あるいは防御拠点を必要としたのである。よって北進より南進を望んでいた。これは防勢を第一義とした。しかし、この時期の海軍は陸軍に主導権を握られ、北進優先を認めざるを得なかった。これを海軍は、どのように整理したのであろうか。

海軍は以降、米国海軍に勝つためだけではなく、米国海軍と戦うことを「手段」として海軍自らの軍事力の整備を推進していくように考えたのである。

つまり手段が目的になったのだ。このような状況の中、日本は欧州で勃発した第一次世界大戦を迎えるのである。

総力戦体制を確立するためには、軍の拡大と近代化のバランスをとっていかなければならなかった。いわゆる「人をとるか、物をとるか」の問題である。この時、日本では「機械化」という名の軍の近代化を重視した。つまり人より物を優先させたのである。

これは大量生産、大量消費、そして技術競争という名の下に行われた。また飛行機、潜水艦、毒ガスなどの新兵器の登場は、この戦争がこれまでのものと大きく異なることを世界中に認識させるのに十分だった。

しかも欧州では多くの市民が軍人となり犠牲になった。しかし日本にとっての第一次世界大戦の主要な部分といえば、山東半島（青島）及び南洋諸島におけるドイツ軍との戦いだった。そもそも国内では戦争が始まると、大景気に沸いた。ここに大戦（戦争）に対する国民の認識が大きく変わる一因があったのではないだろうか。

加えて日本軍は第一次世界大戦をただ単に対岸の火事とは見なかった。西欧列強の軍事に強い関心を示し、調査研究を怠らなかったのである。

特に陸軍においては「臨時軍事調査委員」が設置され、日露戦争型に停滞していた陸軍に編制装備の改善など、画期的な教訓と示唆を与えた[26]。さらに近代戦は総力戦の度合いが増し、国防は単に軍隊の動員とこれに伴う諸準備だけでは不十分であり、工業生産力の発展、工業原材料の供給確保等の国家総動員準備が必要であると指摘した[27]。臨時軍事調査委員の成果は、国防施策を刷新する原動力になったのである。

よって日本にとって第一次世界大戦の意義を総括するなら、日本の「再創造」を促す契機となり、新しい戦争をバランスよく知ることができる立場から、今後の戦争準備に反映すべき教訓を抽出したということになる。

思想の膠着

また次のような見方もできる。明治時代より日本では、戦争は天皇大権の下、国民が一つとなって奉公するのみであり、戦争の意義などは思想家たちでさえ関心の外に置かれていた、というようにである。ましてや多くの国民にとっては、国家に命ぜられるがままに戦った。しかし第一次世界大戦では事情がやや異なった。

大戦が始まると、それぞれの立場で国民一人ひとりが参戦か否かで議論するようになったのである。なぜならアジア周辺でもなく、自存自衛のためでもない欧州で起きた戦争へ日本が参加する大義名分を確立することができなかったからだ。これは結果的に国民の意思を尊重することにもつながった。

日本は当初、戦火が東アジアに及ぶ場合に限り、日英同盟を基礎として行動することに決していた。しかし元老の一人、井上馨(いのうえかおる)は「今回欧州の大禍乱は、日本国運の発展に対する大正新時代の天祐にして、日本国は直に挙国一致の団結を以て、此天祐を享受せざるべからず」と放言したとされ、それをもって、日本の参戦が決まったとする主張も見られる。

確かに日本という国では、大きな決断をした時に、誰々がそのように言った、という説が後を絶たない、そのような気がする。国の将来を決める一大事を誰かの発言や、それを聞いた為政者あるいは国民の支持で決まることを「気」あるいは「時の勢い」と呼ぶべきなのであろうか。しかし井上の言葉は、その後も続くのである。[28]

それを要約すれば、明治維新の大業は視野を広く持ち、道理を世界に求めたことにある。大正新政の発展は、国際問題より日本を排除させないように基礎を確立し、近年日本を孤立させようとする欧米の趨勢を根底より一掃することにある。

つまり辺境の島国である日本が、また鎖国時代のように世界情勢から孤立したら、大戦後、列強が大挙して日本に襲いかかるのは必至であり、この際、必要な処置を講じておけ、という警告に他ならなかった。この考えは環境醸成の重視にもつながる。それにもかかわらず、彼の言葉は参戦を目論む者たちから重きを置かれた。

その結果、日本の基本方針は日英同盟を名目的な根拠としつつ、戦域に限定を課さない形で参戦することに決められた。井上の思いとは別のものになっていた。それは大正三年(一九一四年)八月十五日の対独最後通牒送付と二十三日の宣戦布告という形で現れた。日本は同盟の責務の遂行というよりは、国際的地位の向上を意図していたのが明らかになるのだった。これにより英国は、日本の台頭に疑念を抱くようになった。

日本が独国と交戦した目的は極東の平和と日英同盟の利益を守ることとされていたが、当初、英国から参戦を依頼されたにもかかわらず、日本の独国の領土、それに続く中国の利権拡大を懸念するため、依頼を取り消されたのだった。[29]

それでも日本は参戦したのである。では、それをどのように正当化したか。まず日本の狙いは明治三十年(一八九七年)の占領以来、独国が青島を急速に要塞化したことへ対抗するためと主張した。[30]しかし軍事的に見た場合、日本がそれほど青島の要塞を重視していたとは考えにくい。

では、なぜか。経済の視点で見るとわかりやすい。当時、山東半島、特に青島は独国がモデル植民地として勢力を注いで建設した商業都市である。独国は鉄道敷設権と鉱山採掘権などを通じ、山東半島一帯を勢力下に置こうとしていた。

このため青島の経済的価値は高まっており、日本にとっても魅力的な都市になっていた。青島を獲得して利益を得る、これが日本の最初の狙いだった。あまりにも単純な話だ。

結果的に考察すれば、日本は欧州列強をはじめ、どこからも強いられることなく、自ら参戦を決断した数少ない国になった。ここに日本の「精神状態」の一部が見てとれるのではないだろうか。つまり、「戦争への期待」と呼べるもの、大戦景気の波に乗ることで自らの利益を得ようというものだった。それは経済だけではない。外交にも表れた。

対支二十一ヵ条要求をめぐる交渉のことである。対支二十一ヵ条要求とは大正十四年（一九一五年）一月、第二次大隈重信（おおくましげのぶ）内閣が中国の袁世凱（えんせいがい）政権に対して提出した権益拡大要求のことである。要求は五号二十一ヵ条から成っていた。▼31

第一号　山東省内の独国権益の継承
第二号　日本が南満州・東部内蒙古に持つ権益の拡大
第三号　漢冶萍公司▼32の日中共同経営
第四号　中国沿岸部の外国への不割譲（以上要求条項）
第五号　中国政府に日本人の政治・財政・軍事顧問を置くこと、日中警察の一部合同など（希望条項）

当時、一人で対独戦を決定したと言われた加藤高明（かとうたかあき）外務大臣の胸中には「英国が参戦した以上、いつまで戦争が続いても最後の勝利は英国側にある。最悪の場合でも英国側に有利な引き分けに終わる。故に日

日本の植民地

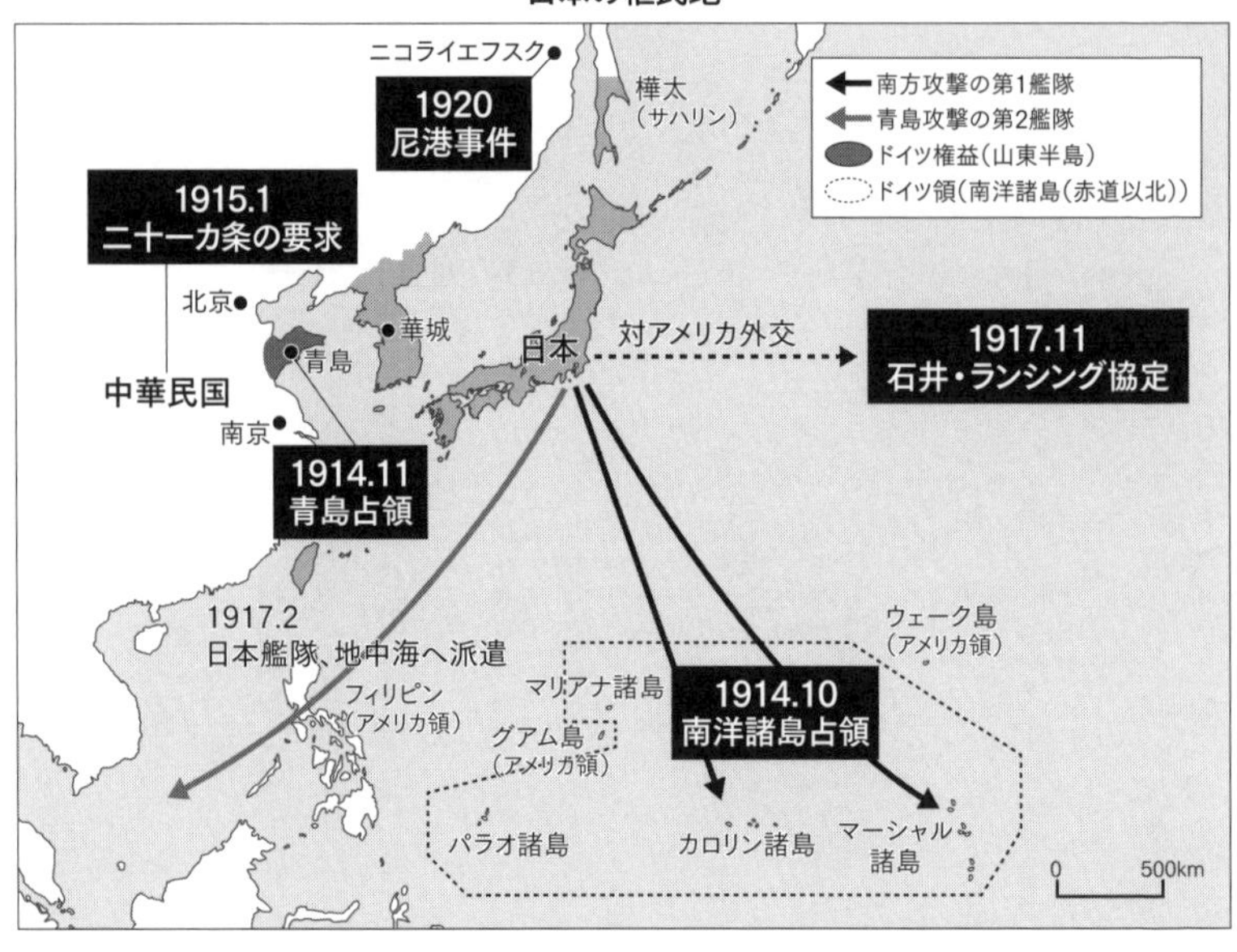

本が参戦しても損はしない。この好機会をとらえて世界における日本の地位を高め、東亜における日本の立場を一段と強固なものにしよう」とする遠大な計画があったとされる。[33]

そして加藤外相にとって、「その手段は何か」と問われれば、独国の勢力を一掃し、特恵を得た山東半島の返還を取引材料として中国から少しでも多くの利益を手に入れることにあった。すなわち満州問題の解決こそが加藤を参戦へ向かわせた最終的な動機となったのである。[34]これは陸軍首脳らにとっても基本的に同様の認識だったと思われる。もう少し詳しく見ていく。

日本は日露戦争の勝利によって露国の満州利権を獲得し、遼東半島の租借権、南満州鉄道の経営権などを獲得していた。しかし、その返還期限は最も早いもので九年後に迫っていた。ここで新たな手を打たなければ、その維持すら危ぶまれる状況になっていたのだった。

また加藤は駐英大使としての経験を最大限に活かし、英国からも理解を得ようとした。このように加藤にとっては大戦が好機であり、この大戦こそ、「バスに乗り遅れるな」だったと言える。なぜなら当時の情勢認識では第一次世界大戦が一年と続くことはないと見積もられていたからだ。[35]

こうして日本は参戦の翌年、樹立して間もない中華民国に、南満州及び東部内蒙古対支二十一ヵ条要求を提出した。もちろん、その狙いは山東問題と満州問題の解決を目指すためだった。

日本政府と清国の袁世凱総統との間に開始された外交交渉、すなわち対支二十一ヵ条の交渉を同年五月、日本政府が最後通牒を交付することで妥結させた。膠州湾還付、満蒙問題、その他、中国に対する懸案は一応解消した。

しかし、この交渉をめぐり、中国官民に与えた悪感情は排日の気運を高めた。この情勢を利用した日本に対する外国からの非難に助けられて、いつ、どこで、どのような事件が惹起するか、誰にもわからない情勢になったのである。

それぞれの思惑

日本の参戦は国民の意思の尊重にもつながったと書いた。つまり国内政治へ世論も無視できない影響を与えていたのである。そもそも山本権兵衛内閣を継いで政権を担った大隈重信の政権は、大正の政変（憲政擁護運動により、第三次桂太郎内閣を倒したことを指す）を機に民主化を求めて過激化した世論をなだめるためのものだった。元老たちが大衆に人気の高い大隈を担ぎ上げて成立した弱体政権だった。

立憲同志会を中心とする与党は衆議院の過半数すら占めることはできなかった。つまり、予算成立の見通しさえ立たない。加えて党総裁の加藤は不人気で与党は内紛を繰り返すありさまだった。そんな状況で大隈首相は政局打開のため、衆議院を解散すると見積もられていたが、与党の勝利は覚束ない状況だった。

大戦が勃発したのは、まさにこのような時のことだった。大戦に参加すれば、挙国一致の名目の下、一時政争は中断される。政権が求心力を回復することも期待できた。大隈にとっても大戦は「天祐」だった。

逆に参戦しなければ、大戦への対応をめぐって大隈内閣は政治的に一層追い込まれていたかもしれない。それぞれの人がそれぞれの思惑で戦争に向かって突き進むのだった。

この時、参戦に反対する声はほとんど聞かれなかった。慎重論を衆議院第一党の野党政友会は唱えたが、それも短期間のことだけだった。政友会の原敬（はらたかし）総裁の目には、政権維持のため、人心を外に向かわせる「小策」だと映っていたが、[36]最後は参戦やむなし、の態度をとると立場を変えたからだ。

また反対論としては極めて少数だが、経済雑誌『東洋経済新報』があった。同誌は帝国主義外交や軍拡を批判していた。[37]大陸での権益拡張にも反対の立場を表明したが大きな賛同を得るには至らなかった。なお社会主義者たちについては、大逆事件以降、参戦に異を唱えた者はいなかったと言われる。

第一次世界大戦は、欧州ではこれまでにない悲惨な戦争となった。しかし、日本にとっては日露戦争に続き、国際的地位の向上を果たす契機となった。また国民からの支持を得て国内問題を解決する、あるいは好転させる有効な手段となったのである。しかし、それが長く続くことはなかった。

第三節　大戦の余波――現状維持国家と現状打破国家（変革国家）

早過ぎたユートピア

欧州では約四年の歳月を経て第一次世界大戦が終結した。日本も含む連合国側が勝利した。その結果、ドイツ帝国は崩壊した。それによって英、仏、米の不安は解消された。しかし極東では日本が「優越的地位」に立つことで、逆に米英の不安を煽ることになった。[38]米国は大戦後も欧州に対して不介入政策を続けたが、極東では門戸開放、機会均等政策を推進し、日本の対支政策に一層「拘制」を加えてきたのである。

また第一次世界大戦は大きな教訓を人類に与えたはずだった。その一例として国際連盟がある。戦後しばらくしてからだったが、昭和三年（一九二八年）のパリ条約、すなわちケロッグ・ブリアン条約により、それまで列強の大原則だった「力は正義なり」がもはや過去のものになった、という幻想を人々に抱かせた。この時、国際政治学のエドガー・H・カーも『危機の二十年』の中で「英国の経済学者アルフレッド・マーシャルがチェスの白駒も黒駒も双方を一人で動かして、どんな難局も、手早く解決してしまう下手な指し手のやる大胆さ、と早まったユートピア的計画を考えるような人々を批判した際、国際政治における黒駒が全く下手な指し手に握られていたために、ゲームの難しさが、いかに鋭い頭脳の持ち主にもほとんど気付かれなかったのだ」と擁護している。[39]

リアリズムに代わるリベラリズムの萌芽である。

しかし、それは国際政治という厳しい環境の中では、現実と乖離する理想論でしかなかった。この前提となる考えは次のとおりだ。関係当事国から派遣された、お互いのことをよく知る一部のエリートたちが政治・外交、経済、文化・社会などの各領域で克服すべき問題を解明し、解決のための意思決定を行うというものだった。

だが、総力戦時代とは明らかに矛盾する。お互いのことを知る軍事のエキスパートたちが国家の総力をもって互いに暴力で雌雄を決する、それを実行するのは国民だからだ。エキスパートは国民から乖離したエリートかもしれないが、国民からの支持がなければ戦闘の継続が困難な時代に入ったのである。

しかも、それは現状維持を目的とするものには有効に働くが、国際正義に基づく永久平和の理想から生じたものではない。[40] 現状維持国家、すなわち米英仏にとって望ましいレジームであり、それへ挑戦する現状打破国家（本書では「変革国家」と記述する）、すなわち日独伊（ソ）などの対立を生む原因にもなったのである。

経済の急成長と不安

日清、日露と二つの戦争を経験した多くの国民は、戦前、戦中、戦後の生活リズムの変化をある程度肌で感じることができた。しかしマクロの視点から見るともっと大きな変化が見えてくる。まず第一次世界大戦による戦争の工業化の流れは、それまで一次産業に従事していた人たちの工場生産にかかわる機会を増加させた。産業構造の高度化である。

次に経済規模が飛躍的に拡大したこと、つまり日本経済の急成長だった。しかし、それは実態に根付いたものではなかった。日本は大戦での好景気を背景に後戻りできないほど経済規模が拡大した。[41] 産業構造の高度化も、その結果だった。欧米への輸出だけではなく、東南アジアの市場も含め拡大した。大戦中、欧州の宗主国が兵力を求めて東南アジアの人々を集めることにより、生産力はますます低下し、その穴埋めに入っていったのが日本の企業だった。日本では「経済戦」や「貿易戦」などという言葉が普通に使われるようになったのも、この時からだった。

そして多くの国民が、戦後、どのような試練が待ち受けているか、不安に感じていたのは想像に難くない。あらゆる国産品が過剰生産になっているのは火を見るより明らかだった。その上、経済の領域では決して良好な関係とは言えない米国に、ほぼ完全な形で依存していたのである。この不安こそが日本の大陸進出のモーメントとして現れる。

さらに特筆すべきは、米国との対決姿勢が国民からも認識されるようになったことである。国民はどのようにして、それを認識したのか。それにはメディアが果たした役割が大きかった。[42] メディアを通じて拡大した米国の排日移民法排撃運動をめぐる日米の応酬は開戦の遠因になったと指摘する研究者もいる。[43] 日露戦争以降、新聞や雑誌、そして第一次世界大戦の頃になると、映画やラジオなどの急速な普及により国民の関心は戦争に向けられていく。総力戦時代を迎え、軍に対する国民の関心は高まる一方であり、軍人からすれば常に国民からの「監視」にさらされたと感じる者もいたことだろう。

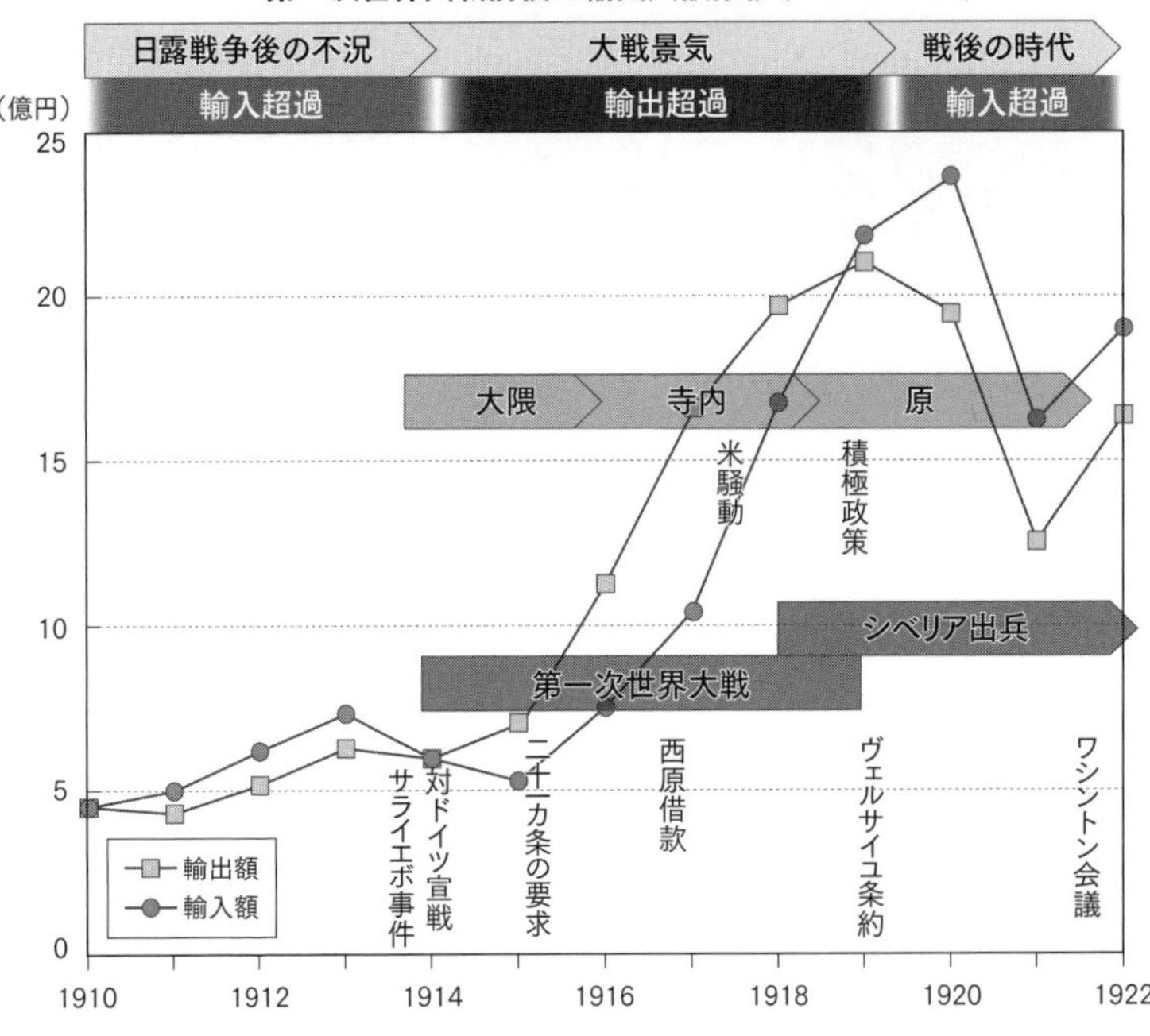

またそれは戦争の動向はもちろん、「戦後論」へと発展し、国民の関心は戦後の不安、つまり不景気、失業、軍縮などと結びついていった。これらの事象を後押ししたものの一つに群集心理がある。戦争宣伝の時代である。総力戦を実現するには国民からの協力と理解は不可欠だった。そういった意味で戦後の危機においても軍と国民を結ぶ触媒の存在は大きかった。

その一例として大川周明などによる国家主義団体老壮会などが挙げられるだろう。▼44 ドイツ国家社会主義労働者党（いわゆる「ナチス」）が誕生する一年も前に結成された。その後、大川は北一輝らと猶存社を結成する。彼らの活動の狙いは、天皇を中心とした国家社会主義を貫き、国家改造を行うことだった。彼らは政治思想を政策として具体化することを訴えたのである。

この時の日米関係を戦略的視点から

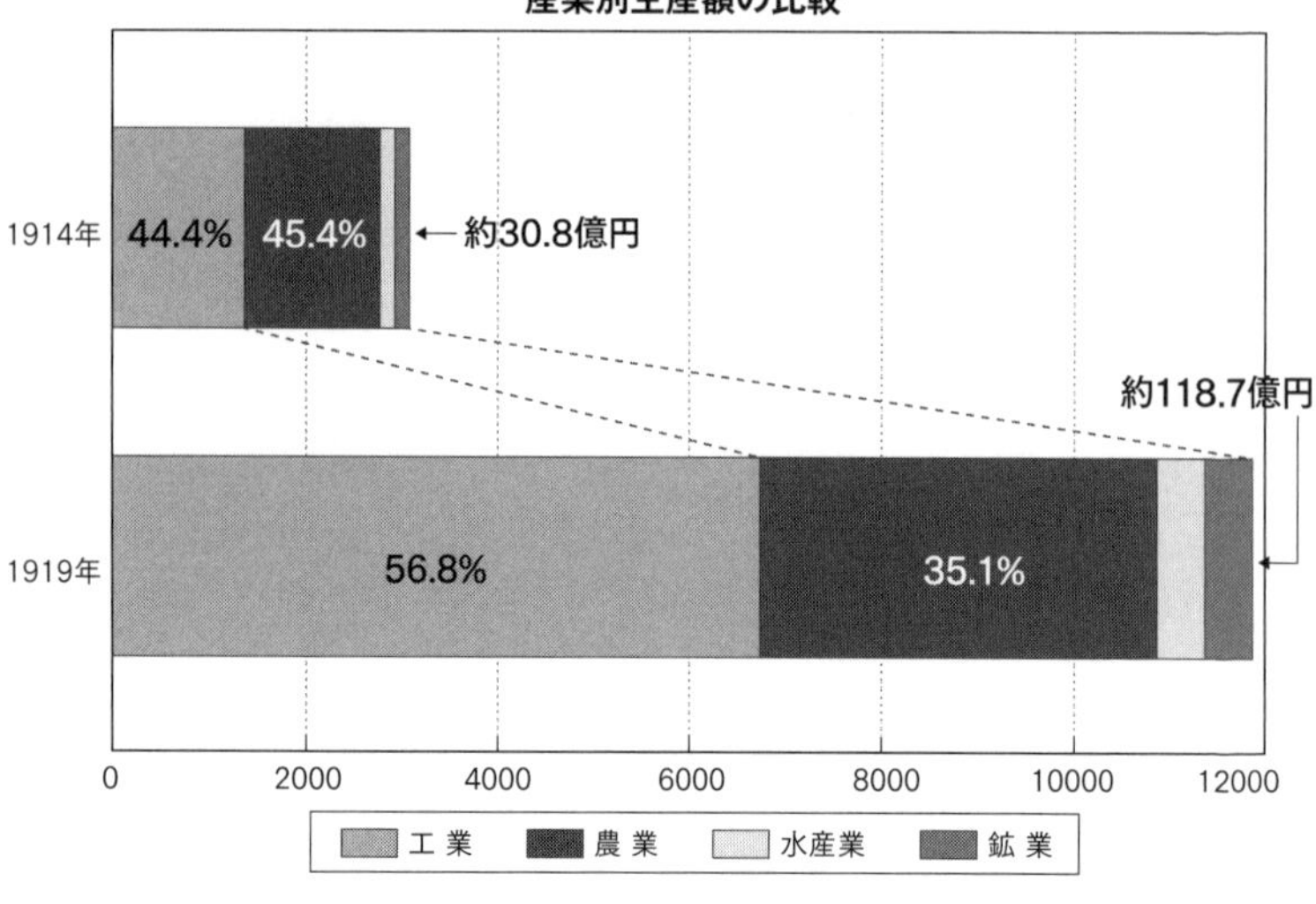

見て一言で言うなら、日本は国民からの支持も得て「露国に備えつつ、中国との問題を解決するのに、軍事の領域では一歩も妥協することなしに米国をどう利用できるか、その道を模索したが、米国との関係を悪化させることしかできなかった」ということに集約できるのではないだろうか。

日本は中国問題を解決するには米国の協力が不可欠であるとわかっていた。しかし、それと同時に、それまでの非軍事主体の枠組みでの解決は難しいと認識していた。よって国民から強い支持を受けた日本は、国力に不釣り合いな軍備拡張を進め[45]、米国の日本に対する警戒心を強めてしまったのである。

それに対し、米国も日本に経済的利益を享受させたとしても、それが日本の軍備拡張に利するだけだと認識するようになっていった[46]。よって米国は自国にとって有利な経済政策をとるようになっていく。当然のことである。これも日本にとって米国以外の地域で経済活動の発展を求める要因となっていくのだった。ここに軍事と経済が大陸進出という共通の動機によって結びつく可能性が見出されるのだった。

戦略環境の見誤り

大戦終結を目前にひかえた大正六年（一九一七年）、ロシア革命により新たな国家が誕生した。ソヴィエト社会主義共和国連邦だ。革命によりロシアの地は大混乱に陥った。また自国に革命の火の粉が飛んでくるのを防ぐため、各国はシベリア出兵を行った。日本も大正七年（一九一八年）、シベリアへ軍を派遣した。[47]

しかし列強諸国の日本に対する態度には大きな変化が見られるようになった。日本の軍事行動は第一次世界大戦やロシア革命において欧州列強の不在や露国が弱体化した間隙を利用し、勢力拡大を企図するものと非難されるようになったのである。

特に大陸に対する陸軍の派兵、すなわちシベリア出兵などは米国の不信感を助長した。なぜならロシア革命による混乱が収束し、各国が兵を引き揚げる中、最後まで兵を引かなかったのが日本だったからだ。つまり日本の軍事行動は際限のない領土的野心を、またもや米国に見せつける形になってしまったのである。

これは予測不可能な国外情勢の変化や日本国内での政戦略の不一致に起因するものだった。日本の二重（外交）政策、言い換えれば政府と軍の不一致は第一次帝国国防方針で指摘されていた。それにもかかわらず、修正することができなかったのだ。しかし、それを日本が説明したとしても、強い権限を持つ大統領制の国家、米国が理解できたかどうかはわからない。

そもそも米国は、なぜ中国の門戸開放と機会均等を日本へ要求したか。それはハリマンの提案からもわかるように自国で鉄鋼を採掘し、鉄道のレールをつくり、それを中国に売りつけるという目論見が全くなかったとは言えまい。満州での新たな鉄道経営に意欲的だったのである。

よって日本にとって米国の動きは「経済線」の獲得に映った。それに比べ、日本は満州を自存自衛のための「生命線」と位置付けていた。そのため状況によっては米国の経済線、つまり満州への進出意欲も低下するのではないか、と期待した。

また、それを助長したのが米国の欧州での不干渉の態度である。日本は米国が満州でも同様な処置をとる

日本の国民総生産の変化

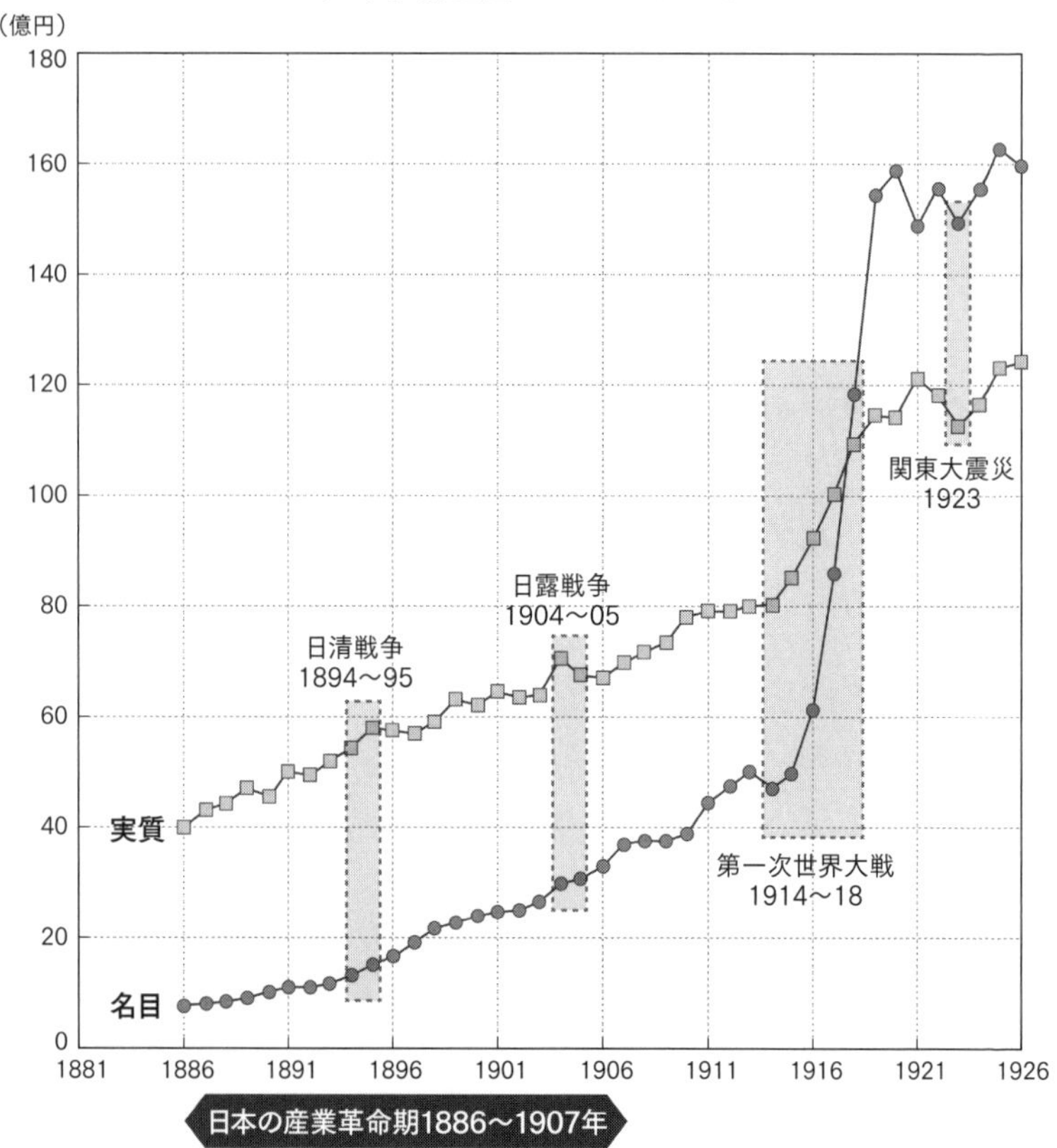

出典：kaizenww.1.com　データ：安藤良雄『近代日本経済史要覧　第2版』

のではないかと考えたのである。そこに日米の満州に対する認識の根本的過誤があったように見えるのだ。
さらに英仏ソなどの欧州諸国は疲弊した自国を復旧させるのに忙しかった。そして中国は国内問題を自らの手で解決する能力を失っていた。

このため日本はこれらを好機と見て中国へ足を突っ込んだ。だが、これこそ容易に解決できる問題ではなかった。中国に強力なガバナンスを持つ主体があれば、それを相手にすればよかった。しかし、中国にそのような政権も軍閥もなかった。日本は完全に泥沼にはまったのである。

戦略環境の変化を受け、帝国国防方針も見直すことになった。大正七年（一九一八年）、帝国国防方針は第一次補修改訂された。[48]最初の帝国国防方針の策定から十年が過ぎていた。

今回の帝国国防方針では、第一次世界大戦の教訓から、総力戦体制を確立することと、それまで想定敵国の一つと目されてきた仏国が除かれ、対ソ・対支の備えを重視するとされた。そして海軍については想定敵国として米国を重視する旨が付け加えられるのである。[49]

ここで日米の対立と協調の話をする前に日本が第一次世界大戦後、白人優位のレジームを修正しようとした試みについても触れておきたい。日本は欧米諸国が提唱した「民族自決」と並び、「人種平等」を新たなレジームに挙げようとしていたのである。それは中国に対する列強の関心が高まる中でのことだった。

大正七年（一九一八年）、近衛文麿は「英米本位の平和主義を排す」と題する論文を発表した。国際社会における国家間の階級闘争、すなわち戦争を肯定する姿勢を見せたのである。[50]また黄色人種と白色人種の世界最終戦争論なども見られた。後の石原莞爾（いしわらかんじ）らによる『世界最終戦論（最終戦争論）』などに代表されるものだ。

それはそうであろう。人種の平等なくして民族自決などあり得るはずがない。つまり日本は人種間の対立を防ぎ、欧米と対等の場に立とうとしたということだ。今のレジームからすれば当然のことのように見える。しかし当時は「黄禍論」などがまかり通っていたのであり、全く次元の異なるレジームに映った。

果たして、それは欧州諸国や米国に受け容れられることはなかった。

日本が白人優越主義に否定を訴えるならば、それまでのシステムに代わる新たな政治システム、経済プロセス、その他のグローバルコモンズを創出し、多くの国から理解を得る努力をするべきだったのではないだろうか。それがなければ現状維持で利益を享受する国家にとっては、新たな挑戦者はイコール国際秩序を乱す悪者にしか見えないのである。

その点、ソ連のレジーム・チェンジ、すなわち戦略環境の醸成の巧さは特筆に値する。ソ連は「資本主義と共産主義」との対立を予期していた。それをあらゆる手段を使い、「ファシズムと反ファシズム」との対立へと変化させていくのである。

これらは現状維持国家と変革国家との対立、つまりパラダイム・シフトの潜在的可能性を意味していた。第一次世界大戦での大戦景気を経験し、「豊かな生活」を知る日本にとって、今後、また旧態依然の地位に落ちることは寛容できなかった。パラダイム・シフトは不可欠なものだった。

このため現状打破の一つの手段として軍部が中心となり、満州での軍事行動が益々期待されるようになったのである。日本にとって大戦が去った後の環境認識は、戦後の焦り(不安とも言える)から的確さを欠いたものになった。そのため適切な対応もとれなかった。それを一番認識したのは日本よりも米国だったのではないだろうか。

第四節　米国の反応

米国の戦略形成

この時代、米国の軍事戦略はどのように形成されていったのであろうか。ある著名な戦略研究者たちが現代にも通じる米国の戦略形成について、大変興味深い論文を発表している。[51] その要点を抽出する。

まず米国は、時に無秩序な戦略策定プロセスをとり、国外の世界観への共感に欠如することが多い。また軍事手段あるいは自国の軍備増強を優先させる傾向がある。さらに自国の防衛に対する国民からの受容は高い一方、議会からの不信は強く、軍へのコントロールを強化するために、民間人の参画を積極的に行う。

よって戦略形成についても継続性がある要素は安全保障上の懸念、過度の統合抑制（物理的環境の不変）、戦略議論の不在に現れる。つまり米国では合理的な戦略議論を通じた公共政策の変更は困難である。

では米国の歴史と戦略文化についてはどうであろうか。

米国は広大な大陸地形であり、その自然環境を克服した歴史から、国家的経験が物理的距離の重視による軍事上の実績を向上させた。時には荒野の征服に際し、労働力や熟練技術者の極端な不足を伴った。このため戦争においても機械化を促進した。

続いて多くの戦争での成功体験が楽観主義となり、それが国家安全保障に影響する。そして潤沢な資源が国家安全保障上の活動と米国人の取り組みに影響する。最後に米国の社会は世界が米国的自由民主主義の原則によって治められる運命と自ら確信していると結論づけている。[52]

これらは歴史への無関心、技術開発様式と技術志向的な問題解決、忍耐力の欠如、文化的差異に関する無知、大陸的世界観と海洋国家としての位置づけなどの特徴をよく表している。

日本と米国とでは欧州とアジア、大陸と島国、また資源の有無という大きな違いがある。しかし日本と米国は同じ後発ということで、極東では相互に相手を意識しなければならなくなっていたのだった。では、そのような志向を持つ米国は、日本をどのように見ていたか。

米国の日本に対する認識

米国は日本が実力に見合ったアジアの責任ある国家になることを期待していた。ただし、それは米国が許容できる範囲においてである。米国の意図の下、日本のアジアでの露、仏、独、蘭、中に対する抑止を期待していたことに他ならない。

ポーツマスでの仲介の時も露国に取られるぐらいなら、日本に肩入れしよう、という姿勢が見られたほどである。また米国は経済の領域では首尾一貫して中国大陸における「門戸開放」と「機会均等」を求めていたのはこれまでにも言及してきた。そして、これの障害が日本であることも当然、認識していたであろう。

さらに軍事の領域では日本が露国の太平洋進出の緩衝になるとともに、米国の領土保全を絶対条件とした。しかし米国の認識では、日本の行動は日本が自国の領土あるいは「経済圏」を拡大することのみに力を注いでいる、と映った。[53]米国が感じた日本の行動を具体的に見ていく。

まず挙げられるのが中国大陸における利権の独占に向けた動きだ。これは対支二十一ヵ条要求に続く、満鉄の利権と鉄道を匪賊などから守るための駐兵権の問題として顕在化した。この時、日本は露国と秘密協定まで結び、利権の独占を狙った。[54]次に朝鮮半島に対する「支配」の強化が挙げられる。これは今までにも数回、言及してきた。

しかし、これは日本だけのせいとは言えまい。米国は大正六年(一九一七年)十一月、「石井・ランシング協定」[55]において、「亜米利加合衆国及び日本国両政府は領土相近接する国家の間には特殊の関係を生ずることを承認す従って合衆国政府は日本国が支那に於て特殊の利権を有すること承認す日本の所領に接壌せる地方に於て然りとす」との同意を与えていたのだった。[56]

日本は満州において満鉄をはじめとする各種の企業に投資し、その額は満州事変発生までに総計約十六億八千万円に達していた。これと南満州への日本陸軍の駐屯による治安の維持とが相まって満州の経済開発は著しく進捗した。それは動乱相次ぎ、兵匪跋扈する中国本土とは全くの別世界だった。

そのため朝鮮及び中国本土より満州に移住するものが年々百万を突破する盛況を呈し、明治四十年（一九〇七年）の人口が約一千七百万人であったのに対し、事変直前においては約三千三百万人にまで達したのである。[57]

また日本は旧独領のうち、国連委任統治領の実効支配も行った。これらは米国領土であるフィリピンやグアムへの脅威が顕在化したと米国へ認識させた。紳士協約で一旦は収束したかに見えた移民問題も、再燃し、米国経済への圧迫を看過できない状況にまで深刻化させていた。

労働力の輸出については、当時の日本人の一人当たりの労働単価は低かったため、米国での白人の失業率増加の原因の一つになった。この時、日本の対米貿易依存度は三十から四十パーセントだったこともあり、日本にとっては米国との関係悪化は避けたいものであった。

その上、米国は先述のとおり、日本が日露戦争に勝利したことで、有色人種のリーダー的存在になるのも危惧していた。桂・タフト協定は一般に公開されていなかった。加えて日本の対中強硬姿勢は米国を刺激したのである。

では米国が理想とする国際情勢とは、どのようなものだったか。それは欧州がヴェルサイユ体制を基軸とするなら、英国の影響力が低下したアジアではワシントン体制を基軸とすることだった。これは日本の勝手な振舞いを牽制することを意味した。

大正十年（一九二一年）、日本の対中政策を懸念した国々がワシントン体制を構築した。日本もそれに参加していた。ワシントン会議は一連の条約を生み出した。特に重要なのが海軍力制限に関する五ヵ国条約、日英同盟にかかる四ヵ国条約、そして、それらに続く翌年の九ヵ国条約だった。

九ヵ国(日、米、英、仏、伊、ベルギー、蘭、ポルトガル、中国)会議で参加国は、中国の独立と領土保全の尊重、機会均等原則の遵守、安定政権の樹立を促す対外環境の整備等について相互協力すべきことを約した。つまり国際協調を基本とした新たな領地の共同管理の提案である。これまでの帝国主義の領土分割のやり方に代わり、中国に関しては米国主導の下、新たな国家保全が追求されることになったのだ。

九ヵ国条約は米国を極度に喜ばせた。「伝統的な」米国のアジア太平洋政策、つまり「門戸開放」が今や国際文書として書き込まれたからである。「中国における門戸開放はついに一つの事実となった」というのも米国代表の喜びに満ちた表現だった。[58]

しかし、それは日本には許容できないものだった。これまで「開国進取」を国是とし、西欧列強に追い付き追い越すために、環境の醸成を重視しつつ、国家のシステムを構成し、あらゆる努力を傾注してきた日本には、そのレジーム・チェンジへ簡単に対応できるはずもなかった。

好機が到来すれば、日本単独でも「中国侵略」を企図していたほどである。ちょうどそれに呼応するかのように、ワシントン会議を賞賛した人々は「ある事実」を忘れていた。「ペンとインクとでつくられた」だけの条約は誰からも強制されることはない、という事実をである。[59]

つまり九ヵ国が約定したのは、何ら強制力を伴わない「羊皮紙上の平和」だったのである。当初、ワシントン条約を「勝利」と讃えていたウォルター・リップマンが、後に「途方もない愚行」と言ったのは、このためである。[60]では、このワシントン体制から脱却を望んでいる者が日本にはどれだけいたであろうか。

それは軍人、右翼、政治家、資本家だったか。それだけではなかった。新たに注目すべき存在として「国民」がいた。彼らは大正十四年(一九二五年)の普通選挙を経験し、力を持つに至った。大正デモクラシーである。政治は国民からの支持がなければ、政策を実行できない。しかし、政治家に対する期待は低い。国民自らが政治へ積極的に働きかけを行ったのである。その国民の希望するのも、やはり積極的な大陸政策だった。

米国の環境醸成――ワシントン条約の締結と日英同盟の破棄

米国の対日戦略、中でも戦略環境はどのように醸成されたのだろうか。まず政治・外交の領域では、アジアにおける米国の発言力の強化と日本の孤立を助長した。その一つの例として、米国は米英仲裁裁判条約を締結することで日英同盟の形骸化を図った。

日英同盟があるから日本が中国に侵略行動をとっていると米国は解していたのである。[61]つまり米国の対支政策の一大障害と考えていたのだった。そして米国からの意図も働き、ワシントン条約が締結された時、日英同盟は更新されなかった。事実上の破棄である。そもそも十年も前の明治四十四年(一九一一年)、日英同盟は第三次改訂により、「日米互いに戦う場合には、英国は日英同盟の義務を負わない」ことになっていた。

その後、英国においても同盟存続か破棄かをめぐって議論された。英国議会では重要課題として取り扱われた。そして英国連邦の一員であったカナダ首相の懸命な働きかけによって議会は日英同盟の破棄を決めたのであった。その理由は、日英同盟が存続すれば、米国も軍拡競争の手を緩めない。そうなれば、米国と接するカナダの国防費も加重させるというものだった。[62]これは後に日本の安全保障に重大な影響を及ぼすことになる。

日本にとって日英同盟は、外交の基調をなすものであった。この同盟を中心とし、日米親善に精進し、日露協約も締結され、日仏協約も成った。それがワシントン会議により、日本の外交の中心軸が砕かれたのである。後の外務大臣松岡洋右(まつおかようすけ)は「日英同盟を廃棄したといふことは、国際の荒波を航行するのに、日本丸は舵をくだかれた」のと同じだ、と語っている。[63]

次に経済の領域では、日本に対する輸出入や投資の統制を行い、米国は影響力の拡大を意図した。米国は国内にある日本の資産凍結による経済制裁を数次に発動した。これは自国の経済をほぼ米国に依存している日本にとっては死活問題だった。[64]

そして軍事の領域では、米国の領土保全に脅威となる日本の軍拡を抑止する必要性を認めるに至ったのである。そのため、先述の五ヵ国条約に加え、軍事拠点となり得る島嶼、すなわち日本が国際連盟より委任された南洋諸島の統治領について、国際連盟に働きかけ、日本の影響力を排除しようとした。さらに中国を援助することで実質的に日本と対立したのも周知のとおりである。

このように、日本の眼からすると、米国は自国に有利な戦略環境の醸成に努めていくのだった。その一方で、米国は抑止・対処戦略についても余念がなかった。米国が日本に勝利するための戦争指導計画、いわゆる「オレンジ・プラン」[65]を策定していたのである。[66]

対日戦争指導計画「オレンジ・プラン」

「オレンジ・プラン」は第一から第五までの戦争指導段階に区分されていた。第一段階は米太平洋艦隊主力のハワイへの集結について記述されている。米国は大西洋を挟み欧州と、また太平洋を挟んでは日本と対面している。

日本との戦争が生起し、太平洋の艦隊だけでは不足する場合（逆の場合もある）、大西洋艦隊を太平洋へ回航することも考えられていた。そして米国は艦隊を集結させるために、ハワイにおける大規模基地を建設した。この基地の建設が、それまで日本にとっては「遠い存在」だった米国を意識せざるを得ない状況にしたのは言うまでもない。

第二段階は艦隊決戦海域への推進である。海軍は航続距離が長くなればなるほど、各種損耗による戦力減少が伴う。それを補うのが中継点である。バルチック艦隊が適度な中継点を確保できずに艦隊決戦海域

対日戦争指導計画「オレンジ・プラン」

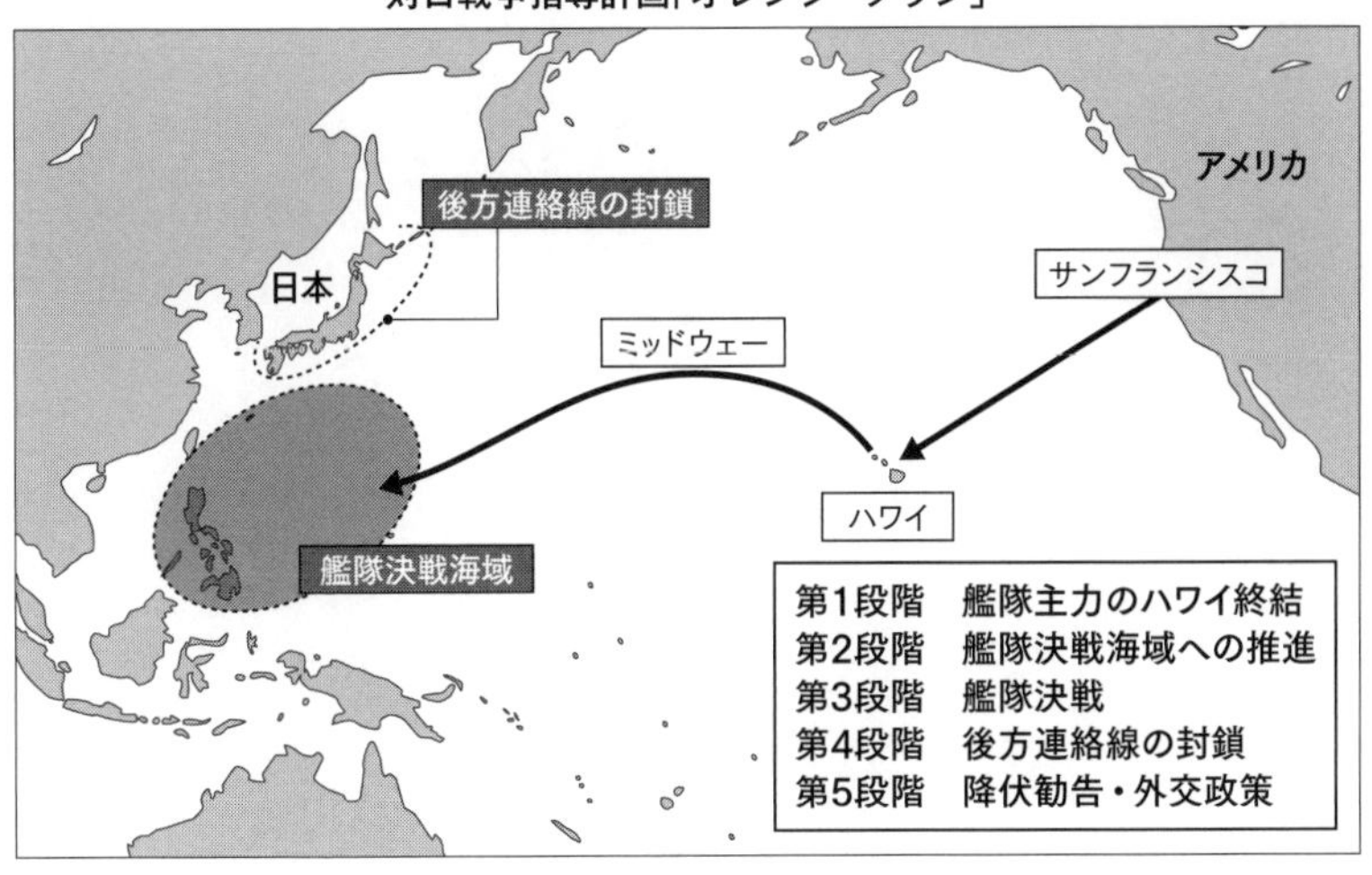

へ突入し、本来の戦力が発揮できなかったのはよく知られている。

中継点を確保できなかった背景には、もちろん日英同盟の存在があったのは言うまでもない。「大英帝国に日の沈むところを知らず」とまで言われた広大な大英帝国は良好な寄港地を自らの影響下に入れていたのだった。

このため米国は中継点としてミッドウェー島やウェーク島などを使用するつもりだった。また艦隊が日本の近海まで前進する間、防護のため、駆逐艦や潜水艦などの補助艦を展開させるのが当時の常套である。そのため、米国は自らの艦隊の防護に必要な補助艦の数をはじき出し、昭和五年（一九三〇年）のロンドン海軍軍縮会議では日本の補助艦を米国比六割近くまでに制限したのだった。このロンドン海軍軍縮会議では、我が国において統帥権の干犯という問題を提議した。これは後述する。

また潜水艦による艦隊推進の掩護は重要視された。なぜなら米国が第一次世界大戦への参加を決意した理由でもあり、大西洋における独海軍のUボートの有効性を強く感じていたからである。さらに中継点だけではなく、艦隊決戦直前の準備を行う前進基地を設定するため、フィリピンの米軍基地を強化したのだった。

第三段階は艦隊決戦である。米国は大正十年（一九二一年）のワシントン海軍軍縮条約において、太平洋横断という遠距離から推進する不利を克服しなくてはならなかった。そのため、待ち受けの利を有する日本の主力艦の建造を米国の六割に抑えた。これにより、米艦隊の優位はかろうじて保たれた。

米国が米日の比率を十対六としたのは、主力艦の総トン数を基準とし、かつ、その範囲を（イ）現に海上にある総トン数、（ロ）建造中のものは進捗程度百分比を乗じたものとし、これを合計比較した結果に基づくもので、日本に寛大な方針をとったと主張した。また日本の財政規模を考慮した場合、これが限界だったのではないだろうか。

このワシントン海軍軍縮会議では、大きく取り扱われることはなかったが、先述のとおり、ロンドン海軍軍縮会議では、統帥権の問題を生起させた。国政に永く参画してきた金子堅太郎枢密顧問官が「日本憲法は陸海軍の編制及び常備兵額即ち兵力量の決定は明らかに天皇の大権に属し、政府に於て決定するものにあらざると確定した。内閣あるいは陸軍参謀総長、海軍軍令部長が上奏し、御下問に対応、允裁をもらっていた」と述べている。[▼67]

ここでは、「陸海軍の編制及び常備兵額即ち兵力量の決定は明らかに天皇の大権に属し」とする一方、「内閣あるいは陸軍参謀総長、海軍軍令部長が上奏し、御下問に対応、允裁をもらっていた」としている。これは陸海の統帥だけではなく、政府の長が統帥行為を行っても構わない、むしろ大切なことは政戦略の一致であると訴えているのに他ならない。

米国の圧力により不利とされる軍縮でも、東郷平八郎（とうごうへいはちろう）元帥は、百発一中の砲百門より、一発必中の砲一門の方が優る、と語ったとされる。これが物的戦闘力の不足が教育訓練と精神力の問題へと転換された一つの要因とされた。

しかし、東郷元帥は「一旦決定せられたる以上は、それでやらざるべからず。今さらかれこれ申す筋合にあらず。この上は部内の統一につとめ、愉快なる気分にて上下和衷協同、内容の整備は勿論、士気の振作、訓練の励行に力を注ぎ、質の向上により、海軍本来の使命に精進すること肝要なり」と心の内を吐露していた。

また、日本軍の有り様にも大きな変化を与えた。大正デモクラシーにより弛緩した軍紀や、技術あるいは物的戦闘力に頼る戦い方を見直すきっかけにもなったからである。その結果、トン数制限とは別に、主力艦や補助艦の戦力向上のための努力を助長することとなり、結果として、軍拡競争へと突き進むのだった。[▼68]

話をオレンジ・プランに戻す。第四段階は日本の後方連絡線の封鎖である。日本は自給自足だけで国民生活を維持することはできない。米国はアジアより欧州重視の姿勢を再確認するため、米英同盟を強化したが、アジアでは英国との共同防衛、日本の補給路を遮断することなどを準備するのである。

そして第五段階は、日本に対する降伏勧告などの外交政策への転換だった。米国は、この戦争指導計画を効果的に行うため、実際、次のことを行ったのである。まず大西洋艦隊に在籍する艦隊の東海岸から太平洋方面への転用が可能なように、パナマ運河を通航できる範囲で大艦巨砲主義に徹した。

ちなみに、それは第二次世界大戦が始まり、欧州正面で航空機による攻撃が有効であると証明された後も続けられた。次に米国は武器輸出及び武器技術の提供などの対中支援を行い、間接的に我が国の国力を奪っていったのである。

その後、大艦巨砲主義は航空母艦を利用した航空攻撃の時代へと変化する兆候を見せた。ただ多くの海軍士官は、その軍事革命を信じることができなかった。マレー沖海戦で日本海軍が英国海軍の戦艦「プリンス・オブ・ウェールズ」と巡洋戦艦「レパルス」を沈没させるまで戦艦が航空攻撃により沈むと確信している者は少なかったのである。ただし、それでも艦隊決戦思想が容易に変わることはなかった。これが全面的に変わるのは、まだまだ先のことだった。

米国海軍のオレンジ・プランに対し、日本は、どのように対処しようとしたか。大正七年（一九一八年）

帝国海軍の最小限度所要兵力配備と米海軍の侵攻兵力予想

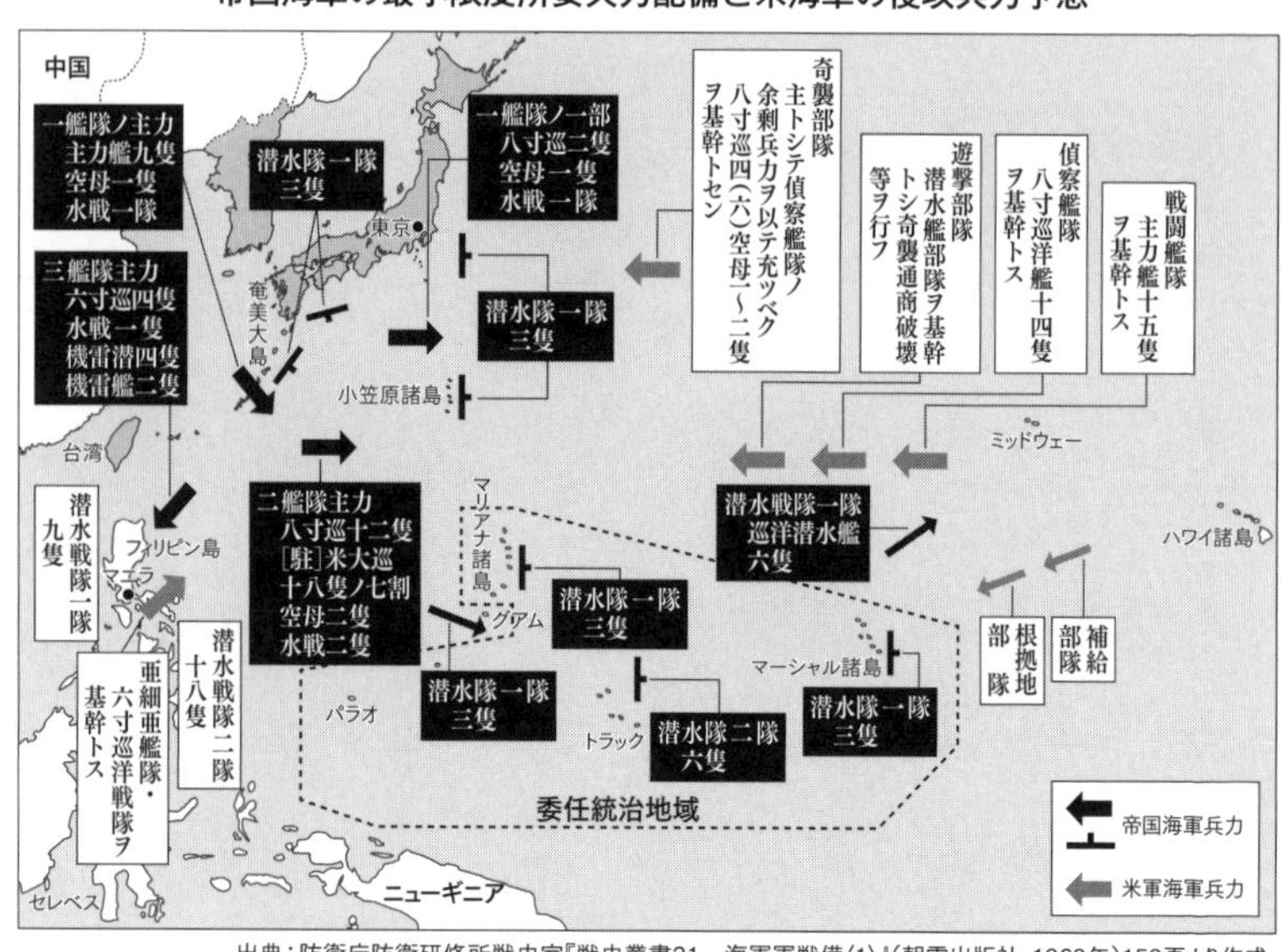

出典：防衛庁防衛研修所戦史室『戦史叢書31　海軍軍戦備〈1〉』(朝雲出版社、1969年)159頁より作成。

に補修改訂された帝国国防方針では、「開戦初頭に陸海軍協同して、ルソン島を攻略し、敵の海軍根拠地を覆滅し、爾後の邀撃作戦を容易ならしめる。使用兵力は三個師団を予定し、海軍の作戦は全艦隊を奄美大島付近に集結し、小笠原列島の線に哨戒線を出し、敵主力の進攻方向により主力をあげて出撃する」と具体化されていた。[69]

「南小笠原決戦」と呼ばれることもあった邀撃作戦である。日本は徹底した守勢作戦で米海軍を迎え撃つつもりだった。日本は米国との関係を悪化させる中、米国は戦略環境の醸成と抑止(対処)の両面で日本に対抗してくるのだった。それに対し、日本は環境醸成より、抑止(対処)を重視した。経済の領域で米国に依存せざるを得なかったからである。

では当時、日本の国民は戦争、あるいは軍に何を期待していたのだろうか。時あたかも、非軍事領域における最大の危機の一つ、世界恐慌が発生する直前のことであった。

第三章　戦争への期待

第一節　軍の変化

様々な恐慌

本章では、軍事手段による国際問題の解決の有用性と限界について、考察していく。そのため、まず経済の領域で起きた恐慌について言及する。

これまでにも恐慌はあった。例えば大正八年（一九一九年）の春から大戦後の復興景気を見込んで投機熱が高まった。しかし何の前触れもなく、株式市場では株価が暴落した。戦後恐慌のはじまりだった。その後、日本を襲ったのは、大正十二年（一九二三年）に発生した関東大震災だった。関東大震災による経済への打撃は深刻だった。その時、復旧に尽力し、民を救ったものの一つに軍があった。

それまで山梨半造（やまなしはんぞう）陸軍大臣による軍備整理、いわゆる「山梨軍縮」が国民からの圧倒的な支持を得ていたが▼1、この国難に際し、軍縮の風潮は和らぐのだった。その後、昭和二年（一九二七年）に衆議院において当時の大蔵大臣片岡直温（かたおかなおはる）の「東京渡辺銀行がとうとう破綻を致しました」という失言により、銀行の取り付け騒ぎが発生し、若槻礼次郎（わかつきれいじろう）内閣は総辞職するのだった。

若槻の後を継いだ田中義一内閣で大蔵大臣を務める高橋是清と日本銀行井上準之助総裁の金融恐慌の収拾に向けた施策、すなわち支払猶予、不良債権処理、金融機関の統合などが功を奏し短期間で恐慌から脱出することができた。しかし世界恐慌はそれまでのものとは比較にならないほどの規模だった。

昭和四年（一九二九年）十月、米国ニューヨーク証券取引所（通称「ウォール・ストリート」）での株価暴落により世界恐慌は始まった。これを克服しようとして試みられたのが浜口雄幸内閣の金本位制への復帰であり、それは暴落から既に約二ヵ月半も経ってからのことだった。[2]

しかし旧平価（大戦前の自国通貨）による解禁だったため、日本の金保有量を減らすだけの結果になった。よって日本は輸入もできず、貿易均衡を期待しても販売力は低下する一方だった。緊縮財政により需要も減り、失業者は百万人に達した。農産物の価格は、それまでの最低レベルにまで落ち込んだのである。貧しい農民は娘を売りとばし、息子は朝鮮や満州への移住を余儀なくされた。[3]これを「昭和恐慌」と呼んだ。[4]

世界恐慌による金融不安は瞬く間に各国へ広がった。このため昭和六年（一九三一年）以降、英、ポルトガル、北欧諸国などが金本位制から離脱した。日本も犬養毅首相が再輸出禁止を決定した。[5]当時の蔵相も高橋是清だった。高橋は円相場の暴落をものともせず、金融緩和、長期の金利上昇の先送りを行い、結果として軍事費と公共事業費を膨張させる要因になった。

一方、国外に目を転じると、主要国の間に世界同時不況から脱するための協力の機運が生まれていた。英国の提唱によって昭和八年（一九三三年）六月からロンドン世界通貨経済会議が開催された。当時、日本は国際連盟から脱退し、世界恐慌を克服する兆しも見せてはいたが、この会議に代表を派遣した。しかし各国は未だ世界恐慌から脱出する糸口が見つからず、会議も不首尾に終わった。

その際、仏伊などのいわゆる金ブロック諸国が金本位制を固守すること、また米国に対しては金本位制への復帰を求めた。しかしフランクリン・ルーズベルト大統領は、これを拒否した。その理由は国内の不況対策、すなわちニューディール政策を優先し、ドルの人為的、積極的切り下げでインフレを惹起し、物価上昇によって景気を回復させるためだった。[6]

世界通貨制度としての金本位制が崩壊した後、資源に恵まれた米国はニューディール政策によって国内購買力を回復させることに成功していくが、英仏はブロック経済による保護主義をとるようになった。また日本は平価の切り下げを行うことで輸出を増やし、国内産業を守ることを競うようになった。

しかし、それらの措置は各国の国内労働者の賃金の低減という形でしわ寄せをする結果となった。[7]事態はさらに悪化し、世界全体の購買力を低下させ、また資源や安い労働力を求めて領土・勢力圏の拡大を図る大きな要因となったのだ。ナチス・ドイツの「生存圏の拡大」、日本の「満州国」などがそれに当たる。

その後のことである。高橋蔵相は日本の悲惨とも言える状況から脱却するために、財政規律の復活に舵を切ろうとするのだった。日銀が引き受けた国債の市中売却を促進したほか、予算段階での財政拡張の抑制に乗り出した。しかしそれらはことごとく裏目に出て失敗する。そして日本銀行の独立性と衆議院の予算先議権の問題へと発展し、結果的には財政拡張の抑制に反対する軍部と衝突することになったのである。

このように見てくると、第一次大戦後の世界は、経済などの非軍事主体の影響力が大きくなり、それが国際情勢を牽引していたように思われる。しかし、それは日本の場合、軍事の領域と表裏一体の関係だったのである。

ブロック経済への移行

米国も勢力圏の拡大とは無縁ではなかった。積極的にブロック経済を取り入れた。セオドア・ルーズベルト大統領も陶酔していたマハンの戦略の影響だった。マハンは自らの著書『海上権力史論』で海洋国家にはブロック経済が有効であり、そのためには海軍力の増強が必要であると説いた。

とはいうものの、当時、「ブロック経済」という用語は広く認知されていなかった。この「効能」と「副作用」についてもまだ不明だった。そして、それをさらに複雑にしたのが「持つ国」と「持たない国」との対立だった。

我が国は「持たない国」である。海で囲まれ、資源を他国に依存している。一部の研究者は、日本は「持たない国」ではなかったと定義している。彼らの主張は、日本が世界平均と比べ、決して貧しい国ではなかったとする。

しかし、それには同意できない。なぜなら「持つ」または「持たない」を分けるものは、その国の産業構造と主要資源の保有量などが影響する。特に、当時の時代背景や主要産業を考慮すれば、石炭や石油、それに鉄などが大きな資源であった。

そして、そのどれもが日本には不足していた。特に為政者たちが最も気にしていたのは石油などの液体燃料だった。戦争原因の大きな理由の一つにもなり得るものだった。この問題を見誤まると、結論が全く違うものになってしまう。

また、ただ単に富の再配分の問題では終わらない。確かに日本の経済は成長しつつあった。逆に資源があるだけで産業化されていなければ、「持つ国」と言えないゆえに、日本が「持たない国」ではない、と言い切るのは早計ではないだろうか。その後、「持つ国」である英米と「持たない国」、すなわち日独伊の対立は昭和七年（一九三二年）のオタワ会議以降、益々拡大していったのである。[8] それがブロック体制の構築を進める結果になったからだ。

民を護る存在だった「軍」

日本はこのような危機的状況から、どのように脱却したか。結論から言うと、唯一の解決策と考えたのは中国への進出と、それに続くブロック経済圏の構築だった。その経緯はどのようなものであったか。

これは軍主導による経済領域の視点から日本の行動を見ていくことに他ならない。また、この問題は米国との関係のみではなく、日本の国際的孤立を招いたという点で国際情勢の流れと切り離して考察すべきではない。

まず大正デモクラシーの終わり、汚職などによる既成政党への不信感、立憲君主制の限界などから、国民は政治の無力さを感じるようになっていた。国民が次に期待をかけたものは何か。それは軍、中でも青年将校だった。

日本では、軍は国体とともに国民を護る存在であるとされてきた。[9]その上、彼らは老獪な政治家や莫大な富を誇る財閥などとの関係が薄いと見られていた。しかも青年将校らはエリート教育を受けていた。旧来の国策の後継者ではなく、新たな国家の創造者を自任する者も多くいたのである。

また日本の都市には失業者が溢れ、農村の疲弊はひどかった。多くの軍人、特に下士官・兵は農村出身者だった。このため将校も多くの場合、純粋な気持ちで、この状況から抜け出さなくてはならないと感じていた。さらに陸軍は各歩兵連隊へ天皇自ら軍旗を親授し、「天皇の玉体を仰ぎ見る」のと同じ尊崇の念を抱くように国民にも徹底してきた。

加えて、青年将校らは若い天皇という純粋潔白なイメージと重なった。すなわち、もっと大きな視点から見れば、日本は指導者層あるいは指導勢力の新旧交代の時期に入ったとも言えるのである。これは大正時代から見られる傾向だった。

大正時代には西園寺公望を除いて、元老は相次いで世を去った。その上、大正天皇も病弱で最高調整機能を十分に発揮できなかった。よって大正期の政策決定は次第に混迷の度を深めていった。このような傾向は昭和時代に入ってますます深刻化した。

国家の政策決定を一元化する道は統治権の総攬者である天皇の裁定を俟つよりほかはなかった。しかし明治憲法に忠実な昭和天皇は、立憲君主の分限を厳守し、その埒外に出ることを慎んだ。

そのため、時に控え目に表明される天皇の意思も、いわゆる「君側の奸が聖明を覆うもの」と解せられ、徹底されなかった。よって調整の方途を見失った日本の政治・外交は、ついに一大破綻の悲劇を見るに至ったのである。[10]だからといって、それ以外の領域、つまり経済、文化・社会などに期待しても恐慌から脱却するのは難しかったであろう。

そこで軍が恐慌からも国民の生活を守る存在であることを期待されたとしても不思議はない。また軍は武力を用い、現状打破を具現できる専門集団であった。しかも、その目的は国民の望むものだと思われていた。

そのような意味で日本国民が国家に何かを期待する際、真っ先に思い浮かぶのは身近な存在である陸軍だった。[11]また軍人も国内で、あるいは満州で、さらには南洋諸島などで民を護る存在であることを自負していた。

その後、青年将校による暴発が続くのであるが、それらに対しても国民から絶大な期待が寄せられていた。急進的な青年将校たちは「天皇親政」という名目で天皇個人のリーダーシップを引き出そうとしていたのだった。[12]なす術のない国民の中には袋小路に入った苦境を何とかしてくれる救世主と感じる者もいた。[13]

政府は五・一五事件では有効な防止策を講じられなかったばかりではなく、事件の首謀者たちの主張を国民に広める結果となった。ただし、二・二六事件という最大のクーデター未遂事件が発生した際には、昭和天皇の時勢に流されない英断で事態は収拾されるのだった。

ただしクーデターは失敗したが、失ったものも少なくなかった。多くの優秀な人的資源はもちろん、思想や考え方が違えば力ずくでも排除できることを示す事例の一つとなったのである。思想の亡失、あるいは良心・良識の喪失である。これ以降、自由な意見を議論する場の消滅が顕著になっていくのだった。

また下からの改革こそ、真の改革であり、その実例が「明治維新」であった。多くの国民の支持を背景に「昭和維新」の断行を企図した青年将校たちの行き場を失ったエネルギーは二・二六事件以降、北支事変に始まる一連の対外膨張へと吸収されていくのだった。

帝国国防方針の改訂

一方軍部は、この時、どのような脅威認識を持ち、国防方針をたてていたのか。

帝国国防方針は総力戦時代の日本にとって最も重要な舵取りを示すものと言える。大正十二年（一九二三年）の帝国国防方針では、帝国は特に米、露、支の三国に対し警戒を要するとした。その中でも「近き将来における帝国の国防は我と衝突の可能性最大にして且強大なる国力と兵備とを有する米国を目標とし、主として之に備ふ」と改められた。[14]

また日本は米国に対し、経済問題と人種的偏見を根とする多年の紛糾は解決至難であり、利害・感情の疎隔は将来益々大きくなる、加えて太平洋及び極東に拠点を有し、強大な兵備を擁する米国の対亜政策により、早々帝国と衝突を惹起するのは必至の勢いであり、我の国防上、最重要視すべきものである、と認識していた。[15]

この国防方針の改訂に当たり、陸海軍の間で論議の焦点となったのは想定敵国に関する問題だった。戦争が生起する国際情勢に鑑み、対一国作戦に制限すべきか、従来のように対数国作戦を準備すべきかの選択であった。

海軍としては、国力上、到底対数国戦争を対象とする国防兵力を整備することは不可能であり、もし戦争生起の虞がある事態に臨んだならば、必ず対一国の戦争に終始し得るように政策の指導を行うべきである、という意見だった。

陸軍の意見は次のとおりだった。想定敵国のうち、海軍力の考慮を要するものは現在は米国一国に過ぎない。対一国と対数国とを問わず対米準備そのもので足り、かつ十分である。支、露、米の陸軍は幸いにして大きな脅威とならず、陸軍は対米作戦に応ずる若干の兵団を準備するとともに、対露作戦のほかに、支那大陸における所要要域の戡定に必要な兵力を整備すれば、対支問題から発展する対数国作戦にも一応堪え得べき目論みも樹てられる、である。

このようにして、大正七年以来、露、米、支の順で記載されていた想定敵国が米、露、支の順に改訂されることになった。[16] ここで本来ならば、米国を想定敵国の中心に捉えた軍事力整備に向かわなければならない。

それにもかかわらず、この帝国国防方針では、外交及び経済で日米協調を謳うものの、軍事では陸軍が対ソ・対支を重視し、満州での領土拡大を、海軍では漸減撃退作戦（後の「邀撃作戦」）による日米艦隊決戦に重点を置くものになっていた。[17]

これを見てもわかるように、未だに陸軍と海軍、軍事と他の領域とのコンセンサスはとられておらず、バラバラだった。いや、むしろバラバラだったからこそ、国防方針では、それを強調したのかもしれない。総力戦時代を迎えているにもかかわらず、日本は、その体をなしていなかったのだ。それは改訂手続きの変更にも見られることだった。

帝国国防方針の改訂に当たり、前回の手続きと異なったのは機密保持の関係を考慮したことだった。まず元帥に対する改訂案の内示及び上奏後、元帥府に質問があった際、従来は各元帥が会合して改訂案を審査したのである。

しかし今回は一切の会合を行うことなく、外部に洩れるのを防止した。上奏後の質問の順序も、まず陸海軍元帥（方針、兵力、用兵綱領）、次に内閣総理大臣（方針のみ）とされた。

陸軍参謀総長、海軍軍令部長、次に両官から陸海軍大臣にそれぞれ裁可の旨を通報した。よって大正十二年一月三十一日、元帥の会合は行わないことを大臣と内議し、二月上旬参謀総長は参謀本部第一部長に陸軍各元帥を歴訪させて国防方針、国防に要する兵力及び用兵綱領案を内示させた。海軍も同様の手続きを行った。

二月十八日、元帥府に諮詢のため侍従武官長を先任元帥邸に差遣され、該改訂案を提示した。先任元帥は同案を各元帥に回付した。このため陸軍参謀本部、海軍軍令部の主任部（班）長は先任元帥の委託を受け、陸（海）軍元帥を歴訪し、奉答書に署名を受け、二月二十一日先任元帥は御用邸に伺候し、覆奏するのだった。

このような煩雑な手続きによれば、活発な議論など期待できるはずもなかった。そうなれば政戦略の一致や陸海軍の協同などが難しいものになるのは自明である。

また国内では軍に影響を与えたもう一つの潮流の行く末を忘れてはいけない。大正デモクラシーと社会運動の終焉だった。大正十四年（一九二五年）、治安維持法が公布された。国家の国民に対する統制が強くなったのである。その一方で昭和二年（一九二七年）から昭和三年（一九二八年）は大きな転換点となった。初の普通選挙が実施されたからである。これは後に「アメとムチ」などと呼ばれた。

この時代、軍の勢力だけが拡大したかといえば、そうではない。宇垣（宇垣一成）軍縮などで軍の近代化を推進する一方、軍の規模は縮小された。

当時、陸軍では優秀な軍人が多かった。軍縮に伴う彼らの行き場は旧制中学などで軍事教練を行うための配属将校だった。軍隊にも大きな転換点を迎えるきっかけをつくった。そして結果的には教育という分野で、軍事と文化・社会の領域での関係が密になる要因ともなっていくのである。[18] これを軍による国民の統制の強化と見る向きもあった。こうしているうちに日本軍は中国との戦争へ突入するのであった。

軍の理性

日本の中国に対する勢力拡大は到底、中国にとっては受け入れることはできなかった。排日運動は国家統一を目指して、たちまち全土に広がった。そのような状況の中、昭和三年（一九二八年）に張作霖爆殺事件が起きた。張作霖の後を継いだ張学良は易幟を行うと、国権回復、排日の風潮は満州に瀰漫した。[19]

そんな折、昭和四年（一九二九年）七月、田中義一内閣の後を襲ったのが浜口雄幸内閣である。外務大臣に就任したのは幣原喜重郎であり、二度目の外務大臣だった。幣原の中国に対する外交を一言で言うと、寛容主義あるいは自由主義だった。

昭和六年（一九三一年）一月、幣原は外交演説で「互いに寛大なる精神と理解ある態度とをもって、共存共栄の途を講じてこそ諸般の交渉案件は解決せられ、双方の真正なる利益を増進し得られるものと考えます。我々は常に此信念を持っているのであります」と語り、中国の善意と公正とに一方的に期待し、将来を楽観したまま締め括った。[20]

しかし同年、「中村震太郎大尉殺害事件」[21]や「万宝山事件」[22]などが起き、日本の満蒙に対する強硬論は高まった。[23]軍部及び中国にいる官民はもとより、国内の外交関係者や有識者からも、幣原の言う外交指針が懸案の解決に資さないばかりか、かえって中国の軽蔑を招来するだけであると厳しく批判された。また国民からも軟弱外交との声が上がるのだった。[24]

そんな幣原外交に対し、陸軍の大勢は「力による解決」を望んだ。満蒙問題の解決のためには軍の実力をもって張学良軍閥を満蒙から駆逐しなければならないという意見に集約された。この策動は満州事変の主役を演じた関東軍高級参謀板垣征四郎大佐と同次級参謀石原莞爾中佐らによって進められた。石原中佐は「満蒙問題私見」なる文書を書き残している。[25]それには次のように書かれていた。

一　満蒙の価値
　　政治的　国防上の拠点
　　　朝鮮統治、支那指導の根拠
　　経済的　刻下の急を救うに足る
二　満蒙問題の解決
　　解決の唯一方策は之を我領土となすにあり。之がためその正義なること
　及び之を実行するの力あるを条件とす

三　解決の時機

　国内の改造を先とするよりも満蒙問題の解決を先とするを有利とす

四　解決の動機

　国家的　正々堂々

　軍部主導　謀略により機会の作成

　関東軍主動　好機に乗ず

五　陸軍当面の急務

　解決方策の確認

　戦争計画の策定

　中心力の成形

昭和六年（一九三一年）九月十八日夜、柳条湖付近において、満鉄の線路が爆破された。この事態に関東軍（関東州及び満州を駐屯地とする日本の陸軍部隊）は、張学良麾下の中国軍の仕業と決め付け、先制攻撃を行った。これが満州事変の端緒となった。[26]

事変勃発当時、関東軍は平時編制の第二師団主力と一個独立守備隊で成り、総兵員は約一万を数えるのみだった。任務は関東州の防衛と満鉄の保護、それに加え、約百万からなる在留邦人の保護も関東軍の所掌だった。

これに対する満州にある東北軍は正規軍二十六万八千、非正規軍十八万と、合わせて約四十四万八千だった。すなわち関東軍は約四十五万に囲まれた約一万の兵力でしかなかった。よって有事の場合、関東軍は東北軍に先制攻撃を加え、長春以南の満鉄沿線地域を占領し、戦略上の不利を克服して活路を求めることになっていた。そして満州事変の時もそのように実行された。[27]

首謀者の一人、石原莞爾などは「世界を敵に回してでも決して恐るるに足らず」と意気盛んだった。[28]しかし事変発生時、日本政府及び陸軍中央部の方針は事態の拡大防止であり、軍事行動はその主旨に則るべきと関東軍に通達した。[29]ただし中国は南京政府による統一へと向かう一方、分裂に向かう勢力も多く存在したため、日本は直ぐにこの問題を解決するには至らなかった。

また石原中佐の私見、第二項の満蒙を日本の領土にする、という考えは陸軍中央部の強硬な反対にあい、実現しなかった。[30]結局、石原中佐も国際社会の否定的な反応に直面し、実現可能な選択を再検討したのだった。[31]石原中佐は後に、「石原個人としては不拡大を以て進んだが其決心に重大なる関係を持つものは対ソ戦の見通しだった。即ち長期戦となりソ連がやって来る時は目下の日本では之に対する準備がなかった」と回想している。[32]その真偽は別として、折衷策として採られたのが、日本と不離一体の関係を持つ満州建国の実現だった。

満州事変以降、日本の対中政策は自立経済の要求を満たすために行われたのだろうか。それは後に明らかにする。ただし、この時点では公共事業の拡大、軍事支出の増加、軍需工業の勃興など、日本のみならず先進国で取り入れられていたものだった。そして、これらは国内の景気回復を優先させる「経済ナショナリズム」へと変貌していったのである。すなわち日本では経済の領域が主導権を握っているように見えたが、実質的には軍部が前面に出て経済的利益をもたらすことになったのである。

軍の後押しによる経済ナショナリズムは国際経済の自由調節機能を失わせる。つまり、需要と供給が自然に一致するという「神の見えざる手」が利かなくなるということだ。その結果、閉鎖的な経済ブロックの形成を促した。

特に後発で資源自給力に乏しい日本や独国が先進国のブロックに拮抗するためには大きな努力を必要とした。維持ではなく、拡大を必要としたからである。日本の場合、これに人口過剰の問題と国民からの強い支持が加わり、選択肢はさらに狭められた。[33]

また新聞、映画、雑誌などのマスメディアの存在が大きくなるにつれ、満州での軍の活躍は国民から強力な期待をかけられることになった。そして政治・外交の行き詰まりが軍の役割を、より積極的なものへと変化させるのだった。[34]

一部の有識者は満州事変という事実上のクーデターにより早期の事態改善が行われたと指摘する。しかし結果的に考察すると、事態改善どころか日本のとった行動は、ワシントン体制への明確な挑戦として国際的に孤立していく第一歩になるのである。

第二節　日本の正義

ワシントン体制への挑戦

もともとワシントン体制は、中国問題を日中二国間から多国間で解決するためのものだった。当時の情勢を知る一つの事象として、ロカルノ体制が大正十四年（一九二五年）、英、仏、独の関係を安定化させるために締結されたことが挙げられる。[35]

米国は第一次世界大戦の最中、日本が対支二十一ヵ条を認めさせたことを火事場泥棒の行為と決め付けていた。米国は、それを破棄させようと躍起になった。その一つの機会が大正八年（一九一九年）のヴェルサイユ条約の締結だった。しかし、欧州諸国は欧州の戦後処理を優先し、これに同調しなかった。そのため米国はワシントン体制において、その実現を求めたのである。

それにもかかわらず、ワシントン体制を実質的に構築した九ヵ国は米国を除き、満州事変後も日本に対して強い非難をしなかった。英国などは日本の条約遵守の表明に満足の意を表したほどだった。また仏、伊、ベルギーもこれにならった。諸外国は団結して日本へ立ち向かえる状況ではなかった。なぜなら先述したとおり、喫緊の課題である国内問題にとらわれており、アジアの国際情勢にまで手が回らなかった。

ところが昭和七年（一九三二年）一月、上海事変が生起した。日中両軍が上海で衝突したのだ。この時は日本政府も国際世論を意識し、米、英、仏と協議して上海における外国人の保護を保障しようとした。[36]

しかし中国は満州事変の時と同様に国際連盟へ提訴した。日本の連盟代表は、中国は「組織ある国家」ではなく、それゆえ日本の行動は中国における法と秩序を回復し、諸外国が各自の権利を享受できるようにするものに他ならない、と主張した。だが日本は、各国代表の支持を得ることはできなかった。[37]

また軍中央部では不拡大の方針でも、関東軍には在留邦人の生命財産の保護と、これまでの日中間の係争を根本的に解決すべきという風潮が広まっていった。これらの動きが国際連盟からの脱退などに暗い翳を残すことになったのは言うまでもない。

そして、さらに日本が孤立する理由になったのが、同年三月の満州国樹立である。満州国の建設要綱には、「順天安民」「五族協和」「王道楽土」及び「国際親和」が闡明されていた。民族自決の枠組みで世界に提示されたのだった。

満州建国の運動に関東軍の内面的指導があったことは事実である。[38] ただし、満州自体の地理的、歴史的及び民族的条件が中国本土と満州を分離できる条件が存在したのも事実だった。[39] これは日本の満州国をめぐる一連の行動の前提にもなった。

日本は中国との戦争を、国民生活を守るために始めたはずだった。しかも日本軍の作戦・戦闘は連戦連勝だった。しかし結果的に見ると、戦争が長期化することで国家資源の偏在を招来し、国民生活を圧迫する、という矛盾が生じた。その上、日中両国の国交調整の機が熟すことはなかった。

それは満州国と治安不良の内蒙が接し、さらにその背後にはソ連があったからだ。日本軍は対ソ戦まで考慮した有効な手段を講ずることができなかった。しかも米英との関係は悪化する一方だった。そのため日中間の紛争の火種も消えることはなかった。

ここにきて、やっと日本は日本単独での軍事手段に限界を感じた。有利な条件で終結の道を模索し始めたのである。しかし日本が目指したのはワシントン体制のような国際協調ではなかった。中国問題に関する日本の優位を他国にも認めさせた上での「協調」だった。[▼40]

そのために日本の軍事目標は戦争解決に国際情勢、つまり米英あるいは国際連盟を利用し、対ソ戦の準備を優先することへと変化した。具体的には満州独立と日本による華北の占領が必須と考えられたのである。[▼41]

日本の領土拡大過程

加えて、そこには中国の軍閥政権の秕政に対する民衆の反発、中国本土からの分離による政争の苦悩より離脱しようとする民衆の保境安民運動、蒙古族の独立運動、清朝復帰派の離脱運動、並びに張学良に対する各地政権所領の不平不満などが底流にあったことは否定できないであろう。

昭和七年（一九三二年）九月十五日、日本政府は正式に満州国を承認した。それと同時に日満議定書が締結され、ここに日満の不離一体の関係が構築されたのである。[▼42]

満州国の独立と、これに対する日本の承認は、あくまで責任ある政府の存在しない地域における権益保護のための自衛権の行使に過ぎない、また地域人民の自決運動の表明へ好意的に対応するものであるから、九ヵ国条約には違反しないと日本は主張した。▼43 しかし結果的に日本は条約を破棄しなかったものの、ワシントン体制を裏切ったことに他ならない。

国際連盟からの脱退

日本が多国間での協調を無視できなくなったと感じていたことは先に述べた。また米国の働きかけが功を奏したこともあり、中国に対する列強の関心は高くなった。ついに国際連盟の支那調査団が派遣されることになったのである。

これは、もともと日本代表より連盟理事会に提議し、実現したものだった。日本は、総会の開催を望む中国に対抗し、この調査団が中国及び満州の特殊事情を実地で迅速かつ正確に認識すれば、日中紛争の公正なる解決に貢献できると信じていた。▼44

しかし約半年にわたる現地調査の結果、国際連盟に提出された報告書、いわゆる「リットン報告書」は、日本の立場と相容れないものだった。リットン報告書の団長を務めるヴィクター・ブルワー＝リットンは結論において、満州を国際管理による非武装地帯とすることを提案したのである。▼45

昭和八年（一九三三年）二月二十四日、この総会報告書が四十二対一で採択されるに及び、日本は国際連盟を脱退するのだった。この脱退の「立役者」、松岡洋右外相のジュネーブ臨時総会における「十字架の日本」演説は、日本の国際的な「栄光ある孤立」を高らかに宣したとして有名である。▼46

諸君！　日本は将に十字架に架けられんとして居るのだ。然し我々は信ずる。確く確く信ずる。僅に数年ならずして、世界の世論は変わるであらう。而してナザレのイエスが遂に世界に理解された如く、我々も亦世界に依って理解されるであらうと。

この演説により、松岡外相は英雄として、国民から熱狂的に支持されたのである。[47]これが日本の国際社会での孤立を進め、追い込まれ、それが戦争へ向かわせる源流だった、とする主張も見られる。

しかし、それには否定的である。つまり、これをもって「日本の選択肢がなくなった」と捉えるのは疑問である。なぜなら日本は、その後も対米協調と独自外交、そして一時は多国間での問題解決の間を行き来するからである。そして何よりも戦争手段に移行するまでには数々の新たな状況が生起したからである。

日本の積極的対外政策

人口過剰と資源不足に悩む日本は、長年先進諸国にとっては「不気味な存在」だった。[48]適当な捌け口を与えて日本の暴発を抑止したい、との共通の国際感情が存在したことは否定できまい。したがって中国の主権が必ずしも明確ではなかった満州の部分的領有は、やむを得ない悪として黙認する心理が中国内部にすら見られたのだ。[49]

それに中国は真の意味での本土統一を達成していなかった。蒋介石が率いる国民党政権にとっては、毛沢東の中国共産軍を撃破する方がより差し迫った目標であった。[50]こうした状況の中で昭和七年（一九三二年）から昭和十年（一九三五年）にかけて、日本と中国の関係は既成事実、つまり華北分離、満州国の存在を黙認した上での協調が取り戻されるかのように見えた。

この時、広田弘毅外相は中国に対し、排日の停止、満州国の承認、共同防共を骨子とする広田三原則の承認を求めたのだった。また日本は二国間での問題解決へと逆戻りしようとしたのである。しかし既に外交手段での解決は困難になっていた。その要因の一つに相澤事件があった。

相澤事件は、陸軍の相澤三郎中佐が陸軍省軍務局長の永田鉄山少将を執務室において斬殺した事件である。相澤事件は外交政策の形成にも深刻な影響を及ぼしたのである。[51]

広田外交の実質的な推進者である守島伍郎は「外務省でもいろいろな問題があったが、陸軍省ではヨリ以上の困難があったらしい。それを何とかクグリ抜けて妥決〔ママ〕したのは、陸軍では永田の力であった」と、その政治的リーダーシップを称えて、永田の不慮の早逝を惜しんでいる。▼52

それに満州事変の成功で刺激された陸軍、特に関東軍の中堅将校たちは、昭和十年（一九三五年）後半から華北、内蒙、次いで全中国本土に向かう南進を開始したのである。強力で統一された中国の出現を妨害するものの排除、というのが自らの行動を正当化する名目だった。▼53

またここでも国民からの支持があった。ただし、それは軍部から与えられた情報を基調とするものだった。それでも軍の動向は国民の最大の関心事になりつつあり、軍部の発表は常に期待をもって国民に迎えられたのである。▼54

当時、参謀本部の中枢にいた石原少将は、こうした節度のない急激な膨張には賛同しなかった。彼は当分の間、満州の開拓に専念し、国力を充実させ、新たな世界情勢の変化へ対応することの必要性を説いた。▼55しかし満州事変で「前歴」のある石原が冒険主義に逸る後輩たちを抑えるのは困難だったのは止むを得ない。▼56

このように日本が無謀な判断をした背景には何があったか。世論を反映して行われた五・一五事件、二・二六事件などによる政党政治の事実上の終焉と、それに代わる軍部の台頭があったのは間違いないだろう。それは相対的に政治の発言力の低下を意味した。

これにより関東軍の行動に裏付けができ、軍部の暴走を止めることができなかったのである。また外務省も軍部との歩み寄りの姿勢をとっていた。▼57「陸軍省外務局」などと揶揄されることもあったという。

なお統制派と皇道派の主権争いという「幻想」について言及された書も多い。しかし変革の過程にこそ違いはあれ、国内問題では最終的には同じ目標に帰結するのではないだろうか。つまり優先順位の違いであり、その源流に根本的な違いがない、というのが著者の考えである。しかし国外問題は別である。

皇道派は対ソ主義で徹底していたのであり、対支、南方作戦に兵力を使うのも、もってのほかだった。

しかし二・二六事件で皇道派が一掃されたことにより、ソ連との協調、対支、南方作戦に向けた日本の選択肢が広がるきっかけになったと言っても過言ではないであろう。

ここにきて日本あるいは日本軍の一連の行動は「自立経済への要求」と呼べるような控え目なものではないことが明らかになった。こうして自らの歯止めが利かず、「日満経済ブロック」が「日満支経済ブロック」に、「東亜新秩序」あるいは「東亜共同体」は「大東亜共栄圏」構想へと後に拡大していく。日本と満州の経済関係が強化された結果である。

しかし予期していない事態が生起した。「自給経済圏」を獲得するためのコストが予期される利益を超過したのである。そのため日本軍は現地自活主義を選択せざるを得なかった。▼58 これは理想とする将来展望とは異なり、占領地住民の人心が日本軍から離れていく原因となった。

その結果、抗日・排日の活発化が顕著になり、軍事以外の領域で、この問題を解決するのは困難であると認識されるようになった。つまり軍事主導による経済領域への介入の必要性が更に高まったのである。しかし冷静に考えてみれば、一番大きかった軍の声が響いただけではなかったか。そしてそれは、日本の孤立を進めることになったのである。

第三節　孤立する日本

真空地帯の出現

その頃、英国は欧州情勢の変化に対応を迫られ、アジアに対する関心は低く、存在感も希薄になりがちだったと先にも述べた。英国はアジアで何かあったとしても、香港に所在する東洋艦隊だけで事は足りる、要するに英国の義理は果たせると高を括っていたのである。

米国もしばらく前まで深刻な経済問題で中国問題に本腰を入れることができなかった。米国は陸海軍の充実を怠っていたのであり、欧州と同時に西太平洋で戦を交えることもできない状態だった。しかも米国民は中国を救うとか、欧州の植民地を保護するために戦争をしようとは思わない、と判断されていた。[59]

さらに中国は分裂し、まとまる気配すら見せなかった。その上、ソ連は躍進するドイツへの対応に追われる一方、大規模な粛清の最中だった。このように日本にとっては自国に直接影響を受ける、あるいは影響を与える身近な空間に真空地帯が出現したのだった。

日本は、これを好機と見た。現代でこそ、力（パワー）による利益獲得は邪悪と見做される。しかし当時は不確実性が強まれば、不安要因を拡大させるより、それを未然に防ぐ方が道理だった。つまりガバナンスが不在の地域においては、そのままにして自然発生的に主権が確立されるのを待っていても、その地域における非人道的な行為が活発化あるいは周りへの影響力を拡大させるだけ、もしくは他国からの侵略を待つだけ、という非情の「掟」が適用されるしかなかったのである。

そこで日本は自主外交による日中二国間交渉を選択した。すなわち昭和十一年（一九三六年）、日本は、力を背景に汪兆銘（おうちょうめい）へ働きかけを行ったのである。十二月二十日、汪兆銘は重慶を脱出し、河内（ハノイ）に向かい親日政権を樹立する動きを見せた。日本はこれに同調するのだった。

中国の「領土保全及び主権」の尊重、中国内の利権・治外法権の漸次返還等、その見返りに汪兆銘新中国政権は満州国の独立、防共・経済協力などに関し、「日満支」間の提携を図ることを日本は期待したのである。[60]この時の汪兆銘の目論見は、「日中両国は戦争の継続に困難を来している。そのため歩み寄りの上、解決を目指す機が到来している。しかし第三国の直接介入による中国の援助は望めない。よって日本の提案をのむべきである」というものだった。[61]

これに蔣介石は断固として反対した。蔣介石は「田中上奏文（あるいは『田中メモランダム』と呼ばれた）」を引用して、日本が世界征服の第一歩として中国を屈服させようとしていると非難した。その際、「徳は孤ならず隣あり」という言葉を使っている。[62] 結果的に考察すると、力の不足する中国は環境醸成に力を注ぐしか対策がなかったのである。

そして昭和十一年（一九三六年）十二月に起きた西安事件は単に蔣介石の拉致、監禁にとどまらなかった。これを契機として中国は実質的な国共合作を遂げ、全中国の抗日戦線を確立した。蔣介石をはじめ、中国の各指導者を抗日・排日の態度に統一させてしまった。そのような情勢の中、生起したのが盧溝橋事件だった。[63]

日本陸軍は明治三十四年（一九〇一年）に締結された北清事変細末議定書に基づき、華北の平津地区に一部の兵力を駐屯させていた。これを支那駐屯軍と呼んだ。なお軍司令官は田代晥一郎（たしろかんいちろう）中将、参謀長は橋本（はしもと）群（ぐん）少将だった。

盧溝橋事件は昭和十二年（一九三七年）七月七日夜、この支那駐屯軍の一部と現地中国軍との間に起きた衝突事件だった。日本の主張は、日本軍が北京郊外にある盧溝橋北方において、夜間演習をしているところに現地中国軍から不法射撃を受けたため、応戦したというものだった。[64] しかし現在に至るまで、その真相は明らかになっていない。

この時、事件に対する日本の態度は不拡大の方針だった。[65] 現地部隊も不拡大、現地即決の方針を決め、陸軍中央部も政府と意見が一致した。これに基づき参謀総長は支那駐屯軍に対し、「事件の拡大を防止するため、さらに進んで兵力を行使することを避くべし」旨を訓電した。[66]

当時の日本は満州建設の努力、対ソ戦備の強化、重要産業拡充計画の遂行等のため、他を顧みる余裕などなかった。用兵上においても日中全面戦争の計画及び準備を全く用意していなかった。事件の不拡大方針は日本にとって偽らざる思いだった。[67]

よって事態収拾に関する現地交渉においても、日本の要求は将来の紛争防止に関する保障事項にあり、政治問題については言及しなかった。つまり、偶発的な事件として処理したかったのである。

そして事態は七月十八日になって解決するかに思われた。しかし二十五日の「郎坊事件」、それに続く二十六日の「広安門事件」が生起したため[68]、日本は武力行使に訴えざるを得なくなった。この間、陸軍中央部は事態の悪化に備え、満州、朝鮮より兵力を増強した。それに合わせ、中国軍の華北への兵力集中も行われていくのである。

七月二十七日、支那駐屯軍は自衛のための武力行使を決意した。陸軍中央部及び政府もこれを是認した。そして二十八日、国内において三個師団の動員を発令した[69]。しかし、これは日本が事変の不拡大方針を放棄することを意味したわけではなかった。

なぜなら活動地域は平津地区に限定し、目的も抗日を企図する中国軍の敵対あるいは不信行為に一撃を加え、事変の早期解決を促進することにあったからだ。しかし事態は日本が予期するようには動かなかった。支那駐屯軍は七月末までに天津地区の中国軍の掃討には成功した。それが却って中国中央軍の大兵力の北上を招き、まず東部察哈爾省、次いで中部河北省へと事変は拡大したのである[70]。

これに従い、事変解決の構想も華北問題の解決という趣旨に書き換えられていった。事態がエスカレートしていったのである。エスカレートする場合の特徴は、一方が他方に比して、より大きな安全のマージンをとろうとする。つまり殴った方より殴られた方が痛みを感じやすく、さらなる報復をする場合、当初殴った者より強く殴る傾向にある、というものか。

話を元に戻す。八月十三日、戦火は華中にまで拡大した。日本軍は上海付近でも激戦を交わすことになった。その後、十二月十三日には中国の首都南京まで攻略するのに成功した。この間、「北支事変」という呼称も戦局の華中への拡大により「支那事変」と変更された。こうして日本が企図した局地紛争、現地処理は、日中の全面抗争へと発展していく。

後に瀬島龍三（せじまりゅうぞう）は、これには四つの要因があったと指摘する[71]。すなわち第一に中国軍に一撃を与えれば中国は参るという安易な考えが禍の根元であり、そのために用兵の規模も構想も安易なものになったこと、第二に不拡大方針が武力行使に決した後においても潜在的に尾を引き、用兵を不徹底ならしめたこと、第三に北方ソ連の脅威が終始参謀本部作戦当局をして、対支作戦を手控えさせたこと顕著なるものがあり、これが最大の理由だったこと、そして第四に米英仏等欧米諸国の牽制により、大胆なる用兵ができなかったこと、である。

その後、日本は中国との国交を抜本的に調整し、満州問題を現実に即して解決するとともに、東亜安定の基礎として日満支三国の善隣結合を図り、ここに事変終結の目標を求めたのだった。昭和十三年（一九三八年）一月十一日、御前会議により「支那事変処理根本方針」も決定された。[72]

事変の帰趨が過去一切の相克を一掃し、日満支提携の新国交を大乗的基礎の上に再建する、という趣旨が確認され、それを実行に移すべく講和交渉の必要性が再認識された。また中国側の諾否に応ずる態度も決まったのである。[73]

それにもかかわらず、約束の一月十五日を過ぎても中国は日本の示す解決条件へ回答してこなかった。そのため翌十六日、政府は陸軍統帥部の反対を押し切って、「国民政府を対手にせず」の声明を発表してしまったのである。太平洋戦争開戦時、大本営陸軍部の作戦課長だった服部卓四郎大佐は、「この声明は、日本自らが事変解決の門を閉じた結果を意味した。事変は早期解決の希望が失われ、日本は今や国力の強化、軍備の増強、国内態勢の刷新等に格段の努力を要することになった」と回想している。[74]

「近衛声明」の発表は、それだけ大きな出来事だったのである。なぜなら昭和十二年（一九三七年）より首相の地位にあった近衛文麿は支那事変の終結だけではなく、「東亜新秩序の建設」という戦争目的まで加えたため、日本はより大きな目的を武力により解決する道を進まなくてはならなくなったのである。

近衛首相自身も「この声明は識者に指摘せられるまでもなく非常な失敗であった。余自身深く失敗なりしことを認むるものである」と述べている。[75]また彼を熱狂的に支えた国民の声も、近衛の強硬姿勢を後押ししたのだった。近衛内閣は「空前の人気内閣だった」とされる。[76]

中国における作戦経過

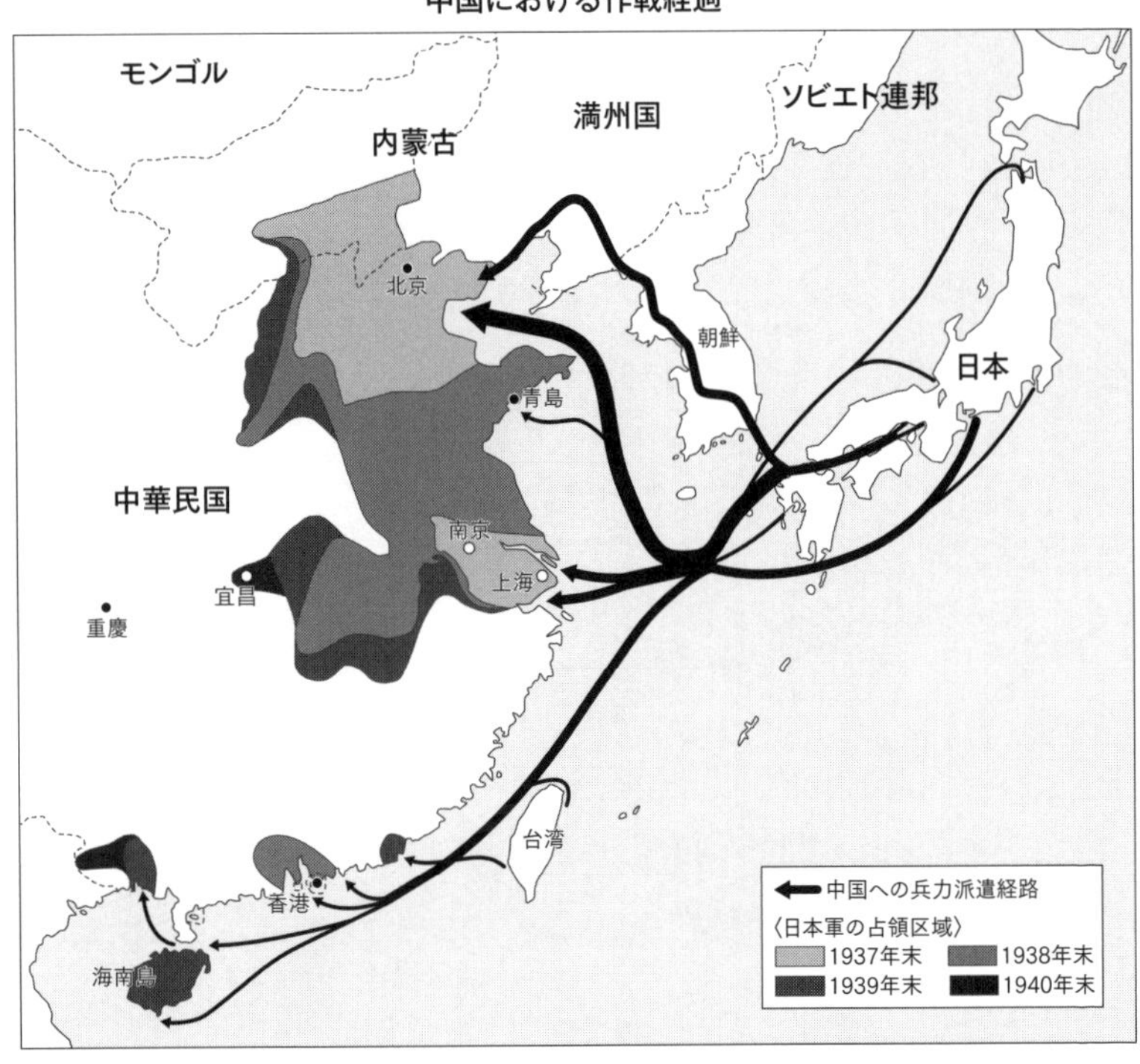

昭和十三年（一九三八年）六月になると、華北及び華中間の連絡を目的とする徐州会戦が行われた。その後、事変を終結する目的で武漢及び広東攻略が決行された。十月下旬、武漢及び広東は陥落し、国民は日本軍の強さに熱狂した。

このような情勢の中、画期的な戦時法規として国家総動員法が公布された[77]。支那事変の規模拡大と長期化に対応するためだった。また生産拡充、軍備増強、民需充足の三者を総合按配して国力の配分を定めるための物資動員計画の作成が着手された。

なお、大本営も昭和十二年（一九三七年）十一月二十日には設置されていた[78]。大本営は純然たる統帥機関であり、事変解決に関する統帥と国務との調整は大本営と政府との連絡会議によって処理された。

この際、日本は戦争目的を再確認

し、日中新関係の全貌を明確にする必要があった。そこで十一月三十日、御前会議が開催され、「日支新関係調整方針」が決定された。[79]その内容の眼目とするところは、東亜安定の枢軸として日満支三国の善隣結合を実現し、あわせて北方に対する共同防衛態勢を確立する点にあった。[80]

この方針に基づき、「善隣友好」「共同防衛」「経済提携」の三原則を内容とする近衛声明が発せられた。近衛は既に十一月三日には従来の国民政府を相手とせずという方針を緩和させていた。[81]日本は事変解決に関する真意と善意を見せ、国民政府が日中全面和平への途を選ぶことを期待したのだった。

しかし日本が望んだものは、諸外国からはワシントン体制の打破としか受け止められなかった。日本が東亜新秩序の構築という名目の下、世界規模での反米英政策を進めると見られたのに他ならない。日本は支那事変の前と後とでは情勢が異なると言って既定路線を変更してしまった。これが国外から批判される結果となったのである。

昭和十三年（一九三八年）六月、米国は日本に対し、道義的禁輪を実施した。[82]これは米英の対日経済圧迫の最初の行動だった。昭和十四年（一九三九年）、日本の石油、銅、屑鉄、工作機械の輸入依存は高まるばかりであり、その大半は米国から輸入されていた。

また輸出については、生糸では総輸出の八十パーセント、絹織物は十五パーセントであり、その他、各種缶詰十三パーセント、玩具二十五パーセントに達する。また、これらの商品が米国市場を失うと外貨取得源の四分の一（約二十三パーセント）を喪失することになる。さらに基礎資源の対米依存度は、石油八十二パーセント、鉱油は五十六パーセント、綿花三十八パーセントに達していた。

この時、日本の経済成長率は決して低くはなかった。満州事変のあった昭和六年（一九三一年）から軍需景気もあった。昭和十二年までの経済成長率は平均約七パーセントであり、[83]当時世界最高で「躍進日本」などと言われていた。[84]

また成長は設備投資を誘発し、設備投資は景気上昇を加速させた。昭和十二年（一九三七年）の経済成長率は約二十四パーセントにまで達していた。しかし、これがピークだった。それ以降は支那事変へ突入し、下降する一方だった。[85]

それに追い打ちをかけたのが米英の対日経済圧迫だった。これらのことから日本は米英との経済協力なくして戦争を継続することなど、とても不可能だと気づかされるのである。日本はまた、米英との協力関係を模索するのだった。

そこで吉田茂(よしだしげる)、重光葵(しげみつまもる)らは日英関係の打開に乗り出したのである。彼らは日英関係が改善できれば対米関係も好転すると考えていた。

英国外交は現実的であり妥協は得意だが、米国外交は法理的であって理念にこだわりやすい。したがって英国は弾力性を発揮するが米国は硬直した姿勢をとると結論づけていた。[86]しかし、彼らの予想を裏切る事態が生起していたのである。

米国の役割の拡大

当時、欧州諸国の間では依然、欧州が「主」、アジアが「従」という考えがまかり通っていた。また欧州では独伊とソ連の動向が様々な問題を引き起こしていた。英仏が欧州（独伊とソ連）への対応に集中していく中、米国はアジア（日本、ソ連と中国）問題を一手に担うことになった。

英米両国の政府間でのやりとりを紹介する。昭和十二年（一九三七年）五月、スタンレー・ボールドウィンの後を継いで英国首相になったネヴィル・チェンバレンは、米国政府が全世界に向かってその信条を示した一連の公文書も引き継いだ。これらの文章を短期間で検討し、チェンバレン首相は米国政府に一つの文書を送った。それには「英国政府がこの信条をどんなに守りたいと思っても、ドイツの脅威のためにそれができない。侵略者と犠牲者とを区別するように中立法を修正して、このドイツの脅威を軽減するには、米国の善意を待たねばならない。孤立無援の英国は欧州と極東とで同時に問題が起こるのを避けたい。このような点に鑑みて日本との協調に達するように努めてはいただけないであろうか」と書かれていた。[87] この日本との協調を求めるという考え方は、米国民の気性にも希望にも反していた。また米国は、自国の伝統的な政策、つまり中国に対する「門戸開放」と「機会均等」を保障し、摩擦と緊張の増大を阻止するのに必要な掣肘力を行使できるように絶えず努力すべきであると考えていたとされる。[88]

そして米国ではヘンリー・スティムソン国務長官にアジア問題の解決が一任されたのである。スティムソンは直ちに声明を出した。それは日本の満州への軍事行動を非難する一方、米国の意思が中国の門戸開放を要求していると再確認させるものだった。[89]

また支那事変勃発に伴い、昭和十二年（一九三七年）十月、ルーズベルト大統領はシカゴで演説をした。そこではイタリアのエチオピア侵攻にまで言及され、日伊を侵略国として非難したのである。これは後に「隔離政策宣言」と言われた。大統領は「世界的無秩序状態の流行病がひろがりつつあるということは、不幸にしてどうも本当らしい。伝染病がひろがりはじめると、社会は、病気の蔓延から人々の健康を守るために、患者の隔離を是認し、かつこれに協力する……。戦争は、宣戦布告をしているとにかかわらず、一つの伝染病である」と声明を出した。[90]

つまり、日伊は国際秩序を崩壊させる国であり、これらの国を隔離しなければ全世界の秩序も崩壊する、という意味である。正に米国の世界政策あるいは支那事変及び日本に対する基本的態度の表明であった。その後の対日政策の基点をなすものと言える。よって日本の英国への期待に続き、米国に対する期待も無残にも打ち消されたのである。

力による変革

これまで見てきたとおり、日本はワシントン体制から離脱し、日中二ヵ国での問題解決を意図した。このため世界から孤立したのである。力による現状維持の打破は変革国家としての宿命である。人口増加、産業構造の高度化、資源の獲得など、日本が抱える諸問題の解決には変革が必要だった。

国外に目を向ければ、日本が変革を続けていけば、すなわち中国への進出を継続すれば、中国だけではなく、米国との関係が悪化するのは当然のことだった。

また国内では軍の意向を無視して内閣は成立しない事態も生起していた。宇垣一成内閣の流産、林銑十郎（はやしせんじゅうろう）内閣の成立、米内光政（よないみつまさ）政権の倒閣などで証明された。これは軍事だけではなく、政治・外交、経済、文化・社会のあらゆる領域で軍部による介入・統制が強まったことを意味した。

そんな矢先、昭和十三年（一九三八年）、米国から一方的に日米通商航海条約の破棄を示唆された。これは明治四十四年（一九一一年）に締結されたものであり、日本にとっては国家運営の大前提の一つだった。この条約は文字どおり、日米間の通商を規定するものであり、この破棄は米国との貿易において、日本が法律的保護を失うことを意味した。日本の対米輸出・輸入に米国の意思・裁量が介入する余地が生じるのである。[91]

米国の動きに連動したように昭和十三年（一九三八年）十二月、対中政務・開発の統括機関として興亜院が新設された。[92]これは軍部からの要求にも適ったものだった。また先述の国家総動員法も准戦時態勢の強化に寄与した。

さらに昭和十四年（一九三九年）九月になると、在中全陸軍部隊を統括する支那派遣軍総司令部が編成された。その目的は戦線の拡大、長期化に伴う諸般の要請、中でも事態の早期解決にあった。[93]支那派遣軍は昭和十五年春には二十六個師団基幹、人員約八十六万を数えた。ちなみに関東軍はその時、十二個師団基幹、人員は約三十五万だった。

そんな中、大本営陸軍部では陸軍省と討議を重ねた結果、昭和十五年（一九四〇年）三月三十日、事変処理の大転換を決めたのである。十五年中に支那事変が解決しなかったならば、十六年初頭から逐次撤兵を開始、十八年頃までには上海の三角地帯と北支蒙疆の一角に兵力を縮小するというものだった。しかし、

それを許さない事態が生起するのだった。▼94

昭和十四年(一九三九年)九月一日の第二次世界大戦の勃発である。それはドイツ軍のポーランド侵攻で始まった。しかし日本は世界情勢急変の機会においても支那事変の終結に集中するため、欧州戦争への不介入を確定し、九月四日に表明した。▼95

ただ、その後、欧州では新たな戦局を迎えることになる。ポーランド侵攻を果たしたドイツは昭和十五年(一九四〇年)四月九日、デンマークとノルウェーを占領した。次に狙うのはフランスだった。ドイツ軍の攻勢は「電撃戦」と呼ばれるものだった。地上の機械化兵団の進撃を航空機が密接に支援するのだった。

その後、ドイツは難攻不落と思われていたフランスの要塞線マジノ・ラインの北側を突破した。これにより、ドイツはオランダ、ベルギーに続きフランスを屈服させた。六月二十二日、第一次世界大戦の英雄、アンリ・フィリップ・ペタン元帥の率いるフランスが正式にドイツに降伏した。

英国では五月十日、チェンバレン内閣が総辞職していた。後を継いだのはウィンストン・チャーチルだった。チャーチル首相はドイツ軍の猛攻を避けるため、英国軍をダンケルクから撤退させた。そして六月十日にはイタリアが英仏に対して参戦を宣言した。

この欧州の情勢の変化に不介入を決めた日本だったが、この変化に関心まで放棄したのではなかった。新たな情勢が仏印及び蘭印をはじめとする南方へ影響をもたらすのでは、と考えたからである。それは支那事変の早期解決を望む日本にとって、解決の糸口を模索する動機にもつながった。

また影響力を失いつつある欧州列強に代わり、日本が将来的に南方の統治を期する、とするならば、軍部と政府にとって英蘭仏の敗退は、ドイツの勢力が南方にまで及ぶことを危惧させた。ドイツの勝利がアジアにおけるオランダやフランスの影響を低下させると日本は認識したからである。

四月十五日、有田八郎(ありたはちろう)外務大臣は、蘭印への戦禍の波及は東亜の安定にとって好ましくない、と声明した。いわゆる「有田声明」である。▼96 また、これに続き、五月十一日に政府は蘭印の現状維持を確守すると改めて各国に申し入れた。[97] いずれも日本の蘭印に対する関心が少なくないことを表明するためだった。

それに対し、オランダは他国の保護適用を受託する旨を声明した。[98] 英米も蘭印の「現状維持」を強調した。[99] そしてドイツも蘭印に関与するつもりはない、と日本政府に通告した。[100] これらは、日本が蘭印の事実上の管理者として認めた、と彷彿させる結果になった。すなわち日本に誤ったメッセージを与えたことになる。これが将来の南方問題へも影響していくのである。

その上、日本は、独ソ戦によるポーランド分割を目の当たりにした。それならば今度は力の真空地帯になりつつある中国で日ソの妥協点も導き出せるのではないかと考えるようになったとしても不思議はない。

これまで、どれだけ日本が米国との関係を修復しようとしても、支那事変と欧州の戦争情勢（ドイツの成功）が日本外交の方向転換を困難にしていた。そのため米国に強硬な態度を見せることが米国の対日態度を改善させる方法かもしれないと日本が考えを変える契機となったのだ。

つまり、日本は日米関係に見切りをつけ、次第にドイツ、イタリア、ソ連との接近を企図するようになっていったのである。これは欧州の戦争とアジアの戦争を結びつける結果をもたらした。このことは、日本がアジアだけではなく、地球儀を俯瞰するような世界規模での大戦略をおぼろげながら見据えたことを意味したのである。

第二次近衛内閣

一度は政権を放棄した近衛だったが、政治への関心は高く、五摂家筆頭としての「藩屏」たる意気込みも決して低くはなかった。

近衛は日本の国内情勢を次のように見ていた。五・一五事件、二・二六事件以降、既成政党は力を失った。それに対し、軍部の力は強まっている。よって全国民の間に根を張った組織と、それの持つ政治力を背景とした政府を成立させることにより、初めて軍部を抑えることができる、そうなれば早期に支那事変

も解決できる、とである。▼101

そのために近衛は自ら新たな国民組織をつくり、国民世論の後盾を得て軍部を抑制しようとしていた。これは総力戦時代に突入し、資源も少ない日本にとっては土台無理な話だった。なぜなら全ての資源を戦争の捷利につぎ込む必要があり、そのため、軍部が政治・外交に代わり、日本の舵取りをしていく流れができていたからだ。本来の姿、つまり政治の下に軍事があるという国家体制を追求したとしても、形ばかりの「原点回帰」にならざるを得なかった。当の軍部も、近衛の考えを次のように解釈していた。

近衛の推進する新政治体制運動を強く支持することで、強大なる近衛内閣が出現すれば、内外に対する積極政策も可能となり、諸問題を解決する手段になる、とである。つまり二者の間には初めからボタンの掛け違いがあったのだ。

また大正七年（一九一八年）、近衛が「米英本位の平和主義を排す」という論文を書いたことは既に述べた。近衛はその中で「民主主義や人道主義も基づくものは人間の平等にある。これを国内的に見た場合は民権自由論となり、国際的に見た場合は各国民平等生存圏の主張となる。欧州戦乱は已成の強国と未成の強国との争いである。現状維持を便利とする国と現状破壊を便利とする国との争いである。現状維持を便利とする国は平和を叫び、現状破壊を便利とする国は戦争を唱える。平和主義だから必ず正義人道とは限らない。軍国主義だから必ず正義人道に反するわけではない。要は現状次第なのである」と記した。▼102これも軍部をして近衛の政策に期待をかける一因になったことは否定できまい。

そんな折、陸軍大臣畑俊六（はたしゅんろく）が辞表を提出するという事態が生起した。この背景には、畑俊六が陸相として入閣した米内光政政権が陸軍の推すドイツ・イタリアとの同盟に消極的であり、この政権政策に影響力を及ぼすことができなかった陸相が陸軍首脳の命により単独辞職させられた、と見る向きが多い。

七月四日午後、澤田茂（さわだしげる）参謀次長が畑陸相に対し、「このような消極退嬰の内閣では到底何事も出来ない。速やかに挙国一致の体制をとり得る内閣を樹立するよう、陸相の善処を要望する意見が、参謀本部において頗る強硬であり、[103]これを放置するならば遂に軍紀を破壊するに至るかも知れぬことを憂う」と述べ、覚書を手交した。それには閑院宮載仁参謀総長の捺印もあった。[104]

たった一人の閣僚の辞任だった。しかし陸軍は米内光政首相の後任陸相の推薦を拒否した。これにより米内内閣は総辞職することになった。陸軍は陸軍大臣、参謀総長、教育総監、いわゆる三長官会議での審議の結果、後任陸相を求めることが困難として、米内の要請を拒絶したのだった。[105]

本来の組織なら後任者を出せないこと自体が恥ずべきものなのに、これを「伝家の宝刀」などと呼び、国家のためではなく、ことさら自らの組織の利益を優先させる軍人たちが続いたのは残念なことだった。このような陸軍の振舞いに対し、政府や海軍だけではなく国民からも、陸軍大臣現役武官制を盾とした政治干渉として攻撃されたのである。[106]しかし当人たちは、どこ吹く風だった。

結局、七月十八日、組閣の大命は近衛に降下した。近衛は、まず陸、海、外三相を決定した。そして自らも含めた四相会議、いわゆる荻窪会談を行った。ここで当面の軍事外交策の基本方針に関し、意見の調整を行った。その基調となるものは、前内閣更迭の三ヵ月以上前から調整されていた。そして、その合意を見た後、組閣を完了させるのだった。荻窪会談で四相の間で了解された事項は、「世界情勢の急変に対応し、かつ速やかに東亜新秩序を建設するため、日独伊枢軸の強化を図り、東西互いに策応して諸般の重要政策を遂行すること。ただし右枢軸強化の方法及び実現の時機等については世界情勢に即応して機宜を失わないように期すこと」であった。[107]

この時、松岡は入閣に際し、外交は外務大臣の下に一元化することを条件に提案した。その理由は中国での戦争が早期に終結できない理由の一つに、現地と中央との統一が欠けていたという認識があったからだ。[108]近衛としても望むところだった。松岡なら軍部の独走を止めることができると考えていたからである。しかし、この約束が後に近衛内閣に大きな影響を及ぼすことになる。

そして、この第二次近衛内閣により、画期的な新政策が採択されることになった。それは閣議決定の

「基本国策要綱」と大本営政府連絡会議決定の「世界情勢の推移に伴ふ時局処理要綱」だった。支那事変から大東亜戦争への発展は、これら新政策の採択を契機として大きく転回していくのである。

その流れの中でも大きな役割を担ったのは間違いなく軍だった。近衛首相は「新政治体制は渾然国策の一点に集中して、この時艱に当たるのが最大目標となるが、ここで問題となるのは軍と政府との関係が最も重大である。結局は軍・官・民が一体となって目的に向かって進まなくてはならない」と発言した。しかし、その実は無雑作に組閣怱々から首相としての指導権を軍側に譲り渡して殆ど意に介しない趣なのであった。▼109

ここまで日米開戦の遠因とも言うべき「間接的経緯」について考察してきた。それは主として第一に日本が戦争とどう向き合ってきたか、第二に日本が米国との関係をどのように維持してきたか、という二つの問いに答えるものであった。では、この後、日本はどのように戦略環境の変化を捉え、どのように進んでいったのであろうか。それは日米開戦に至る「直接的経緯」を知ることでもある。

第二部

日米開戦の直接的経緯

第四章　開戦の誘引

第一節　日本の思惑

開戦経緯考察に当たっての視座

本章からは日本が太平洋戦争を選択した直接の要因について考察していく。

つまり、

一　原因。日本は米国と何について争ったのか。

二　結果。なぜ日本は米国との戦争を回避できなかったのか。

冒頭で述べた「方程式の解」について分析していくのである。

なお、本書では敢えて主戦論者と目され、あるいは作戦を主導していく立場にあり、自らの著作もある軍人の認識に沿って、追体験的に記述していくと先に述べた。具体的には、大本営陸軍部作戦部長田中新一（たなかしんいち）少将の『田中作戦部長の証言（原題『大戦突入の真相』）』[1]及び作戦課長服部卓四郎大佐が著した『大東亜戦争全史』[2]、そして同じく作戦課の井本熊男（いもとくまお）中佐の『大東亜戦争作戦日誌――作戦日誌で綴る大東亜戦争』[3]などを主軸として記述していくのである。

この中で田中少将のこの問いに対する回答は明快だ。爾後の複雑な情勢の変化を考察する上で有意義な道標となるであろう。彼は、第二次近衛内閣から日米開戦に至るまで約一年五ヵ月の間、日米は如何なる問題について争ったかといえば、主たるものは次の通りであったとする。[4]

一　日本の大東亜政策と、米国の極東政策の基本たる門戸開放・機会均等主義とが抗争した。
二　日独伊の全体主義的革新陣営が、米英の民主主義的現状維持陣営と世界的抗争を演じた。
三　日米交渉の表面には現れなかったが、日米海軍軍備競争、つまり日本の戦争決意の最大要因は海軍力の対米比較であった。

この主張を参考とし、日米開戦に至る経緯について検討していくことにする。

近衛首相の国際情勢認識

当時、最高政治指導者だった近衛首相の国際情勢の認識は日米開戦に至る道程に多大な影響を及ぼした。近衛首相は同時に米ソを敵に回すことは、日本の国際的地位を不安にさせる最悪の想定と考えていた。[5]よって、彼の政治・外交の重点も米ソとの関係に指向された。では彼の国際情勢認識とは、どのようなものだったか。

近衛首相は、旧来の世界秩序が崩壊しつつあると見ていた。まず欧州、次にアジアへとその波が押し寄せてくると感じていた。よって日本もそれを乗り切り、新秩序構築の手立てを予め模索しておく必要があると結論付けていた。

そして、この考えを基に「基本国策要綱[6]」と「世界情勢の推移に伴ふ時局処理要綱[7]」が決定された。基本国策要綱の冒頭では「世界は今や歴史的な一大転機に際会した。数個の国家群の生成発展を基調とする新たなる政治、経済、文化の創成が見られる。皇国もまた有史以来の大試練に直面している。この秋に当たり、真に肇国の大精神に基づく皇国の国是を完遂しようとすれば、世界史的発展の必然的動向を把握して庶政百般に亘り、速やかに根本的刷新を加へ万難を排して国防国家体制の完成に邁進することをもって、喫緊の要務とすべきである。よって基本国策の大綱を策定する」と書かれていた。

これに続き、近衛首相は根本方針を立てた。それには「皇国の国是は八紘一宇とする肇国の大精神に基づき世界平和の確立を招来することを根本とし、先づ〔ママ〕皇国を核心とし日満支の強固なる結合を骨幹とする大東亜の新秩序を建設する。このため皇国自ら速やかに新事態に即応する不抜の国家態勢を確立し、国家の総力を挙げて右国是の具現に邁進する」と明らかにされていた。

一方、「世界情勢の推移に伴ふ時局処理要綱」の方針については、「帝国は世界情勢の変局に対処、内外の情勢を改善し、速やかに支那事変の解決を促進するとともに好機を捕捉して対南方問題を解決す」とされた。

そして、この具体的要領についても定められていた。まず支那事変処理に関しては「政戦両略の総合力を集中し、特に第三国の援蒋行為を絶滅する等、凡ゆる手段を尽くして速やかに重慶政権の屈伏を策する」とし、次に対南方施策に関しては「情勢の変転を利用して好機を捕捉し、推進に努める」とした。

さらに米国に対しては「公正なる主張と厳然とした態度を持ち、帝国の必要とする施策遂行に伴う已むを得ない自然的悪化は敢えて辞せざるも、常に其の動向に留意し、我より求めて摩擦を多くすることは避けるように施策する」とした。

加えて対南方武力行使についても「支那事変の処理が未だ終わらない場合には第三国と開戦に至らない限度において施策するも、内外諸般の情勢特に有利に進展するに至らば対南方問題解決の為に武力を行使

世界情勢

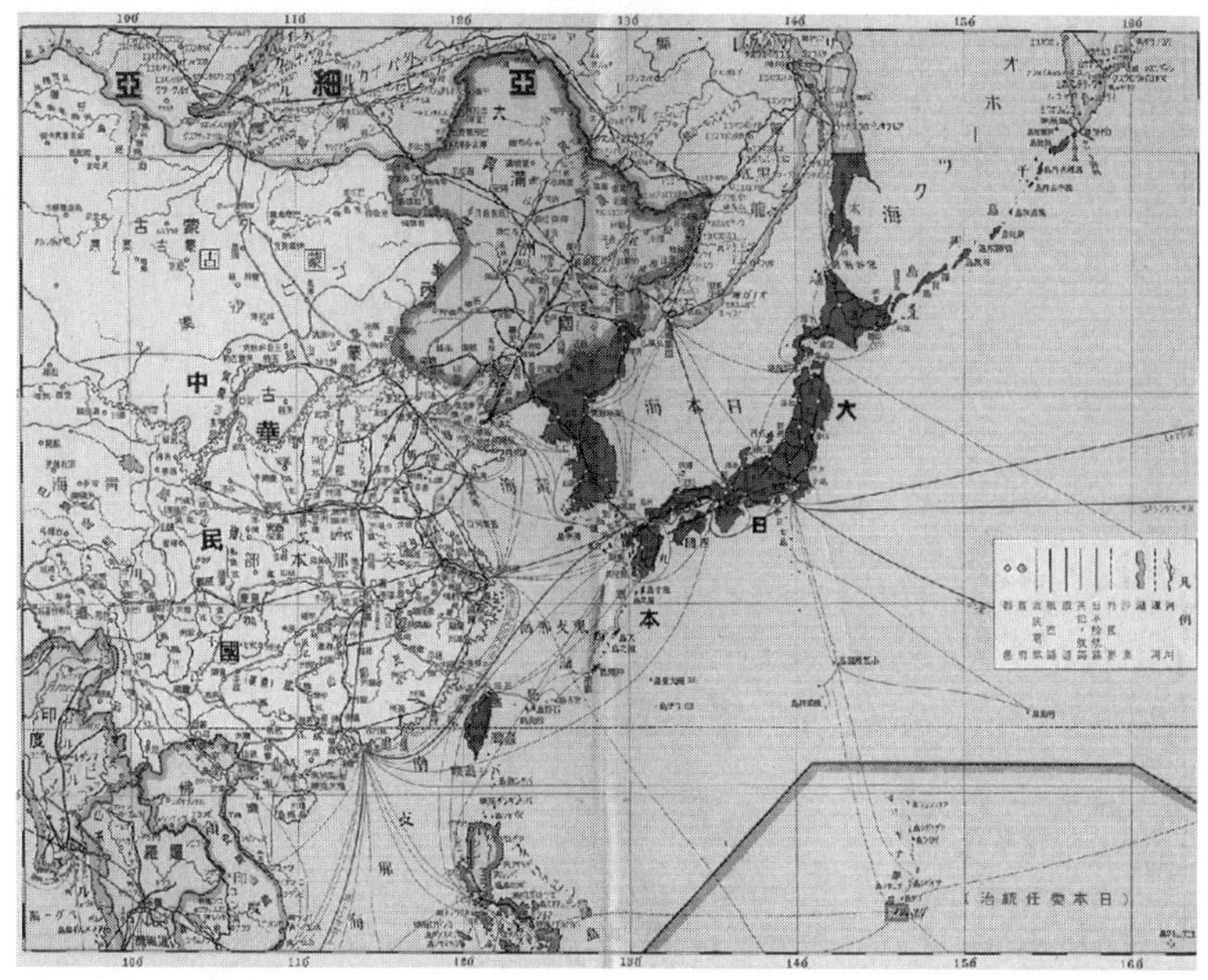

1935年当時の世界地図（極東）

することあり」と書かれていた。

これを敢えて大胆に要約するなら、次のようになる。日本の国家体制を整え、大東亜の新秩序を建設し、国是である「八紘一宇」を実現する。このため支那事変を解決するとともに、状況に応じて武力の行使も含め南方問題も解決する。さらに米国に対しては、日本が必要とする諸施策による自然的悪化は仕方ないが、日本から摩擦を多くすることは避ける、ということだ。

今まで見てきたように、近衛の「世界情勢の推移に伴ふ時局処理要綱」は極めて重要なものだった。それにもかかわらず、このような重大国策が一回の連絡会議により、しかも大した議論もなく速決されたというのだ。その理由は組閣前の当初の四相会議（荻窪会談）で決定していたからとされる。[8] しかし種村佐孝（たねむらさこう）[9]陸軍大佐は、それとは違った認識を持つ。種村大佐は大本営陸軍部作戦指導班長をは

世界情勢（アジアと欧州）

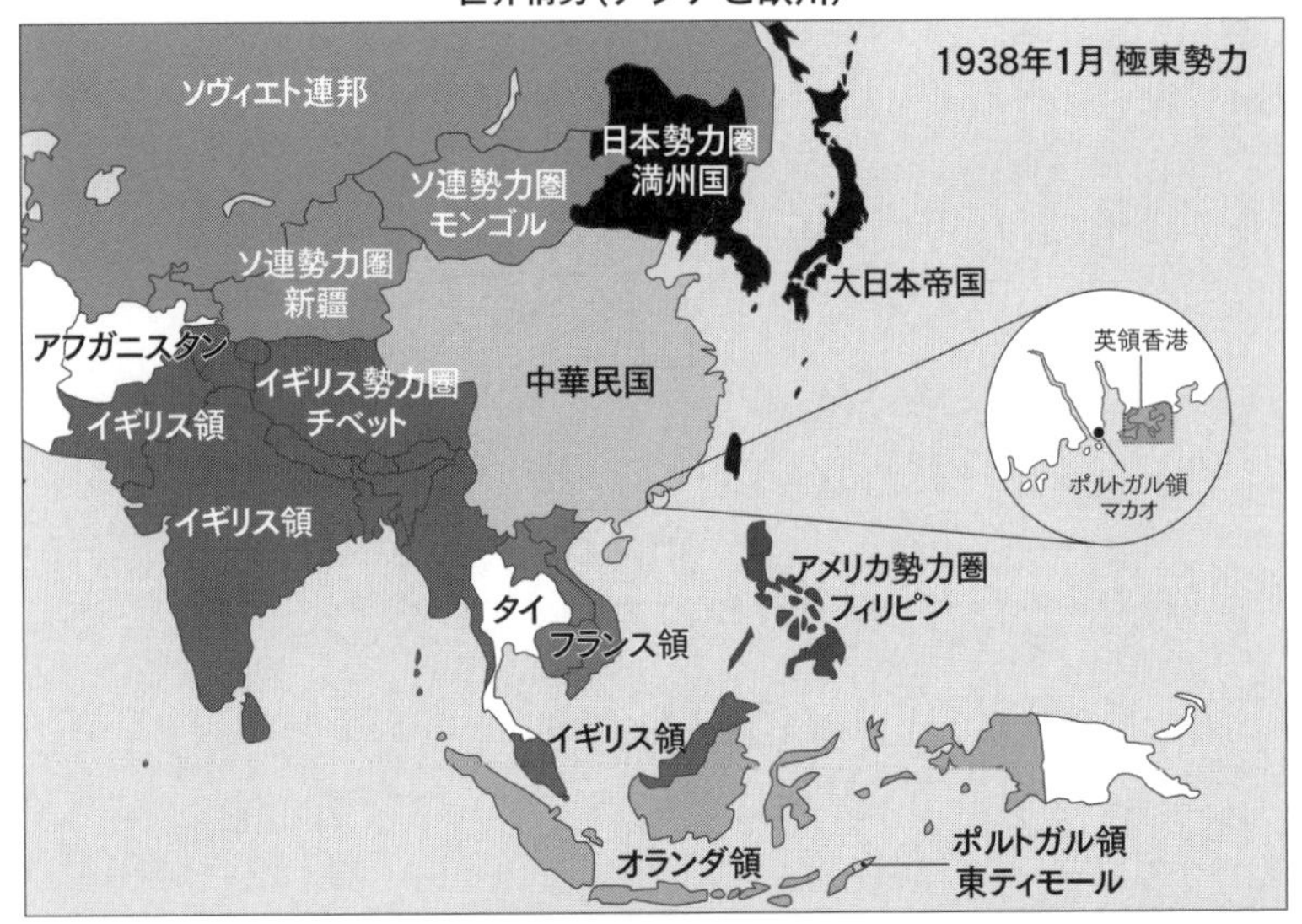

ナチスドイツ最盛期の欧州勢力図

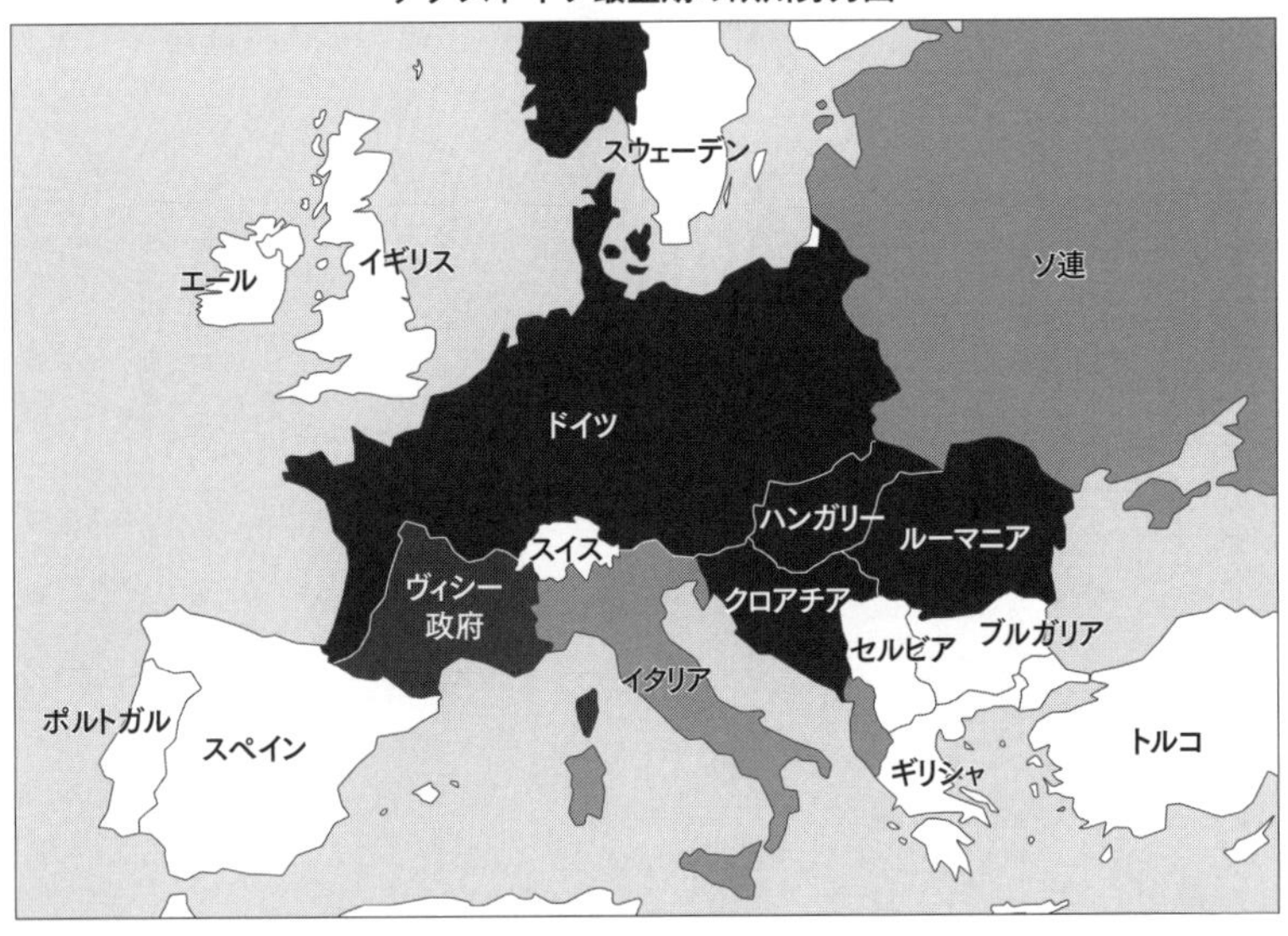

じめ当時から終戦に及ぶ戦争指導事務を掌理していた唯一の存在である。

種村大佐は、要綱が日独伊三国提携の方針を決定し、帝国の方向を南に向け、バス乗り入れの気構えを示したものだったとする。そして「突然、大命を受けた近衛首相や松岡外相は、その前から練りあげていた陸海軍の本提案を、果たして咀嚼したものだったか。いや陸軍大臣になったばかりの東條英機中将でさえ、これを理解していたのかどうか疑問である。みんな組閣と同時に大本営提案のお供えものを食ってしまったのである」と述懐している。この言葉が真実なら第二次近衛内閣以降の日本の動向は、この大本営が準備した策案という掌の上で転がされていたということになる。

ただし、その他にも、この文書の起案者がそもそも違うのでは、という見方をする者もいる。例えば第一項の「我経済活動は作戦軍の生存上自ら処理指導することを絶対必要とするものを除き、一切政府において一元的に指導し、協力之を振作す」と書かれており、陸軍が主張するとは思えない。

また海軍から出されたとしたら、南進に触れず「不可侵協定有効期間内に対ソ不敗の軍備を充実す」と強調するとは思えない。そこで第二次及び第三次近衛内閣において書記官長を務めた富田健治などによれば、松岡外相が中心となって立案したものではないかとする。

それは近衛首相自らが選ぶことのできるのは松岡外相、ただ一人ということからも符合する。[10] もし松岡が中心となって作成した場合、外務省、企画院、そして現役の陸海軍軍人の意見が間接的に徴されていてもおかしくない。

しつこくなるが、この荻窪会談に参加した吉田善吾海相などは「近衛公はポケット用手帳を開いて、メモのようなものを見ながら色々話された。話を聞くだけで東條からも松岡からもまとまった話は出なかった」と語っている。[11]

また重要なことだが、新政策はドイツの対英屈服が前提となっていたのは言うまでもない。よって大英帝国の崩壊に際し、日本が積極的に南方問題を一挙に解決すべきという立場に立っていた。これは「好機便乗南進論」と呼ばれ、「防衛的南進論」とは一線を画した[12]。つまり他人任せの環境醸成に基づく行動の準備だったと言える。ドイツが対英戦に勝利しなければ日本の戦略は端から崩れてしまうからである。

次に米国との関係悪化により、輸出の禁止や通商航海条約まで破棄された日本は南方に進出、資源を取得して米英依存経済から脱却しなければならないことも想定されていた。そして日本が自給自足態勢を構築することは、自存自衛上、不可欠の要請と認められるとされた[13]。

このように新政策は状況によっては、南方への武力行使も厭わないと決定した。しかも南方への進出により戦争相手が英国に及ぶ場合も予期していたのだった。このような国家意思の決定を見た以上、統帥部が戦争計画あるいは作戦計画の研究及び準備を進めることは当然であった。

しかし、それは従来、対中作戦と対ソ防衛に専念してきた陸軍にとっては画期的な方針転換になった。陸軍の南守北進論に対し、北守南進論を主張するのは海軍の伝統的政策であって、支那事変を通じて南支方面に対する海軍の関心が特に強かったのは、その表れでもある。

ここにきて陸軍統帥部における南方の兵要地理の現地調査、軍事情報の収集、作戦計画の研究等が開始されることになった。その際、蘭印については戦争相手を蘭一国とするか、不可分なる英蘭二国にするかは大問題であったとされる。陸海軍統帥部間における作戦計画の合同研究も屢次にわたり行われることにもなった。しかし驚くことだが、当時、陸海軍とも米国を対手として見ていたにもかかわらず、「真剣な戦争相手」として予想する傾向は薄かったのだ[14]。

海軍の潜在的対米英戦の決意

欧州の戦局は、近衛首相らが予想したようには進まなかった。ドイツの英本土上陸の期待も薄れていった。その結果、南方作戦の主役を演ずべき海軍としては時間的余裕が生じるに従い、武力行使に関する慎重論が台頭してきた[15]。

八月二十八日、大本営海軍部の幕僚が陸軍部の幕僚に対し、「世界情勢の推移に伴ふ時局処理要領」の解釈に関する覚書を示し、南方問題解決の好機とは、いかなる場合であるか、思想の調整を求めることもあった。[16]それを示すと次のとおりである。

一　米国が欧州戦争に参戦其の他の施策に依り、米国が東洋の事態に対し割き得べき余力小となれる場合

二　英国の敗勢明となり、東洋に対する交戦余力小となり、従って

（一）英国の領土を侵すも英国援助の為米国の乗り出す算少き場合

（二）帝国が英国以外を目標とせる場合に於て、英国が我に対し立つ算少く米国亦立つ算少い場合

これは海軍側が、南方の米英可分の可能性は極めて低いと認識していることを表している。よって、海軍側の武力南進に対する考えも慎重を要するとされた。その理由は海軍の対米戦備の遅れだった。昭和十五年（一九四〇年）十一月二十六日から二十八日にかけ、連合艦隊司令長官山本五十六（やまもといそろく）大将の統裁の下、図上演習が実施された。連合艦隊はもとより、軍令部、海軍大学校関係者も動員して行われた。それは蘭印攻略作戦にはじまり、対米英戦に発展するという実際的なものだった。演習終了後、山本長官は軍令部総長伏見宮博恭王（ふしみのみやひろやすおう）に所見を進言した。[17]

一　米国の戦備が余程後れ、また英国の対独作戦が著しく不利ならざる限り、蘭印作戦に着手すれば早期対米開戦必至となり、英国は追随し、結局蘭印作戦半途に於て対蘭、米、英数か国作戦に発展するのは算極めて大なる故に、少くとも其覚悟と充分なる戦備とを以てするに非れば、着手すべからず。

二　右の如き情況を覚悟して尚お開戦の已むなしとすれば、寧ろ最初より対米作戦を決意し、比島攻略を先にし、以て作戦線の短縮、作戦実施の確実を図るに如かず。蘭印作戦は其資源獲得にあり、之を平和手段にて解決し得ざるは米英のバックあればなり。若し米英が到底立たずと見れば蘭印は我要求に聴従する筈なり。

故に蘭印との開戦已むなき情勢となるは即ち米、英、蘭数か国作戦となるべき

（以下、略）

伏見宮軍令部総長は即座に「所見は全部同感なり」と発言した。その後、殊に大義名分を明らかにすることは極めて同意にして、是非とも明確にしなければ、兵を動かしてはならない。日清、日露戦争では、この点は誠に明確だったが、満州事変及び今次事変はともに甚だ不十分である。将来は大いに戒めるべきであると述べた[18]。

この所見は及川古志郎(おいかわこしろう)海相にも提出された。後日、及川海相は「全然同感にて中央もそのつもりにて時局処理に当るべし」と言明した。これは重大な意義を持つことになった。

山本長官の進言で「対米戦争の覚悟と十分な開戦の已むなしとすれば、寧ろ最初より対米作戦を決意し、比島攻略を先にし、以て作戦線の短縮、作戦実施の確実を図るに如かず」とされ、これ以降、海軍は米英絶対不可分に思想統一された。対南方武力行使はすなわち対米武力行使を意味することになったのである[19]。

さらに言うと、「局地攻略出兵的南方作戦」から「対米英蘭全面的」戦争へと変質したのだった。そして、その頃から山本長官は対米開戦の場合、開戦劈頭に真珠湾を攻撃する構想を持つに至ったとされる[20]。

昭和十六年（一九四一年）一月七日、山本長官は及川海相へ書簡を送った。「日米戦争に於て我の第一に遂行せざる可からざる要項は、開戦劈頭敵主力艦隊を猛撃撃破して救う可からざる程度に其の士気を沮喪せしむること是なり」として、真珠湾攻撃の要領を詳説した[21]。

日本海軍は、かねてより西太平洋における戦略的邀撃決戦、すなわち守勢を、その伝統的作戦方針としてきた。しかし、ここにきて邀撃決戦の方針を廃し、随時随所に米艦隊を求めて攻勢を採る作戦方針へと大転換したのだった。よって戦争計画の転換に伴う各計画の具体化も、この時期においてなされたのである。

こうして日本は支那事変の早期解決という大問題に加え、新たに南方問題にも取り組まなくてはならなくなった。しかも支那事変の早期解決のためには、従来のように重慶政府を対象とする施策のみでは止まれない。

よって第三国、中でも米英に援蔣政策を放棄させることを目標とし、状況によっては軍事行動により援蔣ルートの遮断、あるいは国際社会への強硬的な外交施策（独伊ソへの歩み寄りなど）を推進することとした。これにより日本の選択肢の数は増えた。しかし、どの選択肢を採用しても、結果米英との対立激化は避けられず、戦争への危険は増大するばかりだった。

その一方、米英の援蔣行為は、蔣介石政権が抗日戦争を続けることを可能にした。日本は外務省を通じ、関係国に抗議もした[22]。しかし、その規模はますます拡大した。米国は蔣介石政権を支援するため、大量の物資を航空機で重慶へ輸送した。日本の世論はこれを敵性行為と見なしたのである。よって国民の対米英への敵意を助長したのは言うまでもない。

国防国策

また時は遡る。永田鉄山陸軍少将が陸軍省軍務局長に就任した頃の話である。永田少将は軍務局長に就くと、「国策要綱」なる文書の起草を命じたという。昭和九年（一九三四年）のことだった。命じられたのは、軍事課高級課員武藤章（むとうあきら）中佐、軍事課員池田純久（いけだすみひさ）少佐、そして調整班員田中清（たなかきよし）大尉だった。

その起草の意義は、参謀本部が短期で軍備方針が変わるのに対し、十年先の長期を見据えた軍備推進の土台になる指針をつくろうとしたものだった。それは永田局長自身の悲劇▼23もあり、一旦はお蔵入りとなった。しかし昭和十四年（一九三九年）に「国防国策」として、また日の目を見ることになった。その内容を記述する。

国防国策

一　国防の目的は東亜共栄圏を防衛するにある。
二　東亜共栄圏は自存圏、防衛圏、経済圏の三圏からなる。自存圏は大和民族の主体が生存する地域であって日本領土、満州国領土及び満疆とする。防衛圏はバイカル湖以東のシベリア、中国本土、ビルマ以東の南南アジア、ジャワ、スマトラ、東経一七十度以西の北太平洋海域並び島嶼とする。経済圏は東亜共栄圏を賄ふに必要な生産的資源供給地域とし、前記防衛圏並びに印度、豪州とする。
三　東亜共栄圏の完成は昭和二十五年と予定する。
四　この目的を達成するため、日満蒙疆を中心とする地域の経済は最高度に発展せらるべく、又思想形態、政治形態も亦完整せられなければならない。
五　軍備（陸軍）は航空五百中隊（昭和十三年は百中隊に充たなかった）、地上機械化五十個師団（戦時三十二個師団であった）を基幹とするものを昭和二十五年度末迄に整備する。
六　東亜共栄圏の完成は努めて平和的手段によるべきも、已むを得ざる場合には武力行使を辞さない。但し本格的な戦争手段に訴へることは、なるべく避け、特に軍備の不完状態に於ける戦争は極力回避する。

この国防国策案は主務者の試案の域を出なかった。しかし、この案に盛られた東亜共栄圏の構想は、陸軍省部の事務当局の考えの中に漠然と培養されていったのである。特に満州国（北支）、満疆が自存圏に加えられていることは、同地域の埋蔵資源が日本の自存自衛上、不可欠のものであることによる。それは企画院の「生産力拡充計画要綱」[24]を策定する際にも強く指摘された既成の観念でもあった。[25]

ソ連動向の変化

話を北辺に向ける。日満共同防衛の対象はもとよりソ連だった。昭和六年（一九三一年）十二月、ソ連は日ソ不可侵条約の締結を提議してきた。[26]また満州国に対し、東支鉄道の有償譲渡を申し入れた。当時、ソ連は第一次五ヵ年計画の途上にあった。

よって国力、中でも国防力の充実・強化を図るため、日本との戦争をはじめ、対外紛争を回避しようとしたのだった。[27]ソ連は多くの国と接し、その分、国境紛争も絶えなかった。

しかし昭和七年（一九三二年）末頃になると、ソ連は極東兵力の増強に乗り出してきたのである。また昭和八年（一九三三年）中頃より満ソ国境の全域にわたり、永久築城地帯の設定を開始した。

そして昭和九年（一九三四年）に入ると、極東ソ連領における航空力の強化・充実は顕著となった。昭和十年（一九三五年）三月、ドイツの再軍備宣言により欧州の情勢が緊迫すると、その年の末に開催されたソ連邦共産党大会において、ミハイル・トハチェフスキー赤軍元帥は、日独両方面に対する東西両正面同時、独立作戦の原則を確立すべしと強調するのだった。[28]

さらに注目すべきは、第一次五ヵ年計画の完遂により国防力を飛躍的に増強させたソ連が引き続き第二次五ヵ年計画を進めていることだった。[29]そのため陸軍では「昭和十年、十一年危機説」が喧伝されるようになったのである。

そもそも日本陸軍は建軍以来、伝統的使命は北辺の憂慮に備えるためにあった。関東軍はその前衛的存在だった。満州事変は日本の対ソ国防圏の前縁を満ソ国境線にまで推進させ、日本の戦略態勢は根本的に改善した。

それ以来、日本陸軍は対ソ軍備の充実と日満を一環とする対ソ国防態勢の強化に全努力を傾倒した。満州を緩衝地帯としたためである。その一方、ソ連の対日態度は硬化した。ウラジミール・レーニンが「世界革命は東方において決す」と標榜したのは著名な事実だ。これこそが日本の脅威だった。[30]

その日本といえば、国際的孤立に陥るばかりだった。昭和七年（一九三二年）満州国の承認、昭和八年（一九三三年）国際連盟脱退、昭和九年（一九三四年）ワシントン海軍軍縮会議の廃案、昭和十一年（一九三六年）ロンドン海軍軍縮会議からの脱退などによってである。

そんな中、日本が手を結ぼうとしたのはドイツだった。「防共」を大義とした動きだった。ドイツはドイツで昭和八年（一九三三年）から昭和九年（一九三四年）にかけて一党独裁の国内政治体制を整備するとともに、昭和八年には国際連盟を脱退し、以後、昭和十年（一九三五年）一月には人民投票によってザール地方を獲得した。また、その年の三月には空軍再建の発表と国防軍編制法を発布し、六月には「英独海軍協定」[31]を結ぶなど、次々に公然とヴェルサイユ体制に反逆した。

それぞれ異なった状況の下でありながら現国際秩序を否定し、しかもそのことによって国際的孤立に陥ろうとしていた日独両国が相互に影響しあうのは、ある意味自然、むしろ必然だった。[32]

三国同盟

昭和十一年（一九三六年）十一月、日本は「共産『インターナショナル』に対する協定」、いわゆる日独防共協定を締結した。[33] これは日独両国が東西両洋において、それぞれソ連と相対する、よって期せずして共産主義の脅威に対する共同の利害関係に置かれている事実に基づくものだった。そのため防衛的性格が強いものだったのは言うまでもない。

協定には日独両国の一方がソ連より攻撃を受けた場合に限り、他方がソ連の負担を軽減するような行動をとらない、という秘密取極めも付随していた。[34] これは後の日独伊枢軸結成の端緒をなすものだった。もちろん、この動きを推進したのは陸軍だった。[35] 陸軍の伝統的使命は北辺の守りを堅くするにあると再三述べてきた。

このためにドイツの力を利用してソ連を牽制することは陸軍にとっては悲願成就の兆しにも見えたはずだ。それは支那事変へ突入した後、ますます必要性が増大したのである。さらに事変の長期化に伴い、早期解決のために、米英に対する日本の国際的地位を積極的に強化する必要があると感じられるようになったのだ。これは後述するように松岡外相の外交思想にも表れる。

事変遂行の主役と自他ともに任ずる陸軍において、特にその傾向は強かった。加えて欧州戦局の進展及び南方問題解決に関する「欲求」の台頭が条約締結の気運を著しく促進したのも事実である。このような論法から日独同盟の主対象は、次第にソ連より米国へと変わっていったのである。

「時局処理要綱」でもソ連を将来、我が方の陣営に引き入れ、為し得れば日独伊ソ四国同盟へと拡充することを意図されていた。[36] むしろ、そのために三国同盟がクローズアップされてきた。そして、その条約締結に努力したと言っても過言ではなかった。

日独防共協定が成立する直前、昭和十一年（一九三六年）十月二十日、イタリアのジャン・チアノ外相はベルリンを訪問した。ここで両国の関係は諒解に到達し、いわゆる「ローマ・ベルリン枢軸」が結成された。イタリアのエチオピア併合をドイツが承認する代わりに、イタリアが独墺合体を認め、枢軸は成立したのである。

これより先、日本とイタリアとの間には防共協定の交渉が行われていた。しかしドイツからの強い要望があり、イタリアが日独防共協定の原署名国として参加する形式をとり、日独伊の三国が一本の防共協定によって結ばれることになったのである。[37]

しかし西欧民主主義諸国との衝突回避の可否をめぐり、独伊と日本の立場が異なっていたため、日本の調印は遅れた。そこで即時の同盟締結を希望する独伊は友好同盟条約いわゆる「鉄鋼同盟」に署名した。だが、日本が全く予想すらしていなかったドイツとソ連の間に不可侵条約が結ばれたのだった。この条約は、日本を当惑させるのに十分であったが、やや性格の異なった矛盾は独伊の間にもあった。

独ソ不可侵条約はドイツのポーランド攻撃と不可分であり、むしろその外交的前提となるものだった。[38]ヒトラーはポーランド侵攻計画の最終段階に至っても、たとえドイツがポーランドに侵攻しても英国は起つまい、と判断していたのだった。この判断は結局誤りであり、ポーランド侵攻から第二次世界大戦が始まった。

この時、イタリアは未だ戦争を欲していなかった。イタリアはドイツに対し、和平斡旋の努力を開戦直前まで行っていたのである。しかし八月二十七日にはチアノ外相はドイツを「裏切り者で詐欺的である……彼らとの同盟は常に間もなく悪しき同盟となった……ヨアヒム・フォン・リッペントロップ以上の悪党があり得るだろうか」と口を極めて罵った。これが「鉄鋼同盟」によって固い団結を誇ってからわずか三ヵ月後の独伊枢軸の姿であった。[39]

突如として発表された独ソ不可侵条約の調印は各国に激しい衝撃をもたらしたが、とりわけ日本政府と国民に与えた心理的打撃は大きかった。平沼騏一郎(ひらぬまきいちろう)内閣は防共協定強化の白紙還元とドイツの背信行為に対して不満の意を表明した。

そして八月二十八日、情勢の見通しを欠き、新事態へ適切に対処できなかった平沼内閣は、「欧州の天地は複雑怪奇なる新情勢を生じた」ことを理由に総辞職した。

内閣瓦解を導いた独ソ不可侵条約の衝撃は、日本の国内政治の力関係の上にも注目すべき反応をもたらした。すなわち対独不信のムードの中で親枢軸勢力の発言力が弱まったのは当然であったが、枢軸派の内部でも一種の分解作用が始まったのである。

例えば陸軍では、日独提携強化の主導的役割を演じてきた陸軍省軍務局の対独提携意欲は減退した。一時的にせよ、三国同盟問題をタブー視する空気すら省内に生まれてきたのだった。[40]

一方、宮中及び財界に足場を持つ親英米勢力は枢軸派の威信失墜と士気阻喪に、国内政治の「一大刷新」の好機と「外交国策の正道にもどる機会」を見出した。このため政治的主導権の回復が意図され始めたのである。

彼らにとっても独ソ不可侵条約の成立はもちろん一大衝撃であった。しかし、それと同時に「防共協定問題」の政治的対立に端を発する危険な国内政治情勢を一掃し、陸軍の政治活動に反省を促す天の配剤として、これを歓迎する心理も強く働いていたと言うことができる。[41]

このような対独不信のムードと枢軸派の勢力が後退する中、八月三十日、阿部信行陸軍大将を首班とする新内閣が「自主外交の確立」を標榜して登場した。阿部は組閣の大命を受けて参内した際、天皇から「外交の方針は英米と協調すべきこと」との指示を受けたと言われる。[42]

このため阿部内閣では英米との友好関係の改善が強調されることになった。親米家として知られる野村吉三郎海軍大将を専任外相につけ、米国との関係改善を期待したのも、その表れの一つだった。しかし期待するほどの成果を出せず[43]、阿部政権は短命に終わった。

その後、昭和十五年（一九四〇年）一月、米内光政海軍大将を首班とする新内閣が成立した。米内首相は、陸軍からは防共協定の強化に反対する「最も好ましからざる人物」と見られていた。果たして米内首相は有田外相に加え、書記官長には石渡荘太郎と、防共協定の強化に反対する人物を積極的に登用した。

しかし米内政権発足後の出鼻を挫いたのが、「浅間丸事件」だった。日本の領海近くで英国の軍艦が浅間丸を臨検し、乗船中のドイツ人二十数名を拉致したのである。この事件は日本の国民感情を逆撫でした。マスコミが反英感情を煽る上に世論の作為的興奮が生まれ、政府も強硬な対英態度をとらざるを得なかった。その結果、親米英派の立場を困難に陥れたのである。[44]

これにより米内内閣の権威は失墜したのは言うまでもない。折しも対独協力を諦めない枢軸派からの圧力も増していた。こうして米内内閣は倒れ、第二次近衛内閣が出現したのである。そのような時に再度、三国同盟の話が持ち上がった。松岡外相によるものだった。

この時も海軍は、同盟の脅威対象が英仏に拡大することを理由に反対した。海軍と政府との間で、この難局の打開を期待された吉田善吾海相などは対米問題に神経を衰弱させるほどだった。吉田海相は七月二十七日の連絡会議において、「時局処理要綱」に同意したにもかかわらず、九月四日の四相会議に「日独伊枢軸強化ニ関スル件」が上提されると反対したのだった。

このため東條陸相から手帳に書いたメモを突き付けられて進退両難に陥った揚句、本提案に不本意ながら同意せざるを得なくなった。さらに、このことが海軍部内で大きな問題へ発展したため辞職することになったのである。後任は及川古志郎大将だった。

すると海軍は三国同盟に対する態度を一変させた。及川海相が就任した翌日の四相会議でのことだ。海相は原案の欄外に青と赤の色鉛筆を使い、海軍は日独伊三国の同盟に対しては原則的に反対ではないとする、と書いた。

ただし、その上で米国に対する軍事同盟の性格を持つことには絶対に反対する旨も書いていた。[45]その後も最後の抵抗として自動的参戦の回避について言及した。しかし、これは三国同盟の骨抜きにつながる恐れがあるとされ、結論は先延ばしにされた。

結局、混合専門委員会の設置による条約の実施規定の明確化が約束された。また、それと同時に参戦の義務が生じる米国の攻撃の判定は締約国間の協議決定によるものとして、自動的参戦は回避されることになった。[46]

近衛首相は、海軍が三国同盟に賛成の意を表したのが気になり、豊田貞次郎（とよだていじろう）海軍次官を招き、事情を尋ねた。次官は「海軍としては実は腹の中では三国同盟に反対である。然しながら海軍がこれ以上反対することは最早国内の政治情勢が許さぬ。故に止むを得ず賛成する。海軍が賛成するのは政治上の理由からであって、軍事上の立場から見れば海軍は未だ米国を向こうに廻して戦うだけの確信はない」と答えるのだった。

首相は次官の意外な発言を受け、「国内政治のことは我々政治家の考へるべきことで、海軍が御心配にならんでもよいことである。海軍としては純軍事上の立場からのみ検討せられ、若し確信なしと言うならばあくまで反対するのが国家に忠なる所以ではないか」と語った。

すると海軍次官は本音をさらけ出し、「海軍の立場も諒承願いたい。この上はできるだけ三国同盟における軍事上の援助義務が発生しないよう外交手段によって防止するしか他に道がない」と答えたのである。[47]このやり取りから、海相も次官も同一の考えであったことが推測できる。ただし、もっと注目すべきは、海軍もこの頃になると、国家のためではなく、自らの組織防衛を優先していたことである。

話を三国同盟に戻す。その後、政府・統帥部と独伊との交渉が進められることになった。その直接のきっかけは、九月の松岡外相とハインリヒ・ゲオルグ・スターマー特使との会談だった。この会談に向けた日本側の提案のうち、服部は注目すべき点として、3項及び4項を挙げた。[48]3項では独伊と密接に連携し、ソ連の牽制と米国に対する圧迫について提案されており、4項では対英米武力行使について言及されていた。[49]

服部はさらに4項のイ、つまり対米武力行使の決定については、「支那事変処理概ね終了せる場合に於ては内外諸般の情勢之を許す限り好機を捕捉し武力を行使す」という文言に注目した。それには、日本は支那事変の処理を優先させることはもちろん、処理が概ね終了している場合は好機を捕捉し、英米に武力を行使するとしていた。そして以上の決定に基づき、松岡外相はスターマー特使と、九日及び十日の両日会談し、次の諸点について意見が一致したのである。

一　日独伊は米国が欧州戦争及び日支紛争に参戦せざらんことを希望す
二　ドイツは其の対英戦に日本の介入を求めず
三　日独伊三国の毅然たる一致の態度に依りてのみ米国の行動を抑制することを得
四　三国同盟には次でソ連邦をも介入せしむるものとし、ドイツは日ソの提携に就き斡旋す
五　ドイツは東亜に於ける日米の衝突回避に努力す

このような経緯で独伊との交渉は急速に具体化し、九月十六日の臨時閣議、同十九日の御前会議が開催された。そして条約締結に関する廟議の決定を見るに至った。この時、昭和天皇は近衛首相に「今暫く独ソの関係を見究めた上で締結しても遅くはないのではないか」と胸中を明かしていた。[50] その慧眼には驚くばかりである。

天皇は同盟に対しては終始冷ややかな態度であったという。その情報が入ると参謀総長は恐懼したが、服従はしなかった。天皇の側近は、もしこのまま天皇が同盟の可否をめぐる渦中に巻き込まれたなら叛乱が起きるかもしれないと心配するようになったほどである。

木戸幸一（きどこういち）内務大臣は西園寺公望公に「孝明天皇の晩年、幕府は天皇の側近をすっかり変えてしまった。そのようなことが恐らく起こるかもしれない。そこで陸軍に引きずられるような格好でいながら、結局こちらが陸軍を引っ張っていくということになるには、もう少し陸軍に理解を持ったように見せかけなくてはならない」と述べたのである。[51] これが三国同盟に影響したのか。実際のところはわからない。

ただし三国同盟の締結は米国との関係悪化を決定的なものにした。コーデル・ハル国務長官と親しく接していた岩畔豪雄（いわくろひでお）陸軍大佐は、満州事変、支那事変が起こり、日米両国は慢性的な険悪状態に陥った後、「昭和十五年九月、日独伊三国軍事同盟の条約締結が突如として発表（松岡外相の他、数名が極秘裡に推進したもので、陸軍に於ては陸軍大臣以外何人も知らされていなかった）されると、日米両国間の国交は慢性的な

険悪状態から更に一段険悪の度を増した急性症状に転換したように見受けられた」[52]という言葉を残している。

依存物資の見通し

武力行使の話が出たからには、統帥部がそれに可能性を付与する物資の話に及ぶのは当然なことである。御前会議でのことだ。軍令部総長は三国同盟が米英との貿易関係を悪化させ、最悪の場合、依存物資の取得が至難になるのではないか、と懸念を表明した。[53]

また日米戦争は持久戦になる公算が大きく、支那事変による国力消耗の現状に鑑み、国力持続の見通し、並びにこれへの対策についても提議することになった。しかし鈴木貞一企画院総裁は見通しについては、鋼材、銅に続き、石油についても「差し支えない」と応答したのだった。[54]

その理由は陸海軍の所要分はそれぞれ貯蔵しているから、というものだった。特に航空ガソリンについては、最近まで最大の弱点だったが、繰上輸入と特別輸入により相当量を入手したので寧ろ有利な状況になったと補足したのである。[55]

しかし軍令部総長は、これに納得しなかった。「対米戦争ともなれば、海軍が第一線に立って働くことになる。その際の石油需要を貯蔵又は北樺太、蘭印等からの取得に期待しあるも海軍の貯蔵にて長期戦は不可能なり」と断じたのである。[56]

企画院総裁は、相当の長期戦ともなれば北樺太、蘭印の石油取得が絶対必要である。またドイツの斡旋により、ソ連または欧州方面より補充することも必要であり、要するにあらゆる方法手段を尽くしてなるべく多量の石油を取得する以外はない、と答えた。[57]

結局、軍令部総長は、「石油問題については、大体確かなる取得の見込みなしと解して可なりや」と海軍の懸念を再び表明するに止まった。[58]

本来なら企画院総裁と海軍、特に海軍省が、これを細密に調整すべき事柄であり、御前会議において提議されるような性格のものではない。むしろ大本営海軍部が一義的には海軍省と調整すべきことだった。果たしてこれは責任を企画院に押し付けるための海軍の自作自演だったのか。今となっては、それを確かめる術もない。

これは戦後わかったことである。当時、陸軍には知らされていなかったが、九月十六日、海軍の首脳会議が開かれた。及川海相によって三国同盟の条約締結に対する海軍の意思表示についての説明があった。それに対する山本五十六連合艦隊司令長官の言葉が残されている。

> 私は海軍軍人として大臣に対しては絶対に服従するものであります。ただし、一点心配に堪えぬところがあるのでお訊ねしたい。昨年八月まで、私が次官を務めていた当時の企画院の物資動員計画によれば、その八割は、英米勢力圏内の資材でまかなわれることになっておりました。
>
> 今回三国条約を結ぶとすれば、必然的にこれを失うはずですが、その不足を補うために、どういう物資動員計画の切り替えをやられたのか、この点を明確に聞かせていただき、連合艦隊の長官として安心して任務の遂行をいたしたいと存ずる次第であります。

海相は、この質問に答えられずにいた。そのため山本長官がさらに質問しようとした。その時、海相は「いろいろな意見があろうが賛成していただきたい」と小声で言うのみだった。さらに伏見宮軍令部総長が「ここまで来たら仕方がないね」と賛成した。続いて大角峯生大将が「軍事参事官はみな賛成である」と発言し、全てが決したのだった。[▼59]

ここまでの経緯からわかることは、情勢の変化に浮足立つ統帥部の動きである。統帥部は、自らは戦争遂行に必要な環境を十分に醸成することなく、作戦部隊にそれを期待していたことがわかる。時局に乗り遅れないように、ということであろうか。それに対し、統帥部と別の立場にある政治・外交の領域では時局をどのように見ていたのか。

第二節　情勢認識の移り変わり

外相の対米観

この時期の松岡外相の発言は注目に値するだろう。特に対米観は、である。なぜなら外相は外交という国家の重要な領域の長であり、総力戦時代であることを考えれば、軍の作戦に有利な条件を作為、つまり作戦環境を醸成する責任者と呼ぶべき立場にあった。その外相が米国をどのように見ていたのか、それを明らかにすることは開戦経緯を考察する際、必ず通るはずのステップに違いない。

九月十九日の御前会議での松岡外相は、ルーズベルト大統領を野心家と呼び、自らが危ういと見れば、如何なることも辞さない、対日戦争、欧州戦参加等を決行するやもしれないと言い放った。「今や米国の対日感情は極端に悪化しありて、僅かの機嫌取りでは恢復するものにあらず、只々我れの毅然たる態度のみが戦争を避くるを得べし」とも発言した。[60]

この会議で日独伊三国同盟の条約締結が決定したことは先に述べたとおりである。これは、「怯めば挑まれる」という感情論である。つまり外相の対米政策は合理的な判断とは別のところにあったと言わざるを得ない。また、この言葉を聞いた企画院総裁は、日米戦争が起こらない限り、米国の経済圧迫のみで我が国の対中戦争が継続できなくなるようなことはない。米国以外より相当取得できるであろう。米国と同時に他国が対日禁輸を行うとは考えられないと答えているのだ。[61]

さらに枢密院議長は外相に、米国が日本包囲の状態を成形した場合、これを米国の対日攻撃と見做すことに決定しておくべきではないか、と問うた。それに対する松岡外相の答えは、米国のそのような対日包囲陣の成形を防止することが本条約（三国同盟の条約締結）の目的である、だった。

そして、この際、毅然たる我が国の態度のみが、よく米国の包囲策を封じ得るものなり、と付け加えた。[62]ちなみに外相は普段から米国に対する印象を親しい者には「米国人に対する行動の仕方としては、たとえ嚇されたからといって、自分の立場が正しい場合に道を譲ったりしてはならない。そのためにもし殴られたら、すぐその場で殴り返さなければならない。一度屈服すれば二度と頭を上げることができないからだ。対等の待遇を欲するものは、対等な行動で臨まなければならない」と伝えていた。[63]

十三歳で渡米し、そこで青少年時代を過ごした松岡外相の教訓だった。これが彼の対米外交に影響していたかどうかはわからない。

続いて枢密院議長は、米国は自負心が強い国である。従って我が国の毅然たる態度の表示が、却って反対の結果を促進することなきやと考える、と発言した。すると外相は、日本はスペインではない。極東に強大な海軍力を擁する強国である。確かに米国は一時は硬化するも、冷静に利害を算討し、冷静なる態度に立ちかえるものと考える。もとより米国が益々硬化して一層険悪なる状態となるか、冷静に反省するかの公算は半々であると答えるのだった。[64]

結果を知る我々からすれば、外相の対米観は明らかな誤算とわかる。三国同盟の条約締結は米国にとって、日本が戦意を固めたと認識させるのに他ならなかった。

十月十二日、ルーズベルト大統領はオハイオ州デイトンで演説を行った。その骨子は、欧州とアジアの独裁国家の連合（三国同盟）といえども米国と民主主義の前に広がる道において我々を止めることも、また彼らと日々戦いを続けている人々に対して米国が提供しつつある援助を中止させることはできない、というものだった。[65]

戦後、瀬島は松岡外交を「機略に富み壮大なビジョンを持ってはいたが、ドイツの優勢を過信し、アメリカを米州大陸に封じ込めることができると過小評価し、アメリカの国民性は強く出れば退くと誤断したことにより、失敗に終わったというべきである」と総括している。[66]

近衛首相と松岡外相は、三国同盟に次いでソ連を引き入れて日本の立場を強化し、対米国交を有利に導こうとする意図があったと先に述べた。軍部に後押しされ、外交の領域の存在をアピールした結果、ますます出口が見えない不安な闇の中、一筋の光、つまり自説に帰結するしかなかったのだ。

なお条約の調印に当たり、松岡外相とオイゲン・オットー駐日独国大使との間に秘密の公文書が交換され、日本の委任統治下にある内南洋旧独領植民地の処理に関する事項の他、ドイツ大使の書翰中には「日本国とソ連邦との関係に関しては、ドイツは其の力の及ぶ限り友好的諒解を増進するに努むべく且つ何時にても右目的の為周旋の労を執るべし」という注目すべき内容も盛り込まれていた。[67]

ソ連を三国同盟に同調させようとする政策は、最初、主としてドイツ政府によって進められ、昭和十五年（一九四〇年）十一月、ソ連外相ヴャチェスラフ・モロトフの訪独によって具体的に取り上げられた。モロトフ外相はベルリンを訪問し、十二日及び十三日、ヒトラー総統及びリッペントロップ外相と独ソ間の広汎なる懸案について会談している。[68]

その際、リッペントロップは、条約草案まで提示していた。それによれば、三ヵ国とソ連邦は欧州、アジア及びアフリカにおける各国の自然的勢力圏に当該各国民の福祉向上に役立つ新秩序を確立するため、各国の共同的努力に確乎たる基礎を与えることを目的としていた。[69]それに対し、ソ連政府はモロトフ外相の帰国後の十一月十六日、ドイツ軍のフィンランドからの即時撤退、ソ連のブルガリアにおける陸海軍基地の認可、バツーム及びバクーの南方からペルシャ湾におけるソ連の領土的希望の中心たることの確認、そして日本の北樺太における石炭及び石油の採掘権の放棄を条件としてドイツ政府の提案に同意する旨を回答してきた。[70]

ドイツがこの条件を受け容れるはずもなかった。こうして独ソ間のバルカン及び中近東方面に対する政府の根本的対立が露呈した。ここに至り、ソ連を三国同盟に同調させようという政策は、ドイツ政府によって一方的に放棄されたのだった。

そしてヒトラーは早くも昭和十五年（一九四〇年）十二月十八日、対ソ戦を決意した。全軍に開戦準備のための秘密命令「指令第二十一号」を下達したのである。[71]これらのドイツ政府の動きは日本政府に一切、通告されなかった。

もちろん日本政府及び大本営は、ドイツがこんなに早く対ソ戦を決意しているとは想像すらしていなかった。この時、近衛首相がドイツの企てを知ったら、どれほど落胆したであろうか。首相は四国同盟を現状打開の唯一の解決策と考えていたのだった。

日本は三国同盟により、独伊が米国より攻撃された時は、あらゆる政治、経済及び軍事的手段により、独伊を援助すべき義務を負うに至った。しかし、その義務の発動準備に関しては極めて冷淡だった。

服部は、その理由を、この条約は軍事同盟でありながら、軍事に関する秘密取極めがなかった。ただし軍事同盟である以上、最高統帥部としては、同盟の仮想敵国に対する作戦計画を整備しておくべきにかかわらず、陸軍統帥部は、当時、その必要を感じていなかった。これはこの同盟が、主として政略的効果を狙った一種の政治協定の域を出なかったからである、と断じている。[72]

しかし米英もこの同盟を政治協定と感じていたのであろうか。大統領の演説からもわかるように、多くの米英国民も現状打破を唱える日本の戦争準備と受け取ったのではないだろうか。[73]また近衛首相は米ソ両国を敵に回すのを最悪のシナリオと考えていたが、米国との関係が悪化したのに続き、日ソ間においても憂慮すべき事態が生起したのである。

日ソ紛争

支那事変が勃発してから日本のソ連に対する態度は、「北方における絶対静謐保持」の方針に貫かれて

日ソ紛争図

いた。それにもかかわらず、日本国民はもちろん、日本陸軍中央部の心胆を寒からしめる事態が生起した。それは日ソ紛争だった。すなわち昭和十三年（一九三八年）から昭和十四年（一九三九年）に起きた張鼓峰事件とノモンハン事件である。[74]

二つの事件は、日本にとっては国境が不明確だったために起きた局地紛争に過ぎなかった。しかし、それは日本に対し、大きな教訓を残した。日本が事変での早期解決を求める間においても決して忘れてはいけない「脅威」の存在だった。つまりソ連軍は日本軍に隙あらば、いつでも仕掛けてくることを思い出させたのである。

張鼓峰事件当時、日本陸軍は武漢作戦を遂行中だった。二十数個師団に及ぶ極東ソ連軍に対し、日本の在満勢力はわずか六個師団だった。また二度にわたるノモンハン事件にあっては、日本陸軍は対中長期戦態勢に向けて準備中であり、約三十個師団にも及ぶ極東ソ連軍に対し、日本の在満勢力はわずか八個師団に過ぎなかった。

もともと日本が支那事変の処理に関し、不拡大の方針に徹したのもこのためであり、[75]北方におけるソ連の脅威に対する用兵上の要求に強く支配を受けたからである。このように両事件は、ソ連に不安を覚える日本とソ連を屠ろうと画策していたドイツとの提携強化を促進させる結果となった。しかも、それは事変をめぐり日本と英米等との対立が深まりつつある中、特に強調されたのである。

これは将来のことであるが、この時、ソ連との戦いに脆弱性をさらけ出した陸軍は、欧州戦線においてドイツ軍が快進撃を続けると、ドイツ軍の装備や戦い方を羨望し、山下奉文（やましたともゆき）中将を団長とする山下視察団をド

イツへ派遣した。陸軍は、この視察が大きな成果をもたらすと期待したのも、このような流れからすれば当然のことだった。▼76

南進の第一歩

この頃、日本軍は支那事変の解決のために何をしていただろうか。一番大きいものに戦い方の変化が挙げられる。日本軍は事変の長期化に伴い、敵の部隊を撃滅し、事変を解決するという従来の構想に限界を感じるようになった。このため部隊と部隊の作戦を支援する兵站を分離することで相手を屈服させる戦いに変化したのである。具体的には蔣介石への支援物資を断つ、つまり「援蔣ルート」の遮断だった。▼77

もともと事変の初期より中国海岸に対する封鎖作戦は行われていた。中国沿岸への武器弾薬や軍需物資の流入を阻止するためである。しかし、この封鎖をのがれるため、第三国を通じて送られる諸物資には別途の措置が必要だった。

援蔣ルートの主要経路は二つあった。仏印ルートとビルマルートである。そのうち仏印から中国への輸送経路は次のとおりだ。まず海防（ハイフォン）に揚陸し、河内（ハノイ）を経て老開（ラオカイ）で国境を越える。この際、昆明に至る滇越鉄道（雲南鉄道）と、河内から分かれた鉄道で国境に近い諒山（ランソン）へ進む。次に隊商路を自動車で広西省の南寧に出る二つの路線で行われた。ことに滇越鉄道は一番の幹線だった。▼78

日本ではフランス政府を通じて仏印経由で中国向けの武器輸送の禁止を申し入れた。しかし、仏印の態度は決して積極的と言えるものではなかった。そのため大本営陸軍部と陸軍省において、この問題が検討された。

援蔣ルートの禁絶を渋る仏印に武力を行使するかどうかが焦点となった。「問答無用」の武力行使は却下されたが、陸軍から四相会議に討議の場が移り、「援蔣行為に対する申し入れをなし、仏国に於て不承

援蔣ルート

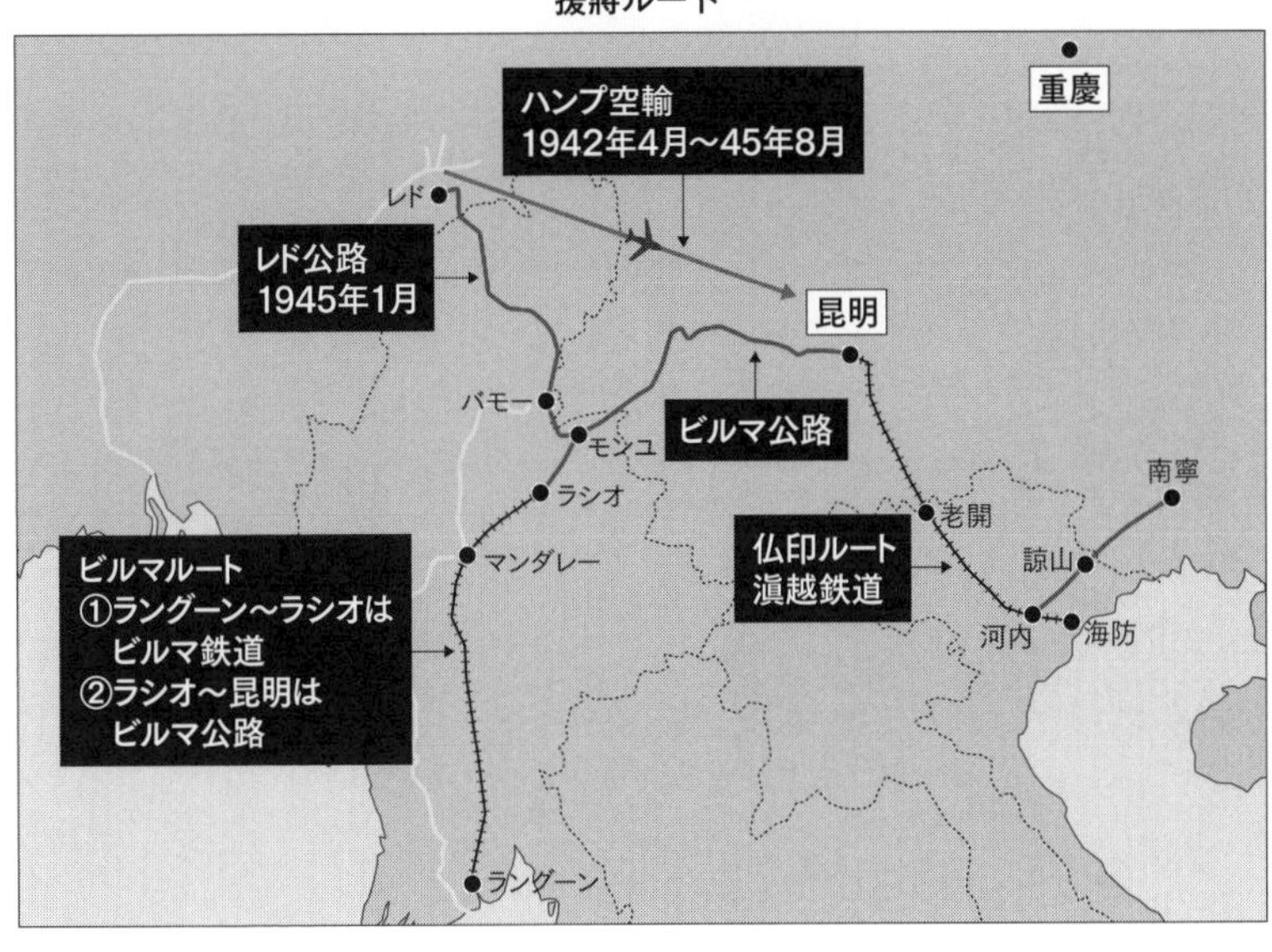

諸の場合には実力を行使す」と結論付けられた。この時の米内内閣における四相会議は実質的な最高戦争指導会議であった。

六月十九日、その結果を有田外相は天皇に上奏した。その後、畑陸相と閑院宮載仁親王参謀総長が当時推進中の軍備計画の一部修正について列立して上奏を行ったところ、天皇から蘭印及び仏印に兵力を出す計画があるか、と質問があった。それに対し、閑院宮参謀総長は、今のところはないが、情勢の変化に対応できるようにその必要性を予察し、研究しているとのみ答えたのである。[79]

また『木戸幸一日記』にはさらに、天皇の言葉の趣旨が、仏印の問題に触れたのは、我が国には歴史がある。よってフリードリヒ大王やナポレオンのような行動、極端に言えば「マキアベリズム〔ママ〕」のようなことはしたくない。神代からの御方針である八紘一宇の真精神を忘れないようにせよ、というものであったと書かれていた。[80]

その後の天皇の対応を見れば、明らかに質問の趣旨は「出兵することはあるまいな」にあったはずだ。また閑院宮参謀総長の回答は研究のみならず、すでに陸軍の大勢は出兵に傾いていたのであり、不誠実な対応に見られても仕方ないであろう。
結局、仏印は援蔣物資の輸送を禁絶すると承認した。[81] しかしフランス政府の積極的な支援は得られなかった。ちなみに当然のことであったが、英国は日本の要求するビルマルートの禁絶を拒絶していた。[82] このような状況下で日本軍は仏印の監視に乗り出すのだった。

当時、日本軍は全般状況から第五師団を速やかに上海へ集結させる必要性に迫られていた。このためには北部仏印を経由する必要があった。服部は単純に「交通網の関係だった」とするが、「その真意が事実上の北部仏印進駐を副産物として獲得するにあった」とする意見も聞かれる。[83]

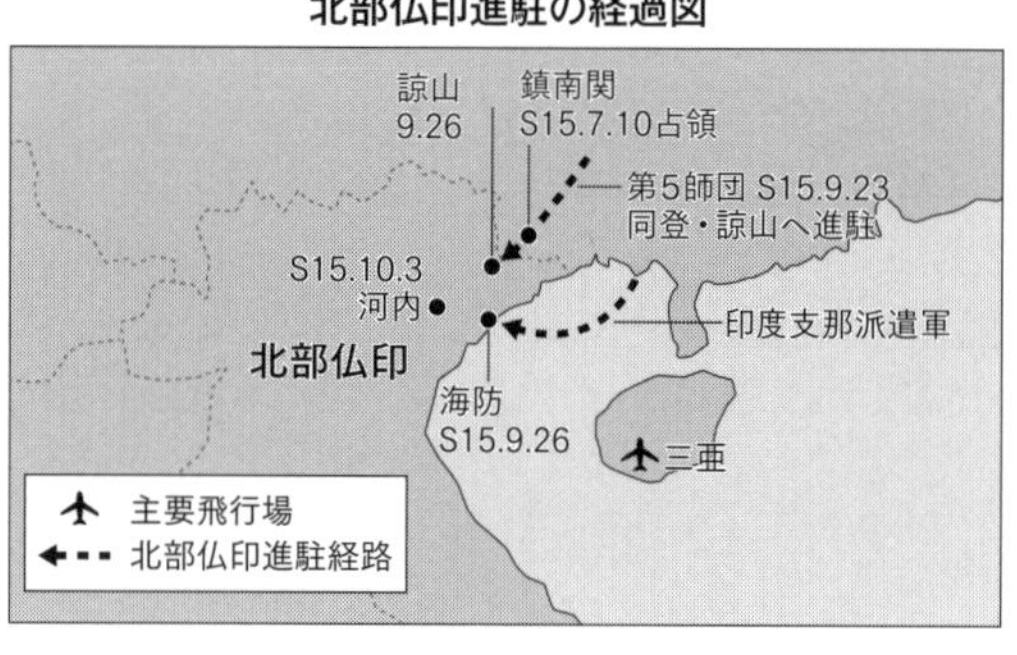

「世界情勢の推移に伴ふ時局処理要綱」では、仏印に対する日本軍の「軍事的要求」をフランスに容認させ、状況によってはフランスに対して武力を行使することさえある、と規定されていた。その軍事的要求とは北部仏印における日本軍の限定兵力の通過及び駐屯並びにこれらに伴う所要兵力の便宜供与等であった。

そのため東京において外交交渉が始められた。日本からは七月二十二日付で有田から職を継いだ松岡新外相、そしてフランスからはヴィシー政府により任命されたシャルル・アンリ大使が交渉のテーブルについた。

そして八月三十日、原則諒解が成立したのである。一般に「松岡・アンリ協定」と呼ばれるこの協定において、日本はフランスの主権及び領土の尊重を確約し、かつ、この措置が支那事変の遂行間に限られることを確認した。[84]

これにより兵力進駐に関する交渉は九月四日をもって終了した。しかし翌日、鎮南関付近で異変が起きた。日本陸軍の第五師団の一個大隊が越境事件を犯したのである。[85] 仏印側は、それを理由とし、協定の無効を主張するのだった。[86]

現地交渉が改めて行われた。その結果、九月二十二日に新協定が成立した。[87] しかし、その間も仏印側が交渉を遅延するような態度に出たため、陸軍では武力進駐を主張する大本営陸軍部の強硬論と、あくまで平和進駐を主張する陸軍省の穏健派との応酬が繰り広げられた。[88]

この時、東條陸相は「たとえ進駐が遅延するも、友好的に進駐を実施すべき」と主張した。[89] また、それに加えて厳正なる統帥軍紀を確立するため、越境した当該大隊長を軍法会議にかけた。[90] さらに監督責任を負わせるため、南支那方面軍司令官の安藤利吉(あんどうりきち)中将が罷免された。[91] その他の司令官、師旅団長、連隊長も罷免あるいは左遷され、処罰された者もいた。[92]

なお、この越境事件について、参謀総長が天皇に上奏した際、天皇は特に咎めることなく、「(大隊長が)病気ならば致仕方なし。今後此の如き過失なからん様注意せよ」と言葉をかけた。[93]

これには続きがあった。結局、進駐は九月二十二日零時(東京時間)以降とし、仏印側が抵抗した場合、武力行使も厭わないとされた。その後、二十三日零時に改められ、進駐日時の細部は現地の陸海軍司令官に委ねられた。進駐は陸路及び海路で行われることになった。

そして予定通り、第五師団は前進を開始した。この時、大本営首脳部には思いもよらない、現地での戦闘が生起したのだった。[94] これにより直ちに陸路による進駐は別に指示があるまで中止となった。また既に越境している部隊を集結させ、戦闘を局地で止める処置がとられた。[95]

しかし、さらに悪いことは続いた。海防への海路進駐は平和裏に上陸できたが、この際、上陸を掩護していた日本陸軍の航空機が海防郊外を誤爆するという事件を起こしてしまうのである。[96]

このように進駐に当たり、仏印との協定が成立したにもかかわらず、戦闘を惹起させてしまったことは、東條陸相及び大本営首脳部は甚だ遺憾とするところだった。そのため現地に作戦指導のために派遣していた大本営陸軍部作戦部長富永恭次陸軍少将は帰還と同時に「免職」[97]、その後、大本営陸軍部の関係主要幕僚も更迭された。[98]

なお、この間、先任侍従武官鮫島具重海軍少将は現地の情報をいち早く受領し、天皇へ上奏した。天皇は本上陸をめぐる陸海軍の協同の不一致、海防の誤爆撃の詳細を聞き、益々陸軍に対する不信を強めた。参謀次長によれば、後日、上奏した際、陛下から「此の如く統制せる結果、今後は果して安心して可なるや」[99]と叱られたとのことだった。[100]

陸軍首脳部の認識は、北部仏印への進駐は支那事変の早期解決に資する目的で行われるはずだった。しかし彼らの意思に反し、統帥部の一部に南進の第一歩を進める、という狙いがあったことは否定できない。これらの動きは米国を強く刺激したのは言うまでもない。日本は既に外交、軍事の両面でもはや米国と潜在的戦争状態に入ったと言っても過言ではなかった。その背景には戦略環境の認識が不十分であると同時に、中央の構想と現地の軍事行動が乖離していたことも挙げられるであろう。この後も日本は過ちを繰り返していくことになる。

第三節　南方への進出

支那事変解決のための妥協

日独伊三国同盟の発表と日本の北部仏印への進駐により、日本の魂胆を見透かしたかのように、すぐさま米国が反応した。九月二十六日、屑鉄及び鉄鋼の西半球諸国及び英国以外への輸出禁止を発表したのである。[101]また英国も十月十八日、一時期停止していたビルマの援蔣ルートの再開を通告した。[102]これにより日本は支那事変の早期解決がますます困難になったと悟るのである。

よって日本は中国における新たな国交調整の相手を模索した。この時、クローズアップされたのも汪兆銘だった。汪は、一時は新政府の樹立を断念していたが、日本占領地域での新政府樹立を決意した。[103] それが新国民政府だった。日本は汪兆銘を首班とする新国民政府との間に日華基本条約締結の協議を行った。そして協議の結果、日本が新国民政府を承認し、国交条約の締結を残すのみとなった。

日本としては、できれば新国民政府の承認までに新国民政府と重慶政府の合作が成功し、重慶政府と新たに合流した新国民政府を承認し、これと基本条約を締結するという狙いがあった。それは日中全面和平の成就を意味した。[104]

このため日本軍も重慶政府に対し、和平工作を行った。しかし、その成果は期待したほどには上がらなかった。それはそうだろう。一度は「対手とせず」とまで言っておきながら、面子を重んずる中国の重慶政府が納得するわけがない。その上、中国の後ろには米英がついているのだ。なおさら日本の言うことなど聞くはずもなかった。

結局、日本は新国民政府をこのまま承認しないでおくことも許されない状況に陥った。そこで、「世界情勢の推移に伴ふ時局処理」を持ち出し、南方情勢の発展に備えるため、事変処理に見切りをつけたのである。このような経緯をたどり、十一月十三日、御前会議が開催された。

会議では政府側より「日華基本条約」及び同付属文書案が、大本営側からは「支那事変処理要綱」が提案された。そして、いずれも採択されるのだった。この時、既に閑院宮は陸軍参謀総長を離任していた。総長の任を去る閑院宮は両眼を潤ませていた。先日の天皇との経緯もあり、北部仏印進駐の不始末の責任をとらされたのである。[105] そして新参謀長として杉山元(すぎやまはじめ)大将が御前会議に出席した。「支那事変処理要綱」の方針である。[106]

支那事変の処理は七月決定の「世界情勢の推移に伴ふ時局処理」に準拠し、

一　武力戦を続行するの外、英米援蔣行為の禁絶を強化し、且日蘇国交を調整する等、政戦両略の凡有手段を尽くして極力重慶政権の抗戦意志を衰滅せしめ、速やかにこれが屈服を図る。

二　適時内外の態勢を積極的に改善して長期大持久戦の遂行に適応せしめ、且大東亜新秩序建設の為必要とする帝国国防力の弾発性を恢復増強する。

三　以上の為、特に日独伊三国同盟を活用する。

「支那事変処理要綱」の決定に基づく和平工作は、松岡外相の手によって進められた。しかし松岡外相のやり方では不調になることは火を見るより明らかだった。

もともと戦争指導は大本営政府連絡会議あるいは御前会議で実施されてきた。しかし当時、比較的軽易な事項については、五相会議あるいは四相会議で決められることもあった。そこで東條陸相は、毎週木曜日恒例となる政府と大本営との連絡会議の開催を提案した。そして、それが決定されると、会議の場所も宮中から総理官邸へと変更され、「大本営政府連絡会議懇談会」と言われるようになった。事実上の「最高戦争指導会議」である。

これは近衛首相が制度的に軍側へ主導権を譲り渡す結果をもたらした。第一次近衛内閣以降の平沼、阿部、米内の三内閣では、いずれも政策を閣議または五相、四相会議で検討して、統帥部との調整はこれを陸海両相の責任に押し付けてきた。しかし、この連絡会議の再開によって統帥部は陸海両相という、いわば緩衝的な仲介者を通さず、政府と直面し、時には対決する立場に据えられることになった。

しかも、その構成員は政府側が概ね首相、外相（時に内相）の二、三名に対し、統帥部側は陸海の両総長、両次長の四名とほぼ相均衡していた。それにもかかわらず、特異の立場にある陸海両相の二名は形式上、政府に属するが、現役の軍人として、また屢々案件ごとに陸軍省・参謀本部、海軍省・軍令部の間に事前にそれぞれ省・部の意向が統一されていたため、実質的には統帥部に与しがちとなる傾向にあった。[107]

十一月二十八日、第一回の連絡会議懇談会が開催された。そこで政府及び大本営は新国民政府を承認する時期を十一月三十日と決定した。そして日本は新国民政府を承認するとともに、「日華基本条約」を締結し、日満華三国は共同宣言を発出したのだった。[108]

この共同宣言こそ、日本が支那事変勃発以来三年有余にわたり、早期解決に向けて努力してきたものだったと言える。しかし実際は全く違うものに形を変えていた。ただ単に日本が早期解決に見切りをつけ、長期持久態勢に転移したことを示すものでしかなかった。

日本が新国民政府を承認するのと時を同じくし、ルーズベルト大統領が三期留任を決めた。米国は直ちに新国民政府の不承認を宣言した。そして一億ドルの援蔣借款も発表した。それに続く十二月二十九日には米大統領が恒例の炉辺閑話において「民主主義国の兵器廠たるべし」という演説を行った。

その趣旨は、日本がナチスと講和を結んだのは、全面降服という代価を払ったのと同じであり、そのような講和は単なる幾度かの休戦でしかなく、その行きつく先は、史上最も巨大な軍備競争と、最も惨憺たる貿易戦に他ならない。また、それはアメリカ諸国すべてにおいて、ナチスの鉄砲の銃先で暮らすことを要求することになる。しかも経済的並びに軍事的に極めて爆発性の高い弾薬を装塡した鉄砲の銃先においてである、という扇動的なものだった。[109]

この演説に基づき武器貸与法が成立する。昭和十六年（一九四一年）三月十一日のことだった。[110] 日本の軍首脳部が落胆したのは火を見るよりも明らかであった。ちなみにチャーチル首相は、この武器貸与法の成立が第二次世界大戦における「五つの運命の大転換」のうち三番目に当たるとする。[111] 国際情勢は劇的に変化していたのである。では当時、日本国内では、どのようなことが起きていたのだろうか。

表層的な国内体制の強化

日本では国内体制の強化に資するため、新体制の基本課題として、統帥と国務（軍事と政治）の調和、政府の統合及び能率の強化、議会翼賛体制の確立の三点が挙げられた。そのため、まず政党が解消された。次に大政翼賛会が誕生した。大政翼賛会設立の意義は「臣道実践の一言に尽きる」だった。[112] つまり大政翼賛運動が単なる精神運動に堕さないための組織を目指し生まれたのだ。

この場合、精神運動の対極に位置付けられるのは「実践」だった。その基底には、万民翼賛の新国民組織の確立が強調された。大政翼賛会は内閣総理大臣を総裁とし、東京の中央本部より各府道県の地方支部に連なる国民の中核組織と位置付けられた（付表1参照）。

大政翼賛会の実践要綱なるものも定められた。それによると、今や世界の歴史的転換期に直面し、「八紘一宇の顕現を国是とする皇国は一億一心全能力を挙げて天皇に帰一し奉り物心一如の国家体制を確立し、以て光輝ある世界の道義的指導者にならん」とされた。

また大政翼賛会は互助相誡、皇国臣民たるの自覚に徹し、率先して国民の推進力となり、常に政府と表裏一体協力の関係に立ち、上意下達、下情上通を図り、以て高度国防国家の実現に努めることを求められた。[113]

このようにして近衛首相の提唱による新体制運動、あるいは大政翼賛会は華々しく発展していった。新体制は全国を風靡し、それは一種の革新運動とも目される勢いだった。事実、政治以外の領域でも新旧の対立勢力は大政翼賛会の参加に糾合されていくのだった。[114]

これらを後押ししたものに欧州での戦局進展に触発された国民の期待があった。パリが陥落し、イタリアが参戦した。英国はダンケルクの撤退に続き、ドイツ軍による英本土上陸作戦を予期していた。

これらの動きは連日の新聞で報道され、一大戦勝ムードを醸成した。国民の昂奮や熱狂は新内閣の発足とともに拡大され、欧州参戦を望む「バスに乗りおくれるな」という叫びがいたるところで聞かれたのである。

この年あたかも、紀元二千六百年の節目の年に当たり、記念行事が盛大に行われた。十月十一日には横浜沖において特別観艦式が、また二十一日には代々木練兵場において特別観兵式が執り行われた。いずれも大元帥たる天皇が自ら出向いて行われた。次いで紀元二千六百年式典と奉祝会が宮城前で挙行された。[115] 吉川英治は十日の式典に参加し、東京朝日新聞に「脈々二千六百年、わたくしたちの五体には、その血その歓びその理想が、そのまま現し身に今も持ってゐるのである。一億の民ぐさを代表して近衛総理大臣の奉詞奏上の声が朗々とながれてくる。それは二千六百年来日本の一貫した理想と、われわれ臣民がひとりとしてたがひなき諸声である」と記している。

この時、いったい誰が近い将来、大日本帝国が消滅することを想像できたであろうか。図らずも饗宴の奉祝舞楽には「悠久」の演奏が行われたのだった。

また政治の領域で新体制運動が大政翼賛会の結成へと発展したように、政府の統合及び能率の強化の一つ、経済新体制運動も具体化されつつあった。それは「基本国策要綱」に基づくものだった。そして十二月八日には「経済新体制確立要綱」が閣議決定された。[116] 基本方針である。

> 日満支を一環とし大東亜を包容して自給自足の共栄圏を確立し其の圏内に於ける資源に基づき国防経済の自主性を確保し、官民協力の下に重要産業を中心として総合的計画経済を遂行し以て時局の緊急に対処し、国防国家体制の完成に資し依って軍備の充実、国民生活の安定、国民経済の恒久的繁栄を図らんとす

ここでは既に大東亜共栄圏の確立が国家存立の前提となっていることがわかる。また政治あるいは経済の領域で推進された二つの運動は、一時はまとまる動きを見せるのだが、結局、同床異夢の各種努力の集

合体、すなわち寄せ集めに過ぎないとわかるのだった。

対南方施策の進展

先にも述べたように、日本は支那事変の早期解決から長期持久へと方向転換を迫られた。このため必然的に関心も対南方施策へと指向されることになった。しかも米国との関係が悪化しているため、作戦遂行には南方の資源が不可欠だった。また南方に直接大きな影響を与えると思われていた欧州の戦局は小康状態を保っていた。

しかし、ダンケルクの撤退、すなわちドイツの対仏決定的勝利の興奮だけは、未だ日本の朝野に残存していた。これは日本へ、いろいろな示唆を与えた。南方政策の基礎にもなるのだった。

最初に注目を集めたのは蘭印だった。そこは東アジアにおける石油の宝庫だった。日本の約二十倍に相当する約八百万トンの生産能力を誇っていた。日本は当時、年間約五百万トンの石油を必要とした。それにもかかわらず、自給能力は一割にも満たなかった。[117]

蘭印に目を付けた日本は、「対蘭印経済発展の為の施策」を決定した。その基本方針は「世界新秩序の進展に伴う経済圏発生の必然性並に日独伊三国同盟に基づく皇国の蘭印に於ける優位を確認し共存共栄の大局的立場に基づき速やかに蘭印と経済的緊密化を図り、以て其の豊富なる貿易を開発利用し皇国を中心とする大東亜経済圏の一環たる実を挙げしめんことを期す」という強硬なものであった。[118]

この背景にもドイツの欧州での勝利があった。ここで日本が最も重視したのは戦略物資、特に石油の獲得だった。これは欧州情勢が変化する中、オランダ本国の蘭印に対する影響力の低下を見越しての強気な態度だった。

それと同時に国民からの支持、いわゆるポピュリズムの波に乗った近衛首相と松岡外相による電撃的な条約成立であったと指摘する声も聞かれる。[119]

ここに大きな盲点があった。蘭印の米英依存の態度が想定より強固だったことだ。即ちオランダは、その時既に米英の対日経済戦略の一翼を担っていたのだ。[120]むしろ蘭印が米英の接着剤としての役割を果たしていたのだった。

このため、たとえ日本が経済的な緊密を求め、蘭印と交渉したとしても、それは実質的に米英と交渉するようなものだ。それゆえ端からうまくいくはずもなく、時間が経つだけに終わるのだった。次に日本が目を付けたのは仏印及び泰国だった。

日本は昭和十五年（一九四〇年）六月十二日、泰国と日泰友好和親条約を締結し、両国の緊密化に努めていた。しかし泰国における長年の英国の影響は極めて根強く、日泰の実質的な提携強化は阻害されていた。[121]そのため日仏印経済交渉を開始することで日本は米、ゴム等の重要物資の取得を期待した。しかし仏印にはヴィシー政権とドゴール政権の両勢力が錯綜しており、仏印の対日態度は不即不離と言うべき状態が続いていた。[122]

そのような状況の中、泰国と仏印の間に国境紛争が生起した。この時、日本は調停をかってでたが、両国はその回答を渋った。そのため十二月十二日の大本営政府連絡懇談会において、松岡外相はまず速やかに仏印問題をかたづけよ、それがためには南部仏印に兵力を派遣する必要あり、と主張した。

「時局処理要綱」では漠然と取り上げられていた南方問題は、ここにきてようやく具体性と現実性を帯びてきたのだった。時局処理要綱の方針では、「帝国は世界情勢の変局に対処し内外の情勢を改善し速かに支那事変の解決を促進すると共に好機を捕捉し対南方問題を解決す」とされていた。

また「支那事変の処理未だ終らざる場合に於て対南方施策を重点とする情勢転換に関しては内外諸般の情勢を考慮して之を定む」と書かれていたのは既述のとおりである。

この情勢の変化を受け、日本はそれまで英米依存と見られていた蘭印に対する工作が再検討された。英蘭は可分なのか、それとも不可分なのか。言い換えると、ドイツの影響下に入った蘭印を英国から引き離すことはできるのか、それともできないのか、という問題について再び議論されるようになったのである。その結果、やはり不可分論が大勢を占めるようになっていた。よって、もし日本が蘭印に対して武力を行使すれば、当然英国は起つ、したがって日本はマレーに対する武力行使も準備しなくてはならず、このため南部仏印及びできれば泰国に軍事基地を獲得することが不可欠の条件だとされた。

また武力南進策を採らない場合でも、仏印、泰国における米、ゴム、錫等の戦略的物資の取得は、日本の自給自足態勢を確立するため、当面の急務になっていた。

このように仏印及び泰国を日本の陣営に抱き込むことが先決であり、しかも、その実現に幾多の困難が予想された。その上、日本が仏印及び泰国に進出すれば、米英との関係が悪化することを予想しなければならなかった。

それにもかかわらず、当時の大本営陸海軍部及び政府は、英米に対する戦争という根本的問題にまで深く触れることはなかった。対仏印・泰国施策に関する限り、概ね歩調が一致しているだけだった。そんな中、日本は泰国に航空基地の設定を企図し、日泰軍事協定を締結した。

そして仏印と泰国との紛争の調停を泰国に有利に進めれば、泰国からの心証が良くなるという単純な考えで調停を申し出た。しかし意に反して、十二月二十日、仏、泰の両国とも紛争調停を拒絶してきた。このため十二月二十七日の大本営政府連絡懇談会において、日本が今なすべき処置が決められたのである。

その方針は、「速やかに日泰間に密接不離の関係を設定するとともに、仏印に対しては強硬なる態度を以て機宜所要の威圧を加へ我方要求を容認せしめ、泰仏印間の国交調整を促進す」であった。

しかし泰国の敗色が濃くなると、英国が紛争調停に乗り出してきた。これにより日本は、さらに「泰、仏印紛争調停に関する緊急処理要綱」を決定した。それには「泰に英国の居中調停を拒絶させるとともに、帝国は両国に対し、所要の威圧を加へ紛争の即時解決を図る」となっていた。

この「威圧」という文言には、一部の海軍艦艇による南支那海における示威行動と北部仏印に駐屯する陸軍兵力の一定期間の駐屯継続などが含まれていた。

ただし、この会議において、松岡外相は日泰軍事協定の締結は困難だと強調する。外相は軍事の領域とは別に、政治・外交的協力の強化までと限定的な関係強化を狙いとしたのだった。こうして見てくると、日本は「大戦略」と呼ばれるような国策の大方針が不在であり、長期の環境醸成に対する努力が不十分だった。よって何か物事が起きた時の対応、つまり、その場その場の処置に終始したきらいがあると言われても仕方がなかった。

大本営海軍部の情勢認識

陸軍に対し、海軍は視野が広かった、などと言われることがある。その最大の理由が青少年時代から人間形成の最終段階に至る教育制度にあったとされる。陸軍は若くして、地方幼年学校、中央幼年学校、予科士官学校、士官学校、そして更なるエリートになるためには陸軍大学校を出ていた方が断然有利であった。そのため、陸軍将校としての教育に力を入れ過ぎ、価値観も単一化し、視野も狭くなったというのだ。それに対し、海軍では海軍兵学校まで各中学校で教育を受け、自由な気風に育てられ、その上、海軍大学校卒業は立身出世の必須ではなかった。しかし、それは事実だろうか。

では、大本営海軍部の世界情勢認識、中でも対英及び対米情勢認識はどのようなものだったか。一月二十一日、海軍部の対英情報課長と対米情報課長が大本営陸軍部において実施した情勢説明を見ていく。その骨子は次のとおりだった。

一　米国は差し当たり対独宣戦を行わないであろう。
二　米国は急速なる対日全面禁輸を行わないであろう。
三　米国海軍の軍備拡張は五乃至七年の間にスターク案が完了し総計三百五万屯に達する。現在日本との兵力比は略同等であるが、スターク案完成の暁には日本を現状の儘とせば日本の二倍になるであろう。

四　日本が南部仏印に出兵するも英国は起たないであろう。

五　ドイツの英本土上陸作戦の成否は、制空制海権の帰趨によって左右される。然しドイツは潜水艦と飛行機により英国を屈服せしめ得る算が大である。

六　英本土を攻撃せられた場合、英国が手を挙げるか最後まで戦うかは不明である。

七　英国敗れたる場合、英国海軍と米国海軍と合流するも恐るるに足らず。

八　右の場合英国海軍の一部はカナダ、一部は東洋に逃避するであろう。

これが海軍部の認識だった。この時の海軍部は陸軍部と比べても決して視野が広かったとは言えまい。日本軍は軍種にかかわらず、情勢認識にはやや難があったのだ。そして、この認識の下、日本は仏印と泰国に調停を申し入れ、どうにか両者の応諾を受けた。二月七日より東京において調停会議が開催される運びとなった。しかし先の「緊急処理要綱」においては、仏印に対する武力行使は「別に定む」とし、保留されていた。

そこで調停会議に当たっては、これを明確にする必要があった。特に大本営陸軍部では武力行使をするためには予め国家意志を決定し、それに基づき所要の準備を行わなければならなかった。

しかも大本営としては以前から仏印あるいは泰国に軍事基地の設定の機会をうかがっている状態が続いていた。なぜなら昭和十六年春季のドイツ軍による英本土攻勢に未だ期待をかけ、それがアジアの動向にも寄与すると考えられていたからである。その時の布石だった。

ここにおいて確乎たる対仏印、泰施策の見直しの必要性が生じた。そのため一月三十日の大本営政府連絡懇談会において、「対仏印・泰施策要綱」が決定されることとなった。

まず「大東亜共栄圏建設の途上に於て帝国の当面する仏印、泰に対する施策の目的は帝国の自存自衛の為、仏印、泰に対し軍事、政治、経済に亘り緊密不離の結合を設定するに在り」とされた。次に目的を達成するための方針が決められた。

一　帝国は速に仏印及泰に対する施策を強化し目的の貫徹を期す。之が為所要の威を加え已むを得ざれば仏印に対し武力行使す

二　本施策は英米の策謀を排し、敏速に之を強行して成るべく速に目的を概成す

それには七項目に及ぶ「要領」も記述されていた。そのうち第七項では「(前略)徒に英、米を対象とする南方問題を激化せしめ無用の摩擦を生ぜざるに留意す」と書かれていた。しかし、これを本当に政府及び大本営は「可能」と見ていたのだろうか。

近衛首相は大本営に判然としない印象を受けつつも、懇談会の席上では発言しなかったので、同意として処理された。そして二月一日になり、御前会議が開かれた。この際、陸軍参謀総長は天皇に対し、本施策はできる限り武力行使を避け、威圧行動の範囲において目的の貫徹を期するものであり、我が威圧行動は極力、仏印との衝突を回避するに努める旨を上奏した。万が一、仏印軍が我に挑戦する場合のみ自衛のための武力行使に限定し、仏印に対する全面的な戦闘に陥ることなく、努めて局地的に解決するを本旨とすると上奏した。

しかし、その一方で、仏印に対する武力行使はフランスが紛争解決に応じない場合であり、停戦を確守しないか、または失地を返還しない場合を指すこと、武力行使の限界はフランスが我の要求に応じることを限度とするため、全仏印を席捲占領しようとするのではなく、その範囲は中南部仏印の要地に限定し、この発動は別に定められるべきものと考える、とつけ加えられたのだった。

さらに海軍軍令部総長の上奏が続いた。軍令部総長は、現下の国際情勢を通観するに帝国が毅然として本施策を急速に実行することが英米に乗じる機会を与えず、我の目的を達成できる最良の方途であると確く信じて大本営政府間に意見の完全なる一致を見た次第です、と締めくくった。

いずれも米英との全面戦争の危険性が払拭できないにもかかわらず、局地武力行使の可能性だけを天皇の耳に入れたのである。

調停の行方

東京の調停会談は一ヵ月にわたった。それは主として松岡外相とフランスのアンリ大使及び泰国代表ワンワイ・タイアコン・ワラワン殿下との間において行われた。この間、松岡外相は概して独自の構想で行動し、大本営も松岡外相の無軌道振りに手を焼いていた[▼123]。またフランスの遷延態度に、仏印へ武力行使すべしとする意見も盛んに聞かれた。

しかし三月十一日、遂に調停は成立した。これに伴い、日仏及び日泰間に仏印又は泰国が第三国との間に政治的及び軍事的協力をしないとする旨の協定が成立した。しかし軍事的協力を主旨とする日泰協定及び日仏印協定は、松岡外相の「独断」で交渉が進められなかった。今後の情勢発展を待つ、という松岡外相の態度は、大本営をひどく失望させるのだった。

これは総力戦時代の「精神」に反し、外交が軍事領域にまで思いを馳せることなく、自らの地位を保とうとしていたと考えるべきであろうか。別の見方もできる。

当時の外電は極東危機説を流布し、いわゆるＡＢＣＤ包囲陣の結成を喧伝しつつあった。よって松岡外相が国際情勢を考慮した結果、つまり軍事的協力を急激に進めた場合の国際社会からの孤立を防止するために交渉を進めなかった、という見方である。

どちらにせよ、調停では南方への武力行使の可能性は放棄されなかった。対仏印、泰施策を強行に進めようとしたのは、その準備でもあった。したがって大本営陸海軍部は欧州戦局の推移を睨みながら、武力行使の可能性も含め、蘭印を含む南方問題を解決する方策について検討を進めていた。

また欧州に目を転ずると、昭和十五年（一九四〇年）の秋には誰の目から見てもドイツの対英空襲作戦は失敗と映った。ヒトラーも英本土上陸の企図を放棄せざるを得なくなった。専ら潜水艦による封鎖作戦に重点を転換したのである。

そして昭和十六年（一九四一年）に入ると、大本営のドイツ軍の英本土上陸に対する期待は愈々うすれていった。しかしドイツ軍の英本土上陸が行われなくとも、潜水艦作戦により英本国が屈服する可能性に日本は期待をかけていた。「大本営は明らかに戦局を楽観していたのだった」とは服部の言葉である。

この後、大本営陸軍部は「対仏印、泰施策要綱」に基づいて行動した。英蘭を不可分の関係と認め、好機を捕捉してマレー及び蘭印に武力を行使し、いわゆる南方問題を一気に解決しようと画策したのである。しかし二月十日、陸軍部から海軍部へ、これを提示したところ、海軍部は即座に反対するのだった。海軍の南方への武力行使は即ち対米武力行使であり、しかも英米の分離は不可能、という認識は変わっていなかった。

しかし二月十七日になると、海軍部の主務者が陸軍部へ来て、海軍部の意向を文書で提示した。その骨子は、米英は絶対不可分にして、南方武力行使は即ち対米戦になる、よって相応の準備を促進しなくてはならない、というものだった。注目すべきは、その後だった。続いて海軍部は「対英蘭武力行使の準備の如きは海軍としては既に完了しており」となっていたのである。

わずか一ヵ月で情勢認識は大きく変わっていた。陸軍は対米戦を準備していたものの、極力これを回避して南方へ武力を行使しようとしたのに対し、海軍は南方への武力行使に当たっては最初から対米一戦を主張することに変化していたのである。この海軍部の英米不可分論は強い意見であると認められたため、陸軍部にとってはむしろ南方への武力行使が現実的ではないと感じられたことであろう。

その後、大本営陸海軍部の主務者の間では数回に及ぶ調整が行われた。そして三月末までに明らかとなった海軍部の南方への武力行使の結論は次のとおりだった。

一　海軍は好機に投ずる武力行使を考慮してをらない。英国敗れたる場合は好機にあらず、寧ろ対日武力重圧は加はるであらう。

二　海軍の対南方武力行使即対米武力行使の考へは絶対的のものである。

三　日本は米国が対日武力重圧又は全面禁輸を加へ来る場合、始めて〔ママ〕南方に武力を行使すべきである。

四　而して現在は未だ前項の時機ではない。然しその準備は必要である。

これを積極策ととるべきか、消極策ととるべきか。海軍部は、米国は急速なる対日全面禁輸を行わない、という情勢認識を示していた。つまり今は傍観に徹するが、米国の「対日武力重圧又は全面禁輸を加へ来る場合」は武力行使を伴う南方進出をすべきというのである。

これは海軍部としては、日本が南方への武力行使を実施しなければ、米国との関係が修復できるという認識に他ならなかった。しかし肝心の米国側の認識とは大きく異にするものだった。

日本軍の物的国力判断

陸軍としては海軍の主張及び思想に同意せざるを得なかった。この頃、陸軍省戦備課においては、昭和十六年頃、米英に対し開戦する場合と、絶対に戦争を回避する場合とにおける日本の物的国力の推移が研究されていた。大本営陸軍部の要求に基づくものだった。そして三月二十五日、この成果を大本営陸軍部の首脳らに報告した。

戦備課長岡田菊三郎大佐は、「帝国は速やかに対蘭印交渉を促進して、東亜自給圏の確立に邁進するとともに、無益の英米刺激を避け、最後まで米英ブロックの資源により、国力を培養しつつ、あらゆる事態に即応し得る準備を整えることが肝要である」と結論付けた。

この結論は悲観的予測だったかもしれない。しかし「バスに乗り遅れるな」という一時の焦燥と希望に憑りつかれた末、好機に乗じて南方に撃って出ようとする軽薄な考えを一掃するかに見えた。[124] しかも先に述べたが国力全体の物的レベルは昭和十三年をピークとして、軍事物資の供給も含めて下降していたのである。

ただし中佐・少佐以下の参謀の中には悲観的な予測を発言させない雰囲気があったらしい。大本営陸軍部の兵站班長だった辻政信中佐などは後輩参謀を脅し、数値の解釈を操作した、という証言もある。[125]

それでも当事者たちが「ダメです」とは言えなかったというが、最終的には当事者意識の欠如あるいは、とれもしない責任を「責任は俺がとる」と言う参謀の声の方が大きかっただけではなかったか。

結局、陸軍の結論を要約するなら、対米英協調の必要性を再認識せざるを得ない、というものだった。なお、その結論を知った一部の海軍参謀は「いずれにせよ、陸軍としては本来の姿に還り、支那事変の処理と対ソ戦備の強化に専念せんとする気運が強くなった。しかし海軍はもたもたしていると、陸軍が先を越して北辺への武力行使をしてしまうのを恐れた」と回想する。

つまり、せっかく陸軍が南進論に傾いていたのに、また北進論へ舵を切るなら、海軍としてはそれをみすみす見逃せないということだ。満州事変以降、さんざん陸軍に引っ張られてきた海軍である。もう、これ以上の陸軍の専横に我慢がならなかった。

四月五日、大本営海軍部は、初めて「対南方施策要綱」海軍案を陸軍側に提出した。その骨子は「対南方施策は専ら外交に依る、好機に乗ずる武力行使なし」というものだった。

これに対し、陸軍は「好機に乗ずる武力行使を行ふべきことの伏線を所要事項の説明にて入るべし」と修正すべきか検討していた。そんな状況の中、十日、予想に反し、松岡外相より「日ソ中立条約が調印されるかもしれない」との飛電に接したのである。この件は後で見ていくことにする。

その後、海軍案に対する陸海軍との間に軽易な折衝が行われた。そして四月十七日、「対南方施策要綱」の大本営陸海軍部概定を見るに至った。それは好機便乗の南方武力行使の企図を放棄するものだった。また要綱においては依然として仏印、泰国との軍事的結合関係の設定を企図していた。

この軍事的結合関係の設定とは主として軍事基地の設定を指す。その軍事基地は、日本が受けて起つ場合において真に必要不可欠な軍事基地だった。しかし、そこには軍事基地の設定が即ち受けて起たざるを得ざる事態を誘致するという因果関係が含んでいたのだった。[▼126]

つまり、受けて起つための南部仏印進駐だったのだが、日本が受けて起たざるを得なくなった米国の対日全面禁輸の発動を招来したのである。こうして昭和十五年（一九四〇年）の夏、ドイツの西部戦線での勝利を契機として決定された「時局処理要綱」の主たる狙いは実質的に清算されたのだった。

機を見るに、日本と英米（蘭）との戦争が必至の様相になってきた。これ以降は、日本の戦争回避に向けた努力の一端でしかない。当たり前のことだが、日本は戦争に喜んで突入したのではない。

一国が開戦を決断するためには、どれだけの思惑と事情と過誤があったかを知ってもらいたい。これは開戦経緯の直接の要因を見直すことでもある。また冒頭で述べたように、なぜ日本は敗色がいよいよ濃くなったのに戦争を止められなかったのか、その問いに通ずる解答の一つを提示することである。その先駆けになったのが極秘に進められていた日米交渉だ。これは軍部にはほとんど知らされていなかった。[▼127]

第五章　開戦の必然

第一節　二つのアプローチ

野村大使の起用

松岡外相は就任以来、日米交渉が最大の課題であると考えていた。これまでの外交努力は全て日米交渉に帰属すると思案していたことに他ならない。このため野村海軍大将を堀内謙介（ほりのうちけんすけ）駐米大使の後任に起用し、交渉に当たらせることにも執着した。野村大将は第一次世界大戦当時の約三年八ヵ月、在米大使館付海軍武官として勤務した経歴を持つ。その時、海軍次官だったルーズベルト大統領とも親交があった。[1]

またパリ講和会議及びワシントン軍縮会議にも随員として参加し、米国には多くの友人がいた。実は松岡外相も駐米大使館に勤務していたのであり、爾来、両人は親しい間柄であった。[2]

しかし野村大将は松岡外相の求めを断り、豊田次官をはじめとする海軍からの慫慂にも「此の国家の非常時に前途充分の見通しもつかずして、此の大任を引き受けるといふことは、何としても疾しいし、又良心が許さない」と言って固辞し続けた。

結局、海軍から次第に沸き上がった臣節論と松岡外相の「もはや湊川に行っても良いのじゃないか」[3]と

いう発言から大使への就任を受け入れたのである。▼4

松岡外相は十一月二十七日の親任式に続き、一月二十二日に野村大使へ訓令を与えた。それは二月一日、ワシントンにおいて米大統領へ奉呈されたものである。十項目からなっていた。松岡外相が米大統領に訴えたかったことだった。

それを要約すると、次の通りである。日本が従来の国策を変更せず、何も手を加えなければ、米国の欧州参戦もしくは対日開戦の虞がある。それは世界戦争となり、その惨禍は前大戦の数倍になり、現代文明の没落となるに違いない。よって我が国を守るためにも世界大戦を防ぐためにも他に手段がなく、日独伊同盟を締結した。同盟を締結したからには、第三国による攻撃があると三国で認めた場合、日本は同盟に忠実に従う。さらに、日本の支那における行為を不当不正もしくは侵略と見るものもいるが、これは一時の現象にて、日本は終局において必ず日支平等互恵の主義を実行し、八紘一宇という建国以来の伝統的大理想を実現させるであろう。「ノー・コンクェスト（征服しない）、ノー・オプレッション（抑圧しない）、ノー・エクスプロイテーション（搾取しない）」は松岡外相のモットーである、ということだった。

そして、この訓令をもって野村大使を日米交渉に当たらせたのである。また十一月七日には野村大使は近衛首相に対し、自らの対米観を「覚書」という形で述べた。それは一言で言うと、「対米戦争を回避したい」という強い気持ちだった。近衛首相は終始熱心に野村大使の話を聞き、強く同感の意を表したという。▼5

二月十四日、野村大使は米国に赴任し、ルーズベルト大統領と会談した。ハル国務長官も同席した。大統領は旧友を迎える態度で野村大使を遇した。▼6 談話は当然、日米関係に及んだが、大統領は「日本の南進は時に緩急あるも、殆ど既定の国策の如く思はれる。米国の援英は米国独自の意志に基くも、日本は三国同盟あるが為に、其の行動に充分独立的の自由がなく、却て独伊両国が日本を強制するの惧もある」と警戒の色を示した。

それに対し、野村大使は「自分は日米は戦ふべきものではないといふことを、徹底的に信じて居るものであり、将来は世界平和の恢復のため、又世界平和を維持するため、寧ろ両国が協力すべき日の来ることを確信して居るものである」と強調するのだった。[7]

こうして公式な日米交渉は始まった。しかし、これと同時に近衛首相は裏面工作をしていたのだった。それは大蔵省出身で、当時は産業組合中央金庫理事をしていた井川忠雄と、来日中の米国ニューヨーク州メリノールにあるカトリック海外伝道協会会長ジェームス・E・ウォルシュ司教と同協会事務総長ジェームス・M・ドラウトとの間に昭和十五年十一月以来、私的な接触を行わせていたのである。もちろん、日米国交調整のためだった。ちなみにウォルシュとドラウトはともに中国での布教歴があった。またアイルランド系であり、強硬な反共・反英主義者だった。[8]

井川は近衛との連絡を密にし、米国側の二人は十二月末に帰国した後、ルーズベルト大統領とハル国務長官などと連絡をつけた。松岡外相も当初、米国側の二人と接触した。しかし、あまり興味があるようには見えなかった。そんな折、井川は帰国したウォルシュとドラウトから、工作有望なる旨の通報を得て、野村大使は渡米したのである。

こうして近衛首相と連絡を持つ井川と米国首脳と極秘裏の連絡を持つウォルシュとドラウトとの間に私的討議が繰り返された。その結果、四月十六日には日米諒解案ができ上がった。そしてハル国務長官は野村大使を招いて私的討議から長官と大使との非公式会談へ移し、日米諒解案を交渉の基礎とするため、日本政府の訓令を得るように要望した。この際、ハル国務長官は次の四原則を交渉の前提にすると指摘したのである。

一　一切の国家の領土保全及主権の尊重
二　他国の国内問題に対する不関与原則の支持
三　通商上の機会均等を含む均等原則支持

四　平和的手段により現状が変更される場合を除き太平洋における現状の不攪乱

日米諒解案は日米戦争を回避する光明になると期待された。しかし、それは「虚偽」によるものだったと指摘する向きもある。つまり岩畔大佐、ドラウトそして井川が手を加えたものだと言うのだ。米国政府案ではなかったが、そのように報告すれば政府と軍が飛びつくに違いないと考えたとする。[9]

それに加えて、そのような重要なものにもかかわらず、松岡外相はその存在すら知らされていなかった。その頃、松岡外相といえば大志を胸に秘め、渡欧している最中だった。それまでの日本外交史において現役の外務大臣が外交案件のため、国外へ出張するというのは稀有なことであった。日露戦争の講和会議における小村外相の派遣が知られるくらいのものだ。[10]なぜなら長期間、外相が不在ということは、重要国策の決定に大きな影響を及ぼすからである。

日ソ中立条約

時を遡る。日本はソ連との関係に悩みを抱えていた。信じてよい相手なのか、そうではない相手なのか。平時なら答えは簡単だ。後者である。しかし松岡外相の考えは違った。また日ソ中立条約は機略に富むと言われる松岡外相の折衝手腕によるものであるかのように印象付けられる。しかし交渉の機は早くも米内内閣時代に熟していたと言える。[11]ただしソ連を信じてよい相手と見たところが松岡は違ったのだ。

彼は渡欧に際し、「対独伊ソ交渉案要綱」を陸海軍に提示し、予め意見を求めていた。[12]それによれば、英国打倒に向け、ソ連を日独伊の政策に同調させるとともに、日ソ国交の調整を図るとされた。またそのための条件も具体化されていた。

まずドイツの仲介により北樺太を売却すること、もしソ連が不同意の場合は五年の間、年間二百五十万トンの石油供給を見返りに有償放棄する、とした。その他にも日本がソ連の新疆外蒙における地位を諒承し、ソ連は日本の北支蒙疆における地位を諒承する。ソ連の援蔣政策を放棄させるなどがあった。

次に日本が大東亜共栄圏における政治的指導者の地位を占め、秩序維持の責任を負うとした。よって大東亜共栄圏に居住する民族の独立の維持、あるいは独立させることを原則とした。また現に英、仏、蘭、ポルトガル等の属領になっている地方において独立する能力がない民族については、その能力に応じてできる限りの自治を許与し、日本にその統治指導の責任があるとした。

そして経済的には大東亜共栄圏における国防資源についてのみ優先的地位を留保するものであり、一般の企業については他の経済圏と相互に門戸開放と機会均等主義を適用する、と決めた。

その他に注目すべき点として、日本が海軍準備の完成を急ぎ、陸軍は支那における戦線を縮小するため、ドイツはなるべく日本の軍備充実を援助し、日本はドイツに対し、原料及び食糧の供給に努めると記載されていた。

一方、リッペントロップも日独伊とソ連との間における取極めを作成していた。それは相互に欧亜の新秩序において、それぞれの指導的地位を承認あるいは尊重し、敵とする国家には援助しない、あるいはその国家群には加わらないことを約していた。[13]

一　蘇連は戦争防止平和の迅速回復の意味に於て三国条約の趣旨に同調することを表明し
二　蘇連は欧亜の新秩序に付夫々独伊及日の指導的地位を承認し三国側は蘇連の領土尊重を約し
三　三国及蘇連は各々他方を敵とする国家を援助し又は斯の如き国家群に加はらざることを約す

右の外日独伊蘇何れも将来の勢力範囲として日本には南洋、蘇連にはイラン印度方面、独逸には中央アフリカ、伊太利には北アフリカを容認する旨の秘密諒解を遂ぐ

ハウスホーファーの四つのブロック（1927年発表）

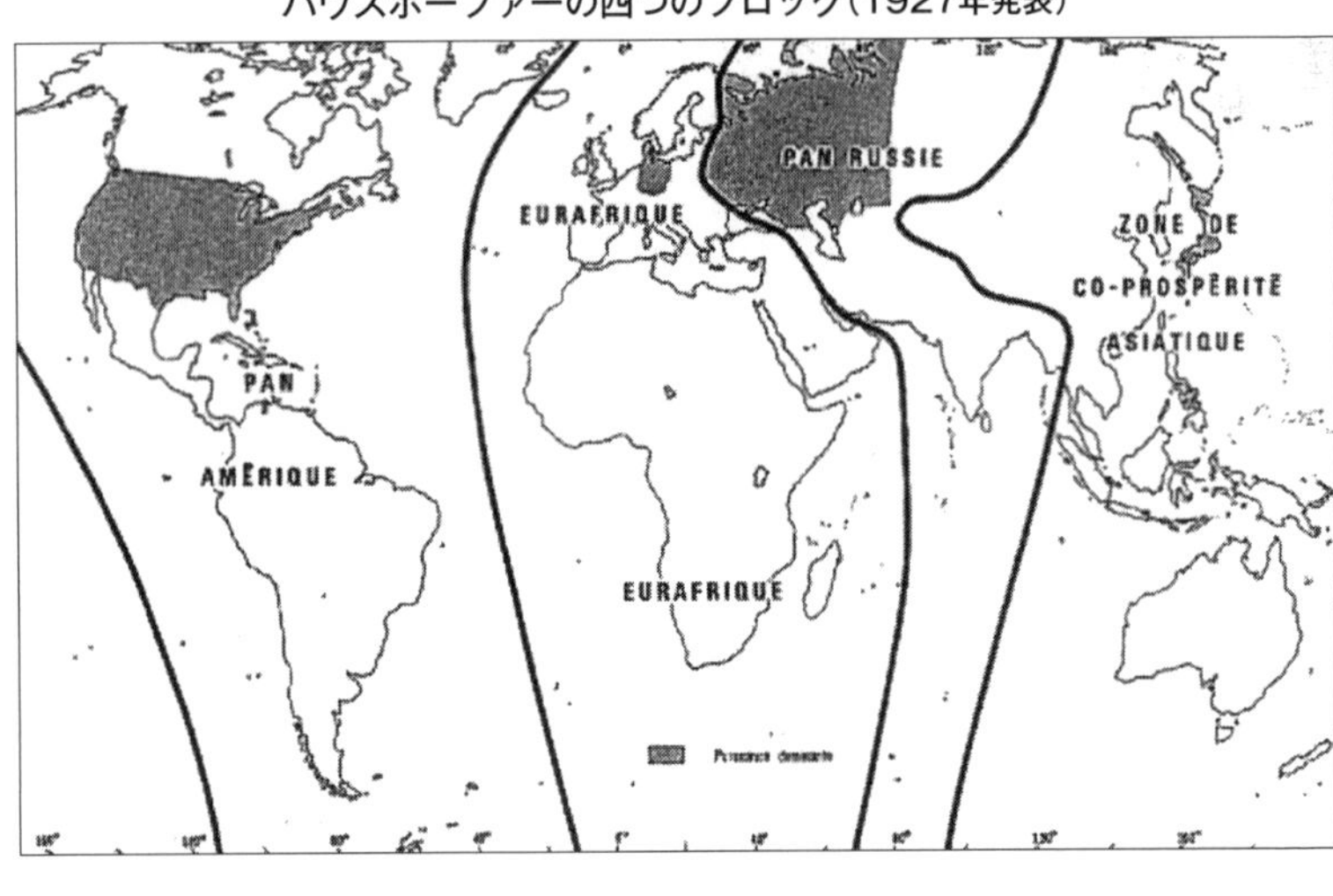

これは「パン・リージョン」と呼ばれる地政学（上図参照）に由来する思想であり、[14]松岡外相も傾倒していたという。しかも、これを裏付けるようにリッペントロップ外相の言葉として、「ドイツは日本とソ連の正直なる仲買人たるの用意あり」と伝えられていたのである。[15]

二月一日、松岡外相は訪欧の主旨を「訪独して対英作戦の真相を聞き、十分な打ち合わせをするとともに、ソ連に対しても国交調整を行い、四月いっぱいに支那との全面和平を図り、その後、南方に向かって全力を挙げる」ためと上奏した。[16]異例だった松岡外相の訪欧の真意は、この辺にあったと認められる。日本にとって支那事変の処理を推進し、南方問題を解決するため、ソ連との国境を調整することは、昭和十五年（一九四〇年）夏以来の懸案だった。

一部触れたが、近衛首相及び松岡外相をはじめとする政府首脳がソ連を三国同盟に同調させ、これを日独伊ソの四国同盟に発展させる意図があったのは間違いない。

多年専らソ連を想定敵国として、対ソ戦備の強化に努めてきた陸軍もそれを切望していた。よって松岡外相の「対独伊ソ交渉案要綱」に当時の陸軍はもちろん、海軍も、その内容に「外相一流の誇大構想の臭味があるとしても持て余した感があるものの、陸軍は希望を持っていた」のである。服部の言葉だ。[17]

ちなみに要綱の第八項にあった支那における戦線の縮小については、近衛首相及び陸軍からの異議があり、削除を求められた。また陸海軍、中でも統帥部長からは外相単独で協定をつくったり、用兵問題について軽々しく言質をとられたりしないように要望され、外相も諒承した。

こうした経緯をたどり外相は三月十二日、東京を出発した。渡欧後、格別な報告はなかった。しかし先述のとおり、四月十日に突然、北樺太の利権問題に触れることなしに松岡外相から中立条約案に調印するかもしれない、と諒解を求める電報があった。これには陸軍首脳らも大いに期待を寄せたことは想像に難くない。

この日、午後四時半より連絡懇談会が開かれた。軍令部からは当日、軍令部総長に就任した永野修身大将が初出席した。海軍の現役最古参の大将であり、軍令部次長、連合艦隊司令長官、海軍大臣等を歴任し、軍事参議官からの抜擢だった。

しかし四月十二日になると、外相より中立条約締結を断念したとの電報があった。この報せは大本営を失望させた。が、また翌日になり、事態は急転する。再び妥結調印の電報が寄せられたのだった。すなわち松岡外相はスターリンと直接会談した結果、北樺太の利権に関しては条約調印後、改めて清算するということで妥結に至ったのである。

この時、スターリンは松岡を相擁し、「君も私も我々はともにアジア人」と言って喜んだという。その後、スターリンはモロトフ外務人民委員長らとともに、モスクワ駅のホームにまで見送りに来た。松岡は既に列車に乗っていたが、わざわざホームまで降り、スターリンのところへ行った。スターリンはそこでも「アジア人だ」と言って親愛の情を示したという。[18]

日本はこれにより、「政治的」には一応、北方の不安を取り除くとともに、米国に対する均衡態勢を有利にする可能性を手に入れたのだった。ここで言う均衡態勢とは「バランス・オブ・パワー」、つまり米英と日独伊ソの対立軸であり、近衛首相が言う現状維持国家と現状打破国家の対立と捉えることができる。

しかし「軍事的」には依然として極東ソ連軍の重圧から免れることはできなかった。大本営陸軍部は中立条約に全幅の信頼をおいて、対ソ戦備を軽減し、これを他方面に転用するような冒険はできなかった。また中国とソ連の間を冷却化させ、支那事変の処理に資する、という本来の狙いも、この中立条約だけでは期待が持てなかった。

この時、既にドイツは密かに対ソ戦争の決意を強めていた。しかし、これを松岡外相には開示しなかった。[19] またドイツは日本が日ソ中立条約の締結の意向があるのを知りながら敢えて不同意を表明することもなかった。ソ連の信じ難きを指摘して、あまり深入りしないように助言するに止めたのである。

当時、ドイツの主な関心は日本の南進による英米の牽制だったとされる。ヒトラー総統は、日本のシンガポール攻略問題について熱心に言及していたという。[20] それは日本がシンガポールを攻略すれば、ドイツの当面の敵、英国が欧亜両面で戦う必然性が高まり、相対戦闘力も有利になると考えたからに他ならない。

この頃、松岡外相は自らの気持ちを腹心の斎藤良衛（さいとうりょうえ）外務省顧問に伝えていた。斎藤顧問は、松岡外相が満鉄の社長時代の副社長であり、松岡外相の「最高補助者」と公言してはばからなかった。

松岡は斎藤に「僕が握手をしようとする当座の真の相手は、ドイツではなくソ連だ。ドイツとの握手は、ソ連との握手のための方便に過ぎない。幸いにして独ソ両国は不可侵条約以来、極めて良好な関係にあるから、ドイツの仲介によって日ソ関係が調整できる見込みがある。独ソを味方につければ、たとえ米英でも日本との開戦を考えるはずがない」と伝えていた。[21]

ところで、この訪欧の際、松岡外相は往復ともモスクワにおいて駐ソ米国大使ローレンス・アドルフ・スタインハートと懇談している。彼はルーズベルト大統領の腹心だった。特に帰途では独伊首脳との懇話及び当時難航していた日ソ中立条約交渉の経緯等を大胆に話すのだった。

そして松岡外相は、米国の援蔣行為を打ち切らせ、日中全面和平を狙いとする日米交渉の促進を説得しようとした。外相が、日米はお互いに戦いを欲しないと発言した際、大使も全く同感であると応じた。しかし大使は、ドイツは米国に宣戦し、日本を戦争に引き込むのではないか、と疑問を呈した。それに対し、松岡外相はドイツも米国との戦争は欲しない、また刺激することもしない、と語った。その後、松岡外相は米国大統領が大ばくち打ちであることは一般に認められていると評し、そのばくち打ちの才覚をもって、世界平和のために蔣介石へ戦争をやめるように慫慂しないか、と発言した。これに対し、大使は「一度大統領に意見具申したことがあるが、もう一度伝える」と言うのみだった。最後に松岡外相は、大統領にその考えがあれば、自分が帰朝した一週間後には話を進めていくと発言したのだった[22]。

　このやりとりから、松岡外相は大統領から良い返事が来ると楽観している様子だった。報道関係者として、ただ一人、松岡から随行を許された岡村二一（おかむらにいち）の言葉である。東へ進むシベリア鉄道の車中で聞いたことだ。

　松岡は「三国同盟に加え、今や日ソ中立条約で北辺の守りを完全にした日本は、今度こそ南進してくるものと米英などに恐れられている。この時こそ、和平交渉の効果が期待できる。欧州旅行に先立って日本の仏印における立場を強化しておいたのは、日米和平交渉において、日本軍の撤退を約束して相手の顔を立てるためである」と語った。

　また岡村は、松岡の構想は具体的だったという。松岡は六月二十六日頃には重慶へ乗り込めると考えていた。それも前もって手筈が整えてある重慶の国民政府派遣の飛行機に乗ってである。そこで蔣介石総統と会談し、その足でワシントンへ飛び、ルーズベルトを加えた三者会談で極東問題を決着させるつもりだった。その和平条件は「万里の長城以北は中立地帯とし、日本は全大陸地域から撤兵する。その代わり、米中は満州国を承認する。そして日米・日中は不可侵条約を結ぶ」というものであった[23]。

このように松岡外相は日独伊三国同盟の締結から日ソ中立条約の成立に至るまでの一連の既成事実を背景に、支那事変の早期解決と対米国交調整を重点とする外交施策を活発に展開する、このために要すれば自ら米国を訪問し、日米提携して英独戦争を調停せんとする壮大な夢も描いていたのだった。その期待をさらに高めたのが、松岡外相が帰路に立ち寄った大連での近衛首相からの一本の電話だった。

四月二十日、首相から米国政府より重要提案が接到しているので、至急帰朝されたい、と伝えられたのである。松岡はここで首相より、日米諒解案の概要を知らされた、という説がある。それによれば、二十日のうちに帰国しようと思えばできたのに、大連で二日も荷物整理と称して帰国を進めなかったのも得心する。[24]

ここから見てとれるのは、日本にとって順序が変わることがあっても支那事変の解決と日米国交調整こそが最優先事項であり、それぞれの立場でどんな手段を使っても、その解決を急いだことである。そこには対米戦への意欲などは微塵も感じられない。しかも近衛首相は、松岡外相の「外交は外務大臣に一元化する」という入閣の条件さえも反故にした。非公式とはいえ、敵対しつつあった米国の善意に日本の運命を託したことに違和感を覚えるのは著者だけではないだろう。

日米諒解案

そんな松岡外相が帰朝後、正式に伝えられたのが日米諒解案だった。四月十八日、政府及び大本営の首脳が手にしたものだ。その趣旨は「日本政府及び米国政府両国間の伝統的友好関係の回復を目的とする全般的協定を交渉し、かつ之を締結するためここに共同の責任を受託する」というものだった。[25]

日米交渉における日本側の当初の起案者は岩畔陸軍大佐だった。岩畔大佐は、米国は明確に文書化する必要性を感じているとともに、両国政府間で左記の諸点について事態を明瞭にし、またこれを改善して調整を行うべきだという認識に立っていた。[26]

一　日米両国の抱懐する国際観念並びに国家観念
二　欧州戦争に対する両国政府の態度
三　支那事変に対する両国政府の関係
四　太平洋における海軍兵力及び航空兵力並びに海運関係
五　両国間の通商及び金融提携
六　南西太平洋方面における両国の経済的活動
七　太平洋の政治安定に関する両国政府の方針

これらの諸点はまず米国政府の修正を経たる後、日本政府の最後、かつ公式の決定を俟つべきものとする。

服部が注目したのは次の二点だった。まず第一項の「日米両国の抱懐する国際観念並びに国家観念」における記述である。そこには、「両国政府は相互に両国固有の伝統に基づく国家観念及び社会的秩序並びに国家生活の基礎である道義的原則に保持すべく之に反する外来思想の跳梁を許容せざるの鞏固なる決意を有する」と書かれていた。[27]

また第三項の「支那事変に対する両国政府の関係」では、「米国大統領が左記の条件を容認した、かつ日本政府がこれを保障したるときは米国大統領は之に依り蔣政権に対し、和平の勧告を為すべし」とされた。

A　支那の独立
B　日支間に成立すべき協定に基づく日本国軍隊の支那領土撤退
C　支那領土の非併合

D　非賠償
E　門戸開放方針の復活
　但し、之が解決及び適用に関しては将来適当の時期に日米両国に於て協議せらるべきものとする。
F　蔣政権と汪政府との合流
G　支那領土への日本の大量的又は集団的移民の自制
H　満州国の承認

　これに続き、蔣政権が米国大統領の勧告に応じた場合、日本国政府は新たに統一樹立された支那政府又は当該政府を構成すべき分子と直ちに直接に和平交渉を開始するものとする。日本国政府は前記条件の範囲に於て且善隣友好防共共同防衛及び経済提携の原則に基づき具体的和平条件を直接支那側に提示する。

　この案は、とにかく日米両国による戦争を食い止め、現状維持に近い形で態勢の回復を図りたいという日本の立場に沿うものであった。近衛首相は数日前に井川の手紙により、この日米諒解案と大体同様の趣旨の一案を入手していた。しかしその他の政府及び大本営の首脳にとっては、これは正に青天の霹靂であり、想像を超えた事態の進展だった。

　また岩畔大佐は日米諒解案において記述されている「日支間に成立すべき協定に基づく日本国軍隊の支那領土撤退」について、日支間の協定に基づく駐兵までも否定したわけではない、という意見を添えていた。[28]

　諒解案を受領した、その日の夜、連絡懇談会が開催され、首相より経緯について説明があった。会議は自由討議のみ行われ、結局は松岡外相の帰朝まで態度は保留されることになった。しかし大勢は受諾の方向に傾いていた。

服部は、「この日米諒解案が今後行われる日米非公式会談の基礎案に過ぎないとしても、この作成経緯から、それは実質的には米側の第一次提案であると判断した。従って日本側がそのまま之を受諾すれば、画期的な日米国交調整が成立し、これを契機として世界の歴史は大きく転回していくだろうと考えた」と語る。[29]これは、すなわち主戦論者の一人と目された服部が考える非戦のための許容限界であったのだ。

陸軍は四月二十一日午前十一時から大本営陸軍部及び陸軍省の首脳らによる会議を開いた。そこで原則的に受諾の方針を決定した。同日、陸海軍軍務局長は次のごとき趣旨に基づき積極的に交渉を進めることで意見が一致した。[30]

一　日独伊三国同盟の精神に背馳せざること
二　支那事変処理に貢献すること
三　国際信義を毀損せざること
四　日本の総合国力の拡充に資すること
五　世界平和の再建に資すべきこと

日本軍は疲弊していた。一方、米国は軍備が未だ両洋同時に作戦ができるほど充実しておらず、軍需産業の拡充も十分ではない。その上、参戦に向けた国内世論も形成されていないと思われていた。よって大本営陸軍部は、米国の提案の真意がドイツ打倒のための太平洋の一時的安定を図るものと判断した。そして、これを原則的に受諾すれば、日独伊三国同盟の趣旨と両立し難いと認めた。[31]『大本営機密日誌』には、「日本は武力南進をしないで米国は対独武力参戦もしないで全面協調を図ろうとするものである。米国は日支直接交渉による全面和平を蔣介石に勧告する。このようにして日米相携えて世界の平和を招来する。三国同盟の精神の根本的な清算であり、帝国外交の歴史的大転換である。この解決を図る途は国内的な反対を押し切るだけの強力政治を待つより外はないであろう」と書かれていた。[32]

それと同時に、何とかして米国の企図を逆用し、三国同盟の精神を生かしつつ、日米諒解案に沿って国交調整の可能性があることも認知された。よって、たとえ三国同盟に多少の冷却を招来しても、これにより多年の、しかも最優先事項である懸案、支那事変の解決を一挙に実現しようと熱望したのも無理からぬことだった。[33]

そのような動きがある一方で、佐藤賢了(さとうけんりょう)軍務課長などは武藤軍務局長に「岩畔はこんなことをやっていてよいのですかね。あれほど、各方面をどなりまわして三国同盟の締結を計らいながら、こんどは米国へ行って掌をかえしたように日米関係の調整だ。まるで百八十度の転換だ。この電文も岩畔の作文だ。あまりにも策が多過ぎる。米国は日本にちょっと飴をしゃぶらせて、中国から全面撤兵させるのが目的ではないですかね。ドイツの料理が終わったら、一転して世界中で袋だたきにするという手もありますからなあ」と発言し、日米諒解案に不信をあらわした。[34]

海軍はというと、日米諒解案に懐疑的だったが、野村大使に対する立場もあり、そうとも言えずにいた。しかし海軍次官代理の井上成美(いのうえしげよし)中将などは日米諒解案に乗り気で、すぐにでも調印しろと言わんばかりであった。また永野軍令部総長は「日米諒解案」を手放しで歓迎した。「野村は偉い奴だ。野村でなければできないことだ。なんとかしてこれを成立させたいものだ」と交渉に関する熱意を示したのである。[35]

四月十九日午後八時二十分より、木戸内大臣の私邸において木戸、近衛会談が行われた。木戸によると、「野村大使請訓の件を中心に懇談した。独伊に対し信義を失わず、また我国の国是である大東亜共栄圏の新秩序建設に抵触しない様、充分研究工夫の上、是が実現に努力するを可とするとの結論に達した」とする。

その結論をもって、四月二十一日午後一時四十五分より木戸内大臣は天皇に拝謁して、近衛首相との会談の顚末を中心に種々言上した。「其の際、米国大統領があれ迄突込みたる話を為したるは寧ろ意外とも云ふべき〔だ〕が、こう云ふ風になって来たのも考へ様によれば我国が独伊と同盟を結んだからとも云えへる、総ては忍耐だね、我慢だねとの仰せあり。御宸念の程を拝察、恐懼す」と木戸は天皇の言葉を記している。[36]

諒解案という幻想

このように日本政府及び大本営の首脳らは日米諒解案に全神経を集中した。しかし戦後となった昭和二十年（一九四五年）十一月、米国両院共同調整会の公聴会の席上においてハル元国務長官は「日米両国の政策の背離に鑑み、日米交渉開始の当初より、之が円満妥結には百に一の望みも嘱してはいなかった」と言明した。

しかも「共同交渉に応じた理由は、太平洋の事態の平和的解決のために藁をも摑もうとする心理及び米軍が要望した軍事力の整備のための時間的余裕を得るためだった」と述べている。[37]もし、これが真実であるならば、日米交渉は米国にとっては時間稼ぎ、日本にとっては単なる茶番に過ぎなかったのだ。

さて、松岡外相の、その後の動きである。外相は四月二十二日、空路で帰朝した。この際も予定にはなかった近衛首相自らの羽田空港での出迎えや、東條陸相からの官用車の差し出しなど、[38]まるで腫れ物に触るような態度で外相を遇した。それは近衛首相が松岡外相の機嫌を損ねないためには自分が出迎え、車中で「日米諒解案」を切り出すしかない、と考えたからだった。

しかし松岡外相は、せっかく出迎えに来た近衛首相と相席することはなかった。その理由は外相が閣議の前に二重橋へ行き、宮城（皇居）を拝みたいと言い出し、そのような形式主義が大嫌いな近衛首相の意図が挫けてしまったという説がある。[39]数十台のカメラマンが乗った車をしたがえ、宮城遥拝の情景をカメラに収めるわけである。松岡は、このようなパフォーマンスを好んだ。一方、近衛首相は「考えただけでも、悪寒を覚える人であった」という。[40]

また近衛首相が松岡外相と握手をしようとしたところ、外相は右手を怪我していたため、左手で握手を

しようとし、それに近衛が腹を立てた、という説まである。▼41

後に近衛首相は、この時の行き違いが日米交渉の成立を妨げた最大の原因と感じていた。富田健治は「近衛公が外相と同車しないことになった瞬間こそ、日本の歴史的運命の瞬間であった」とし、「大東亜戦争の敗色が濃くなってきた時、近衛公は時々この瞬間を思い出して、あの時自分が同乗していたら、と繰り返し、繰り返し、残念そうに語るのであった」と述べている。▼42

いずれにせよ、日米諒解案は大橋忠一（おおはしちゅういち）外務次官から松岡外相に伝えられた。松岡外相にとって諒解案の内容は全く意外なものだった。

同日午後九時二十分より約四時間にわたり連絡懇談会が開催された。しかし松岡外相は、日米諒解案は「米国の悪意に出たるものと解するとて、前世界大戦中、石井・ランシング協定を結んで、日本に散々働かせながら戦争が済んだら之を破棄した例を上げて論じ、兎に角この問題は二週間考へさせてくれ」と言って、討議に入ろうとはしなかった。外相は専ら訪欧の経過について滔々と語った挙句、疲労していると言って中途で退席、帰宅してしまった。▼43

松岡外相が退出した後も会議は続けられた。外相の慎重論に対しては米国の意図を逆用し、なるべく速やかに交渉を進めるべきだとする意見が大勢を制し、平沼騏一郎内相も国内対策上、特にこれを主張した。松岡外相は、日米国交調整は米国に媚びを売るようなことがあっては達成し難く、寧ろ逆効果を生じ、却って危険なりとする見解に立っていた。ここでも彼の青少年時代の経験が大きく影を落とすのだった。

その後、陸海軍からの強い督促もあり、五月三日、連絡懇談会が開催された。席上、まず外相は中間提案として日米中立条約案を米国に提議したいと発言した。米国は「伝統上そういうことは多分受け付けないだろうが、世界非常の折、やってみてはどうか」と言うのだった。

これに対し、全員が反対した。しかし外相は意見を撤回しなかった。松岡外相は「試みにやるのだから、乗って来ればよし、乗って来なければそれでよし、応じて来れば結構ではないか」と述べた。

誰かが「昨夜ラジオで連絡会議開催のことを放送したのちでもあり、(日米諒解案を無視するような形になれば)米が中立案提議に対し、強い印象を受ける(つまり、日米交渉に消極的になる)ことを考えねばならぬ。スターリンとの中立条約をまとめた時は、外相の頭と弁でやったのだが、野村を通じてはそううまくゆかんだろう」と応酬すると、松岡外相は「自分がくわしく書いて野村に読ませればよい」と高言した。

近衛首相は「中立条約は皆不賛成だからとりやめてはどうか」と諭したが、松岡外相は「考えさせてくれ。野村の思いつきとして先方に申し入れさせるごとくして、軽く取り扱ってみるのも一法ではないか。なお考えさせてくれ」と答え、討議は一応打ち切りとなった。[44]

次いで日米諒解案に対する審議に入った。主として外相の主張を取り入れ、日本側の修正案が決定された。外相の修正意見は陸海軍よりも強硬で、交渉条件の基調として次の三点を強調した。[45]

一　支那事変処理に寄与すること
二　日独伊三国同盟に抵触せざること
三　国際信義を破らざること

独伊との関係について外相は、「修正案に基づき概要を独伊に内報し、独伊より意見あれば、これを聴くという腹積もりで進みたい」と主張した。こうして米国に対し、中立条約案の打診、それに続く修正案の提議・修正、また独伊との折衝の時期については外相に一任することで決まり、散会した。[46]

松岡外相は即日、対米中立条約の提議と独伊に対する内報の措置を取ったが、修正案についての野村大使宛ての訓電は差し控えていた。外相は中立条約に対する米側の反応と独伊の意向の判明を待ってから、要すれば修正案を再修正してから実行に移す考えだった。

しかし五月八日の連絡懇談会において、東條陸相より速やかに野村大使宛ての修正提案を訓電しては、と督促された。それに対し、外相は「たとえ野村大使に示してもリッペントロップから意見がくれば、修正しなければならない。却って後で困るようなことになるかもしれない。また保全上の理由からも適当でないと思う。よって自分の考えで示さないでいる」と述べるのだった。[47]

しかし、この意見は軍部に受け入れられるものではなかった。翌九日、陸海両相は外相と会談し、ドイツの回答を待つことなく、速やかに修正案を米側に提議すべきと主張した。なお、東條陸相には米国にいる岩畔大佐から次の報告が寄せられていたのだった。五月五日のことだった。[48]

一　交渉は速やかに進める必要がある。然らざれば米は遂に参戦するに至るであろう。

二　ルーズベルトは目下何事も為し得る地位にある。

三　日米諒解案を関知している者はルーズベルト、ハル、ウィリアム・フランクリン・ノックス、フランク・ウォーカー及び秘書に過ぎない。秘密の保持は厳重である。

四　ハルは下僚中不同意の者は首を切ると言っている。

五　ハーバート・フーバー元大統領と会談したところ、要すれば一肌脱ぐべしと言っていた。

六　松岡外相は、目下盛んに風船玉をあげているようだが、却って有利ではない。米の感情は寧ろ悪化している。

七　ルーズベルト、ハルともに松岡外相を信用していない。

この日、松岡外相は天皇に拝謁した。そこで外相は「米国参戦の可能性大なるについて其際は、日本は当然起たざるべからず、然る時は日米国交調整も総て画餅に帰することとなり。何れにせよ米国問題に専念するの余り独伊に対する信義に悖る如きことありては、骸骨を乞ひ奉るより致方無し」と最悪の場合を予想して上奏したのだった。[49]

これに不安を感じた天皇に対し、近衛首相は外相の説明を基礎として、「外相の上奏は最悪の場合における一つの構想の類であり、仮に外相の考えが然りとするも、ことの決定には軍統帥も参加し、閣議に諮ることとなれば御軫念には及ばざること」と申し述べた。

さらに首相は上奏を続け、あくまで日米交渉を成立させる所存であること、独伊に対する信義といっても自国の利益を捨ててまでこれを守る必要はないこと、そしてできる限り円満にことを運ぶため最善を尽くすが、やむを得ない場合には非常の手段を用いることがあるかもしれない、と伝えた。[50]

天皇は、この近衛の決意披瀝について悉く賛意を表し、「その方針の下に進むべし」との言葉を発した。その後、近衛首相は木戸内大臣とも会談したが、訪欧後の外相はあまりに議論が飛躍し、天皇の信任を失い、現に外相の上奏後、内大臣に対し、「外相を取り代へては如何」との言葉すらあったことを知った。[51]

その一方、野村大使及び在米武官からも再三にわたり交渉促進の督促が寄せられていた。こうして五月十二日正午に至り、遂に松岡外相は独伊の意向を待たずに、野村大使宛ての我方修正案に基づき、交渉を開始すべき訓令を発電した。しかし、その直後、ドイツの回答が到着したのである。

それには、米国の日米諒解案の底意は対独参戦に邁進するためのものであり、「本件が三国条約に及すべき影響に鑑み、最終回答を発する場合には事前に意見を伝えられたい」と結んであった。[52] しかし時すでに遅し、だった。

この頃の外電は米国の参戦気運がとみに激化しつつあることを示していた。また五月十三日には英国の首相官邸発表として、「ドイツ副総統ルドルフ・ヘスがメッサーシュミット戦闘機より落下傘をもってスコットランドに降下、目下グラスゴーの病院に収容中」と報じられた。[53] さらに五月十四日の在独陸軍武官電は、ドイツ参謀本部情報部長の言葉として、独ソ開戦は必至であると伝えてきた。[54] このため大本営は米国参戦の場合、または独ソ開戦の場合における対応に忙殺されたのである。[55]

その間、時日の経過とともに米国の態度は硬化する一方だった。米国側は五月三十一日の中間提案を経て、六月二十一日に至り、日本側の五月十二日提案に対する対案を提示してきた。その内容は、四月十六日の日米諒解案より受け入れるのが難しくなっていた。

交渉の主たる難関は具体的にはハル国務長官のいわゆる「四原則」に関連する中国における日本の駐兵問題、中国における通商無差別問題並びに日独伊三国同盟に関連する自衛権の解釈問題等に帰着した。[56]つまり米国側は日本側の譲歩が不十分と認識していたのだ。

また米国は、この時、日本の意図を詳細に知る手段を持っていた。米国政府は日本の外務省の暗号を解読していたのである。ハルの回想録によれば、「実際には我々は既に電報の内容を知っていた。（中略）我が陸海軍の暗号専門家は驚くべき創意を以て日本の暗号を割り、東京からワシントン、その他の首都に宛てた政府の電報を解読し、それを翻訳して我々の参考のために国務省に送っていたのだった。魔法（マジック）という暗号名を持ったこれらの窃信は、交渉初期には大した役割を演じなかったのであるが、最後の段階には非常に重要なものとなった」ということだった。[57]このように日本が二つのアプローチによる日米交渉に振り回された間も国際情勢は変化していくのだった。

第二節　国際情勢の急速な変化

シビリアンの過激な論調

米国は戦備体制の強化に伴い、欧州における対英援助をますます拡大することに決した。また、その一方で極東においても援蔣行為を推進しつつあった。昭和十六年春以降になると、重慶政府の対日抗戦意志の昂揚は軽視できないものへと変化していった。[58]

一方、日本の仏印と泰国との紛争調停をめぐる極東危機説の流布以来、米英蘭は南方諸地域の戦備強化に努めるようになった。またマニラ、シンガポール等において軍事代表の共同作戦会議も実施され、いわゆる対日ABCD包囲陣の結成を促進している模様だった。これに伴い、仏印及び泰国における対日離反の策動も行われ、紛争調停の結果、獲得した日本の地位も奪われるかもしれないとの虞が持ち上がった。

それに加え、当時の日本に不可欠な仏印及び泰国の米、ゴム、錫も入手困難になってきた。仏印が日仏経済協定締結後も非協力的な態度をとるのは、米英と仏のドゴール派の策動に乗ぜられているからと認識されるようになった。[59]

日蘭会商、すなわち日蘭経済交渉の進展についても芳しくなかった。蘭印は米英と緊密な連携の下、日本の石油、ゴム、錫などの重要物資の所要量を実際のものより低く査定していた。[60]このような蘭印の態度に業を煮やした松岡外相は五月二十二日の連絡会議において、蘭印との交渉打ち切りを提議し、他の出席者を驚かせたのである。[61]

会議席上で誰かが「蘭印がこのような態度をとるのは英米の支援があるからだ。蘭印に対し、交渉を打ち切るということは、やがて比島、馬来(マレー)にも作戦を進めることとなり、国家の浮沈に関する重大問題であるから慎重に考えねばならぬ」と述べた。

それに対し、松岡外相は「(今)決心しなければ、結局独英米ソが合一して日本を圧迫することになりはしないか。独ソ合体して日本に向かう場合もあるかもしれない。米国参戦という場合もあるだろう。これらの場合における統帥部の意見を承りたい」と述べた。

統帥部の杉山参謀総長は、「これは重大な問題である。まず初めに仏印、泰国に所要の軍事基地を推進しなくてはならない。外相は、蘭印との交渉をやらない、と言っておるのか」と応じた。

松岡外相は「仏印、泰国とやるには英米に対する決心が必要となる。この決心がなければ、交渉はできぬ。決心ができたらやる」と返答するだけだった。

これに対し、海軍側は黙して語ることはなかった。ただ及川古志郎海相は「松岡は頭が変ではないか」

と発言した。[62]

これ以降も、松岡外相は突然、シンガポール攻略を言い出し、統帥部を困惑させた。統帥部は対南方施策に関し、大本営と政府との間を統一する必要に迫られていた。それにもかかわらず、独ソ開戦は確実であるとの情報も寄せられていた。国策の樹立に事態は紛糾し、蘭印との交渉は日本の要求が著しく損なわれたまま、交渉の決裂を思わせた。[63]

大本営陸海軍部は、これまでの経過をたどり、米英蘭支の日本に対する政治的、経済的、そして軍事的圧迫がますます加重されたのを痛感した。そして速やかに対応を講じなくてはならないと焦慮にかられた。このため、たとえ遅延したとしても、日仏印軍事的結合を促進し、南部仏印に一部の兵力を進駐することに決したのである。[64]

しかし外相は、対米英戦の決意がないまま仏印と泰国に対する軍事協定の締結などはありえない、と同じ言葉を繰り返すばかりだった。そこで大本営は、軍事協定締結のプロセスに当たり、米英からの反対があった場合、「対米英戦を辞せず」との意志を表明することにした。[65]

つまり開戦決意を情勢、いや相手任せにしたのだ。これは本末転倒であり、正気の沙汰ではない。もちろん、当時の陸海軍には対米英戦の肚は全くなかった。特に海軍部は、「対米英戦を賭するも辞せず」と修文を要求するほどだった。さらに根本的には陸海軍をはじめ近衛首相も日本の南部仏印進駐により、米蘭英が対日全面禁輸を発動するとは思えず、楽観的だった。海軍の場合、「油が止められたら戦争だ」という暗黙の了解があった。逆に言えば、それまでは大丈夫だという勝手な思い込みがあったのだ。[66]

この時すでに何かあれば日本との関係を断絶しようと待ち構えていた米国のことを考えれば、これは重大な誤断であったと言える。瀬島は「それ（仏印進駐）が太平洋の破局をもたらすとは、極めて一部の人の外は洞察し得なかった」と述懐している。[67]

松岡外相は、その後も強硬な姿勢を崩さなかった。「蘭印は日本を侮辱している」などと言って、統帥部に強硬な姿勢をとるように求めるほどだった。

杉山参謀総長は、「対南方政策については蘭印一国であれば問題ないが、背後に英米あるがゆえに蘭印に強硬な態度をとれば、重要な事態を惹起させるであろう。最近、独ソ戦または対米国交調整の問題もあり、武力行使は控えるべきだ」と語った。

その後、統帥部は外相に対し、蘭印はさることながら、この際、仏印施策を促進し、また兵力を進駐できるよう手を打ってもらいたいと要請した。これにも外相は「仏印だけではなく、泰国にも部隊を進駐させる必要がある。そうなればビルマ、マレーに影響を及ぼし、英国は必ず手を出すと思う」と応じた。[68]

こんな過激な外相だったが、国民からの支持は高かったという。事実、彼は人気取りが上手で当時の政治家の中で、彼ほど人気のある者はいなかった。また独ソ歴訪の旅を終え、帰国した後の日比谷公会堂での第一声は、近衛をはじめ当時の政治家をひどくこきおろしてみせ、松岡の人気は高まる一方だった。[69]

これに同調したのが、永野軍令部総長だった。軍令部総長は、「仏印及び泰国に軍事基地をつくることは必要であり、これを妨害するものは断乎として打ってよろしい。たたく必要がある場合にはたたく」と発言し、他の者を驚かせた。この強硬なる発言が果たして海軍首脳らの真意を表明するものなのか、杉山参謀総長には疑問に感じられたという。[70]

翌十二日も連絡懇談会は続けられた。そこでも永野軍令部総長は、仏印が応じない場合、または英米蘭が妨害した場合は武力を行使すべきであると強調した。すると意外にも松岡外相が進駐に難色を示したのである。また六月十六日の連絡懇談会において、外相は「陛下にこれは不信であると申し上げざるを得ない」と進駐が国際不信なることを強調した。さらに松岡外相は、「進駐により先日調印した調停条約及び経済協定等の取極めも廃棄となり、その影響は泰、蘭印にも及び、重要物資の取得が困難になるであろう」と発言したのである。[71] しかし外相の真意が進駐に反対なのか、天皇の理解を得ることに自信を持てないのか、誰にもわからなかった。結局、南方施策促進に関する件は、一部の修正を加えることで外相の同意を取り付けることができた。それは正に独ソ戦が開戦された日のことだった。
天皇には、重慶政府に対する圧力を加え、後ろで操っている英米を分断し、あわせて南方地域で対日政治・外交、経済、軍事のあらゆる領域での妨害を排除することを旨とし、上奏した。[72]
なお、この頃の大本営陸海軍部は独ソ開戦に伴う全般国策の討議に忙殺されていた。よって日米交渉は米国側からの対案が未着のまま「置き忘れられた状態」にあったのだ。[73]

矛盾する環境醸成

日本は一方において日米諒解案に基づき対米国交調整を図りながら、他方において南部仏印進駐を行った。これは「根本的矛盾」と捉えられても仕方のないことだった。米国も同じ認識を持っていた。しかし当時、日本は首相のリーダーシップの下、依然として日米交渉を促進する方針だった。

その理由は近衛首相の懸念、つまり米ソ両国を敵に回すことは、国際的地位を不安に貶め、日本の破滅を導くという考えにあった。ソ連との関係が築けなくなった今、日本が米国との関係悪化だけは避けたいと感じるのも無理はなかった。

そして、その思いからか、対米交渉の妥結に全幅の信頼をおき、大本営及び政府までもが、たとえ南方へ進出しても米国の態度の多少の硬化を予期するものの、全面的な経済断交まで行うとは予測していなかった。松岡外相の反対にも米国などの対日全面禁輸に触れての発言は少なかったのである。

この日本の判断の裏には、米国も対日全面禁輸が必然的に日本の武力南進を誘致するという因果関係を承知しているはずであり、米国がこれを断行する時は対日戦を決意した時であるとの考えがあった。[74]

仏印進駐問題は独ソ開戦に伴う新国策において再確認され、六月二十八日連絡懇談会で正式に決定された。しかし、六月三十日の対独通告文についての会議をめぐり、この問題が再燃するのだった。

松岡外相は「南に火をつけるのを止め、北をやれと強調し、約六ヵ月仏印進駐を延期せよ」と提議した。

独ソ開戦が外相の進駐に対する変心の理由だったのか。しかし「総理及び統帥部が飽くまで実行する決心ならば、既に一度賛成したことゆえ、不同意はない」と付言した。[75]

これに対し、及川海相は六ヵ月ぐらい延期してはどうか、と述べた。近藤信竹（こんどうのぶたけ）軍令部次長も塚田攻（つかだおさむ）参謀次長に延期するように考えようと私語した。塚田参謀次長は杉山参謀総長に断乎進駐すべき旨を具申し、杉山参謀総長は永野軍令部総長と協議の上、統帥部を代表して進駐すべき旨を表明した。

近衛首相は「統帥部がやる決心ならやる」と述べ、外相は「然らばやるが、その他の大臣に異存なきや」と問い、各大臣異存なしと発言し、ここに「最終の断」が決せられたのである。[76]

南部仏印進駐

南部仏印進駐のため、陸軍では七月五日、大陸命をもって新たに第二十五軍が編成された。第二十五軍は七月二十四日、海南島の三亜を出港できるように準備を進めていた。準備には約二十日間を必要とした。[77]

フランスに対する交渉は、七月十四日より直接ヴィシー政府に対して行われた。日本がフランスの正統な政権として認めていたのは、シャルル・ドゴールが率いる「自由フランス」ではなく、「ヴィシー政府」だった。この時、日本はドイツに斡旋を依頼したが、ヴィシー政府へ圧力を加えることはできない、と拒絶の回答がきていた。

七月二十一日、仏印は左記条件の下に日本の要求を応諾し、ここに「仏領印度支那ノ共同防衛ニ関スル日本国『フランス』国間議定書」が成立した。[78]

一　フランスの領土及び主権の尊重を厳守すること
二　攻撃的防守同盟にあらざること
三　第一項の趣旨を日本政府において特に声明すること。右は現地仏印の無抵抗を命ずるためにも必

要なること

四　駐屯の必要解消せば撤廃せられ度いこと

この議定書に基づき、日本軍は南部仏印進駐を実現したのである。日本が太平洋戦争に突入する過程において、日独伊三国同盟の条約締結に次いで起きた重大な「運命の一石」だった。大本営陸軍部は七月二十三日、第二十五軍司令官に対し、七月二十四日以降三亜を出港、進駐を開始すべき旨を発令した。こうして日本軍は七月二十八日、平和裡に南部仏印進駐の第一歩を踏み出したのだった。

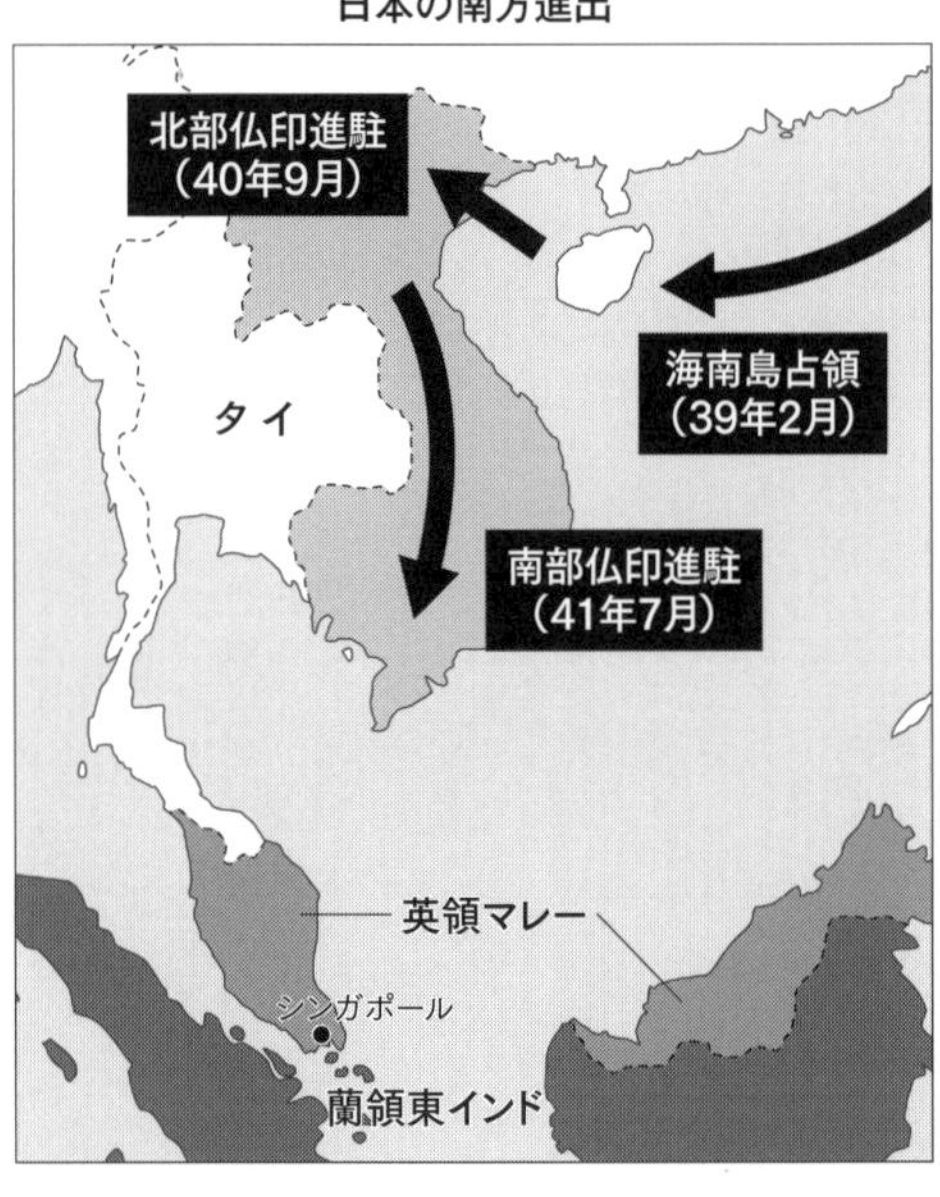

これに対し、米国は日本政府の公表に先立ち、七月二十五日、野村大使を呼びつけ、直接ルーズベルト大統領に仏印進駐の企図を説明させるとともに、先般来の国交調整に向けて日本は努力するつもりがあるのかと詰問した。[79]

前日には、野村大使はベンジャミン・サムナー・ウェルズ国務長官代理から石油禁輸を示唆されたばかりだった。[80]それでも大統領は、野村大使に対し、仏印を英、蘭、中、米によって「中立化」させることを提案したと言う。

しかし、米国の主要閣僚らは日本の仏印進駐を欧州におけるドイツの作戦と呼応するものとの見方を強めていたこともあり、野村大使が何を述べても「手の施しようがない」と報告するような状況だった。[81] 結局、野村大使の懸命な説諭にもかかわらず、七月二十六日、米国は対日資産の凍結を発令し、英蘭もこれにならったのである。

ルーズベルト大統領は対日資産凍結発令の直前、「今ここに、日本という国がある。その国がその時その帝国を、南方に拡大しようという侵略的目的を持っていたかどうかは別として、とにかく彼らは彼ら自身に必要な石油を持っていなかった。ゆえに、若し我々がもっと早く石油を遮断していれば、日本は蘭印に一年前には侵攻していたであろう。そして我々は日本と戦争になっていたであろう」と演説した。それはホワイトハウスにおいてニューヨーク市長に伴われた民間義勇協力委員会の会員を目の前にしてのことだった。

ルーズベルト大統領が言う石油の遮断は、資産凍結により今や冷厳たる事実となった。つまり、この時点でルーズベルト大統領は開戦止む無しの決意をしていたことになる。[82]

また米国は、その準備も具体的に行っていた。フィリピンの陸海軍をそれぞれ米国陸海軍の指揮下に編入した。七月二十六日には米極東陸軍司令部が新設され、元陸軍参謀総長ダグラス・マッカーサー中将(当時、フィリピン政府の軍事顧問)をその最高責任者に任命した。さらにハワイへの軍事力増強も行っていたのである。[83]

やや時を遡るが、米国艦隊主力は太平洋沿岸の根拠地サンディエゴからハワイ方面に出動して大演習を実施した。五月七日、米国海軍省は「当分の間、ホノルル真珠湾を米国艦隊主力の臨時根拠地とし、残留することになった」と発表したのである。

その理由についてワシントン特電は、米国海軍省が大演習は終了し、今後も小規模の演習を行うはずであり、その他には滞留の意義はないと弁明したのに対し、支那事変が容易に収束せず、日米関係が引き続き険悪な状態を見せ、さらに蘭印問題も起こり、その上、極東に対する英仏の海軍力が希薄になり、日本を威圧牽制するために艦隊の根拠地をサンディエゴよりも極東に二千海里接近するハワイに移すことになったと報じた[84]。これらの米国軍の決定は多くの海軍軍人をして、もはや対米開戦が回避できないと思わせるのに十分なものであった。ここでまた時を遡る。独ソ開戦をめぐる日本の動きについて見ていく。

独ソ開戦に伴う新国策

独ソ開戦も戦略環境の大きな変化の一つだった。日本政府はドイツ政府より事前に何ら公式の通告に接していなかった。従って日本、少なくとも統帥部は、六月二十二日同盟電により開戦を承知するまではドイツが開戦に踏み切るか否かについて疑念を持ったままだった。

五月十五日の大本営陸軍部における首脳会議の結論でも、ドイツが対英、対ソの二正面戦争を強行するような愚を犯さないであろうとされていた[85]。

五月二十八日、松岡外相はリッペントロップに対し、「現下、我が国を繞る国際情勢及び国内情勢に鑑み、独逸がこの際、極力ソ連との武力衝突を避けることを希望する」と伝えたところ、リッペントロップは「今や独ソ戦は不可避である。戦争となれば、二、三ヵ月で作戦を集結し得ると確信する。既に軍の配備は完了し、ソ連も対峙している。戦争の窮極目標は依然英国だが、いまソ連を叩いておけば英米は手を出せなくなる」と回答してきた。

しかし松岡外相は、独ソ間の懸案は外交により打開できると判断していたようである[86]。松岡にとって独ソ開戦は、その抱懐する外交戦略の決定的挫折を意味するものであり[87]、強く反対する立場になるのは当然であろう。ただし、それは彼自身の事情による願望でしかなかった。よってドイツ政府首脳らに開戦反対の意思をもっと強く示すべきだったと思われる。

大橋外務次官も「彼(松岡)は瞬間的に八方にひらめく複雑な頭の持主で、常人には理解し兼ねるような言動に時々出るのであるが、この時もこの複雑性が災いして当然やるべき反対表明をやらなかった」と振り返っている[88]。

六月二日、ヒトラーとムッソリーニはブレンネル峠で会談した。このような情勢において大島浩(おおしまひろし)駐独大使は六月三日と四日、ヒトラー及びリッペントロップに直接会談した。そして六月六日、確信をもって独ソは開戦すると報告してきた。[89]

ここにおいて大本営及び政府は漸く開戦する場合を想定して、これに対処するための国策の研究を始めた。その趣旨は大きく二つに分けられた。

○ 独ソ開戦は日本が北方におけるソ連の重圧より解放されることを意味する
　この際、南進して自給自足態勢を確立すべし
○ 独ソ開戦は北方におけるソ連の弱化を意味する
　この際、北進して北辺の憂慮を芟除すべし

つまり同じ事象を見て北進か南進か、という問題に収斂されたのである。そして六月七日、大本営陸軍部において首脳会議が開催された。ただし、杉山参謀総長と田中第一部長は出張のため不在にした。そのような事情があったからか、この時の会議の大勢はどちらにも与しない「準備案」に傾いた。独ソ開戦は陸軍多年の懸案である北方問題を解決して北辺の安定を確保する絶好の機会である。しかし陸軍は作戦兵力の大部を挙げて対中作戦を遂行中であり、余力は少なく、また支那事変を中途にして放棄することは到底許されるものではなかった。

つまり、日本は依然、支那事変の処理に邁進するとともに、北辺に対しては所要の準備のみを整え、スターリン政権の崩壊または極東ソ連の混乱など、独ソ戦の推移が日本へ有利に進展した場合、はじめて武力を行使して北方問題を解決し、南方に対しては単に南部仏印進駐を行い、情勢の推移を俟つという構想に帰着せざるを得ない、という結論になった。[90]

南部仏印進駐の経過図

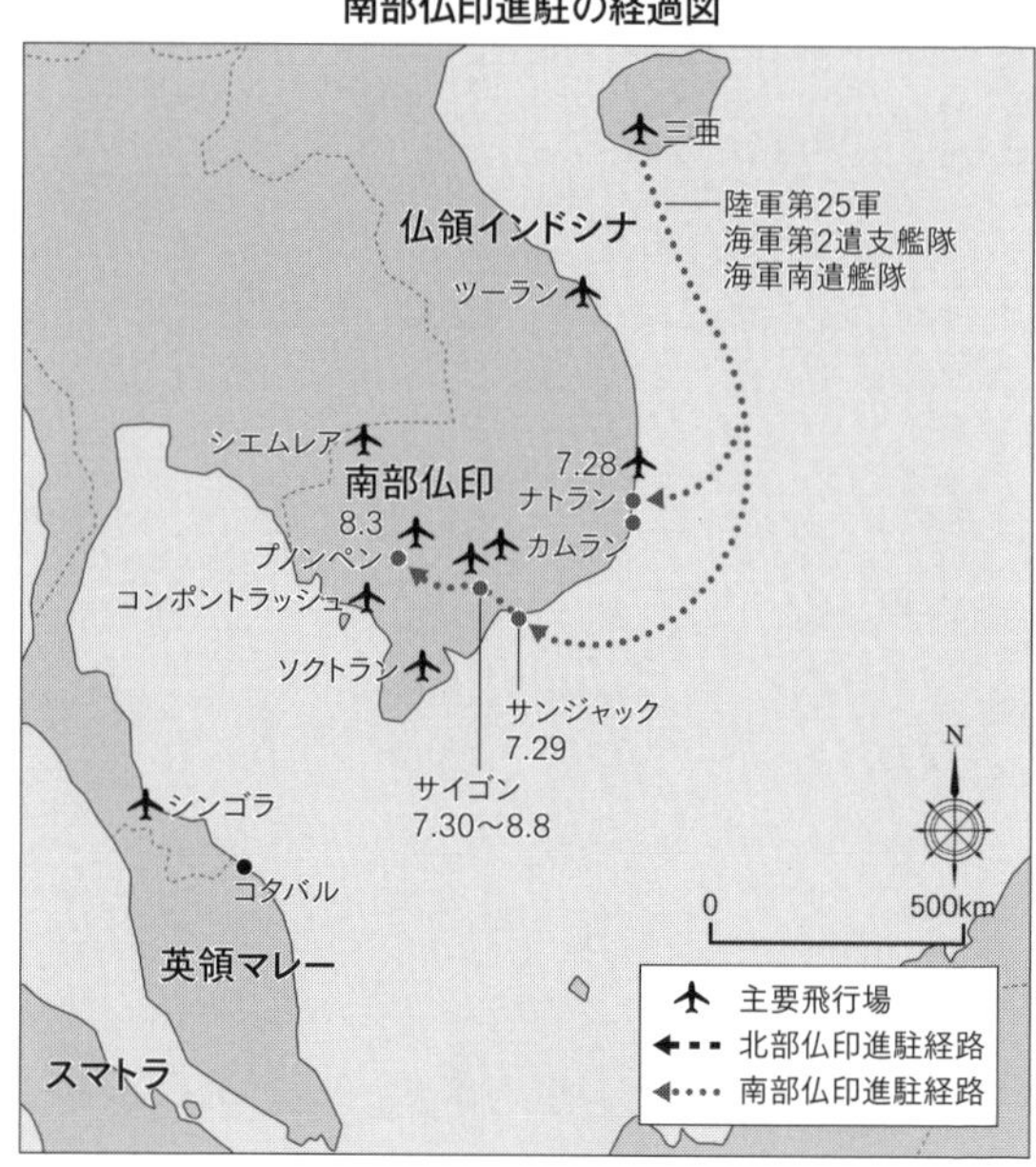

これは国際情勢の大局を見据えた戦略とは言い難い。むしろ目の前の環境の変化に左右される行き当たりばったりの対処に陥っていたのではないだろうか。

ドイツとの関係にも議論があった。日独伊三国同盟があっても、日本がドイツに協力する義務はなかった。ただし対ソ開戦に当たり、日本に何ら通告してこなかったことに憤慨し、日本は自主的な行動に終始すべきと主張する者がいる一方、東西両洋においてソ連または米英に接する日独が共通の利害を持っていると、暗にドイツを支援すべきと主張する者もいた。しかし多くの者は、日ソ中立条約から日本は中立を守るべきだという認識を持つのだった。[▼91]

その後、杉山参謀総長と田中第一部長が帰京し、大本営陸軍部では六月八日より十日に亘り、連日、会議が開かれた。六月九日午前十時から参謀総長統裁の部長会議が開かれた。田中第一部長の意見は北方の武力解決を重視し、「好機を作為捕捉して武力を行使すべき」と強調するものだった。杉山参謀総長を含め、北方に対する武力解決で全般の空気を支配した。

しかし塚田攻参謀次長は、三国同盟を基調として対ソ、対米英参戦という考え方を嫌っていた。開戦はあくまで自主的に決定すべきもので、ズルズルと属国のように引きずり込まれるのを非常に恐れていたからである。

この部長会議の後、田中部長は参謀次長直轄班長の有末次（ありすえやどる）大佐を呼び出し、「好機を作為補足して武力を行使すべきだ」と強調した。そして遂には怒りだし、まさに腕力に訴えそうな剣幕になった。そこで有末大佐は、その場では言葉を濁して引き下がらなければならなかった。[92] こうして大本営陸軍部では準備案に変化はないが、北方解決を狙いとする準備案でまとまったのである。

それに対し、陸軍省の首脳らは北方の武力解決には消極的であり、「北方の情勢が恰も熟柿が地に落ちるが如き情勢においてのみ武力を行使すべきである」と主張した。参謀本部の「好機を作為捕捉する」という考えも、単に「好機を捕捉する」案へと後退してしまった。[93]

陸軍省においては、独ソ戦の推移について、必ずしもドイツ首脳らが言明したように楽観するものではなかった。従って北方解決には大規模な武力行使が必要になり、このためには南方の戦略物資が必要になるのは必至である。よって強引な北方解決は、かえって危険であると見られていた。むしろ陸軍省は南進に資する状況を重視していたのである。

陸軍側より、これらの案を海軍側に示したところ、海軍も準備案であるが、南方に対しては武力準備を完整し、北方武力準備は現状を基準として整えるというものだった。海軍の「第一委員会」が中心になってまとめたものである。[94] それが「現情勢下に於て帝国海軍の執るべき態度」であった。その結論である。[95]

一　帝国海軍は皇国安危の重大時局に際し、帝国の諸施策に動揺を来さしめざる為、直に戦争（対米国を含む）決意を明定し、強気を以て諸般の対策に臨むを要す

二　泰国、仏印に対する軍事的進出は、一日も速に之を断行する如く努むるを要す

つまり海軍は、一日でも早く南仏印進駐を実行しようと決めている、というものだった。そもそも単に準備だけ進め、意志の決定はその時の情勢に応じて定めるというのが海軍の考え方である。これに対し、陸軍はまず意志を決定してから準備を進めようとした。これは陸海軍の武力行使に対する認識の違いに起因する考え方の相違だった。

しかし海軍の一部には、海軍の慎重論が陸軍にとっては「薬が効きすぎた」とする考えもあった。すなわち、この「態度」立案の狙いの一つに陸軍を駆って再び国家を南進の方向一本に持っていこうとしていると見なすことができるのだ。[96]

また、この「態度」の結論は、従来のような戦争絶対回避の方針を一擲して、対米一戦を辞せざる決意を明定しようという一事にある。以上のような日米戦争不可避論は本格的な対米戦の進捗状況にも影響を受けた。

海軍は第一航空艦隊及び第三艦隊の新設をもって外戦部隊の対米七割五分の戦備が完整した。これにより日米戦うならば今が好機であるという判断さえも底流したのである。「帝国海軍の動向は内皇国百年の運命を決し、外世界の新情勢を制せんとす」は必ずしも美辞麗句だけとは言えなかった。[97]つまり戦意と戦備とは表裏一体の関係にあったのだ。

ただし陸軍には、海軍の南方進出の企図は不明だった。ただ単に対英米戦備の完整を企図しているように見えていた。だからといって、海軍首脳らには対英米戦を決意している様子はなかった。[98]これらの事実から海軍側の不協和音が響いてくる、というのが陸軍の偽らざる印象ではなかったか。

松岡外相の対ソ開戦論

六月二十四日、「情勢の推移に伴ふ帝国国策要綱」の大本営陸海軍部案が決定された。[99]その方針は次のとおりである。

一　帝国は世界情勢変転の如何に拘らず大東亜共栄圏を建設し、以て世界平和の確立に寄与せんとする方針を堅持す

二　帝国は依然支那事変処理に邁進し、かつ自存自衛の基礎を確立する為、南方進出歩を進め、尚情勢の推移に応じ北方問題を解決す

三　帝国は右目的達成の為、如何なる障害をも之を排除す

六月二十五日、これに基づき連絡懇談会において「南方施策推進に関する件[100]」が議決された。それは大本営陸海軍部の要綱案をさらに具体化したものだった。その中でフランス政府あるいは仏印が日本の要求に応じない場合、武力を行使することもあると示されていたほか、予め軍隊派遣の準備に着手することも明らかにされていた。

その後、松岡外相は来訪中のオイゲン・オットー及びコンスタンチン・スメタニン独ソ両大使に対し、日本の態度についてやりとりしたことを説明した。

その際、及川海相より「過去は問わないが、国際情勢微妙なる現在、統帥部に無断で先走ったことを言うのは慎まれたい」と松岡外相は勧告された。これがきっかけとなって新国策について、討議が開始された。討議といっても、会議は松岡外相の対ソ開戦論に終始した[101]。

外相の考えは、独ソ戦へ直ちに参戦の決意を示し、先ず北をやり、次いで南をやり、この間、支那事変を処理する、というものだった。松岡外相は大島浩駐独大使より、度重なる意見具申を受けていた。その要旨は「日本の方策は相当難しいと思うが、独ソ戦は短期に終わる。本年中には独英戦も終わる。過度に形勢を観望することは不可なり」というものだった。

この大島大使の「予想」はフィンランドへ突入したソ連軍が苦戦しているのを見たヒトラーたちのソ連軍に対する過小評価が伝染した結果だったのか。いずれにせよ、松岡外相は対ソ開戦論を「ソ連と戦う場

合、三、四ヵ月ぐらいなら米国を外交的に抑える自信を持っており、よって先ず北をやり、次いで南をやるべきだ。虎穴に入らずんば虎子を得ず。宜しく断行すべき」と語ったのである。[102]

東條陸相は、松岡外相の発言に対し、「支那事変との関係を如何にするか」と質問した。外相は「我輩は北を先にやることを決め、ドイツに通告する」と肚を括っていた。[103]

これに対し、参謀総長は「道義外交はもっともだが、日本は現在支那に大兵を用いつつあって、実際はできない。関東軍を戦時態勢にし、攻勢をとるためには更にこれへ兵力を増強しなければならず、これらの準備には少なくも、四、五十日を必要とする。独ソ戦の状況はその頃判明するだろう。それでよければ起つのだ」と言明した。[104]

最後に外相は、「『これに即応するよう外交交渉を行う』と入れれば宜しい。ただ外交をやれといっても、米国との工作はこれ以上続かないと思う」と述べ、南方進出の危険性を再度強調した。[105]

こうして大本営案に外相の主として外交に関する意見を加えて決定した「情勢の推移に伴ふ帝国国策要綱」は七月二日、御前会議に付議された。その際、近衛首相は提案の趣旨及び方針に関し、急激に変化しつつある国際情勢の中、日本は支那事変処理、自存自衛の基礎を確立、機に応じて北方問題を解決することは急務であると説明した。[106]

続いて杉山陸軍参謀総長が支那事変処理及び北方問題の解決について上奏した。支那事変の早期解決のため、重慶政府を支援する米英の排除と、日独伊同盟があるものの独ソ戦の進捗を見守り、状況が有利に進めば北方問題を解決するという考えだった。[107]

さらに永野軍令部総長は、南方問題解決及び米国参戦に伴う帝国の態度について上奏した。現在の状況から日本が南方へ行くのは自給自足のためであり、英米が妨害する、あるいは米国が参戦した場合、独伊に対する援助義務の遂行に止まらず、大東亜共栄圏を建設するためには武力行使も必要であるとした。[108]

最後に、御前会議の参加者の一人、原嘉道(はらよしみち)枢密院議長と政府及び大本営との間に質疑応答が行われた。

原議長の質問の狙いは極力英米との衝突を回避してソ連を打つべしということだった。即ち原議長は、支那における敵性租界の撤収及び仏印進駐が英米を強く刺激することの危険性を述べ、「これが実施を慎重ならしめるよう」にと要望し、ソ連打倒に関して強調した。[109] こうして独ソ開戦に伴う新国策は大本営及び政府が取り組んでから約一ヵ月を要して廟議の決定を見るに至った。

関特演

御前会議の決定に基づき、大本営陸海軍部は対ソ戦備を強化した。陸軍は差し当たり、関東軍（十二個師団及び二飛行集団基幹にして、これを四個軍及び一個航空兵団に編組）及び朝鮮軍（二個師団基幹）の戦時定員に不足する人馬を充足した。そして朝鮮に留守師団をつくると同時に内地の第五十一、第五十七の二個師団及び所要の軍直部隊（約二百隊）を動員して、これを関東軍に増派し、対ソ警戒戦備を強化した。その他、満州国の防衛強化のため、五個の独立守備隊から成る関東防衛軍を新設した。この召集及び動員は七月上旬から中旬にかけて発令された。また七月下旬より九月にわたり応召人馬及び動員部隊は鉄道、船舶、港湾を最大限に利用し、満州及び朝鮮に輸送された。[110]

七月七日、東條陸相及び杉山参謀総長は列立して動員に関する上奏を行い、允裁を仰いだ。天皇は「動員はこの際、已むをえないものとして認める。但し北にも支那にも仏印にも、八方に手を出しているが結局重点がなくなりはせぬか。この点は将来よく注意せよ。また従来陸軍はとかく手を出したがるから、この度は特に注意して謀略をやらぬようにせよ」と厳命した。

それに対し、杉山参謀総長は、「聖旨に副わんことを期す。関東軍司令官には改めて聖旨の程を伝達すべく、又総長及び次長よりも、この件につき改めて指示いたすべし。昨日も関東軍司令官に注意した次第なり。梅津美治郎（うめづよしじろう）関東軍司令官の承詔必謹の性格及びその統率力に鑑み、十分聖旨に副い得るものと信じあり。ご安心あらんことを乞う。梅津軍司令官の御信任厚き模様、独ソ戦の状況上聞す」と発言した。

天皇は、なおも「関東軍の戦備増強は果して十分に秘密保持ができるか」と懸念を表明した。参謀総長は次のように答えた。全面的秘密保持は不可能という外はない。勿論秘密保持には万全の手段を尽しつつある。例えば国内でやる動員を電報を使わず特使派遣でやっているし、また臨時招集の形をとっている。故に人員召集の関係では大体相当程度の秘密保持が、殊に対外的にはできるだろうと考えあり。但し輸送が始まればショックを与えることとなるべきも、某期間の秘密保持は可能であろう、とである。

その際、陸相は「たとえ動員及び集中の秘密保持ができなくなっても、それが南方向けか北方向けかは容易に判らぬ次第で、従ってこの動員集中は対ソ外交及び対南方外交にも一つの後拠を与えることになると考えます。外交上これを善用することは特に留意を要する点なりと考えられます」と言葉を添えた。

その言葉を聞き、再び「北にも支那にも、また仏印にも兵力を割き、八方手を出すことになるが、支那事変処理の信念はあるか」と天皇は疑問を呈した。

参謀総長は「なかなか難しい問題であるが、最善の努力を尽くすところに自ら解決の道も開けてくると考えます。支那の内部でも汪精衛（おうせいえい）（汪兆銘の別名）は全く感謝して対日協力に挺身しています。一方『閻錫山工作』[111]も進みつつあります。また対支封鎖も次第にその効果をあげることになるでしょう」と発言した。

それでも天皇は、「関東軍兵備増強の動員は已むを得ぬものとして承認する。但し何処も此処も重点がなく、兵力を分散しては遂に困ることにならぬか。又兵力増強の結果、却って関東軍が手出しをするに至らないか、特に注意せよ」と発言するのだった。天皇は懸念または不満等がある場合、繰り返し同じことに言及するのが常であった。

そして最後に参謀総長は「御中聞は十分留意し、殊に関東軍の手出し云々については、万全の措置を講じ、断じて聖旨に悖ることなきを期す。兵力配備については現下の情勢において、不敗の態勢をとるための措置なるにつき御了承ありたく、尚、将来における兵力の用法については改めて上奏することと致します」と答えた。[112]

この動員（「百号動員」と呼称した）は陸軍創設以来、最大のものであり、満州国は作戦地として相貌を一変させた。またこれらの作戦準備のため、満州、朝鮮に集積された作戦資材は、その後数次の南方及び内地への転用があったにもかかわらず「終戦時全量の約五割が残っていた」という。これにより関東軍の総兵力は人員を倍加して約七十万、馬匹約十四万、飛行機約六百機を算することとなった。

ちなみに独ソ開戦当時における極東ソ連軍の兵力は師団約三十個、戦車約二千三百両、飛行機約一千七百機と判断され、開戦後もまた大なる兵力の西送は見られなかった。[113] この陸軍の動きに対し、軍令部次長から参謀次長に対し、物資動員や陸海軍工場の区分を変更しないことなど、露骨な要望があった。[114]

関東軍においては前記の諸行動を「関東軍特種（特別）演習（略称「関特演」）」と呼称して企図の秘匿に努めた。しかし北方問題を解決するための使用兵力の規模については陸軍省と大本営陸軍部との間に思想の懸隔があり、決定しなかった。

陸軍省は徹底した〝熟柿主義〟をとり、在満鮮十六個師団基幹以下の兵力で可能な場合において北方を解決しようと考えていた。これに対し、大本営陸軍部は所要に応じ、さらに中国及び内地より兵力を満州に増加し、二十三個師団基幹の兵力をもって、北方解決を強行する企図を持っていた。その兵力の増加には、北方の武力解決に関する国家意志の決定を必要とし、統帥部だけでは実施できない内容だった。

こうして北方に対する武力行使は季節の制約を受け、遅くとも九月上旬に開始し、厳冬期が到来する前に所定の作戦を終了することを念頭に置かれていた。従って二十三個師団基幹の兵力を以て北方解決を強行するならば増加兵力輸送のための所要期間を見積り、少なくとも約一ヵ月前に兵力の増強を開始する必要があった。よって決断は偏に独ソ戦の推移如何にかかっていたのだった。

一方、海軍は七月五日、新たに第五艦隊を編成し、対ソ戦に備えた。第五艦隊は差し当たり、軽巡洋艦、水雷艇各々二隻より成り、大湊を根拠地とした。[115] ここから見えてくることは、必要性や可能性、すなわち目的や彼我の状況の特質などを十分に検討したというよりも、状況が許せば実行に移す、つまり「勢い」

に委ねるという安易な考え方である。

これまで外交は軍事より過激な方策を提案し、軍事はそれを状況に応じて利用してきたように見られる。しかし外交は本来、良好な環境醸成を第一義とすべきではなかったか。これでは軍事力を裏付けとした強硬外交にしか見えない。これ以降、外交と軍事の乖離はますます顕著になっていくのである。

第三節　非軍事領域における限界

松岡外相の退場

「情勢の推移に伴ふ帝国国策要綱」の決定後、政府及び大本営は、再び日米交渉に取り組んだ。この間、米国の六月二十一日付対案は棚上げにされたままだった。また、この対案にはハル国務長官のオーラル・ステートメントが付されていた。

その主旨は松岡外相の退陣を要求するものだった。[116] このため松岡外相は「世界国交史上稀有の例である」と激怒した。[117]

それも理由にあったかもしれない。七月十日及び十二日の連絡会議で、米側の対案が検討された際、外務省は次のように意見を開陳した。[118] 主要な部分を抜粋していく。

一　世界は現状維持と現状打破、民主主義と全体主義とがまんじ巴となって戦っており、ハルの対案は現状維持のものであり、現状維持国は一致して日本圧迫に乗り出すと思われる。

二　満州は支那に復帰すべきものと考えている。本案は日満華共同宣言を白紙にもどして日支交渉をせよというのだ。

三　治安駐兵を認めていない。無条件撤兵を目標としている。

四　防共駐兵を非認している。

五　日本は日支の緊密な提携を企図しているのに対し、米国は支那における無差別待遇を主張している。

六　米国は支那において将来有利なる地位を確立しようと考えている。日支和平交渉の解決の根本を日米両国で決めて、その範囲内で日支直接交渉をさせようと考えている。即ち東亜の指導を米国に譲ることになり、日本の自主的国策の遂行を妨害する。

七　欧州戦争に対する日米両国の態度については大きく違う。要するに米国は参戦するが日本は黙っていろとしか見えない。

八　日米間の貿易については、事変前の額に釘づけしようとしている。即ち日本の将来の経済発展を妨害し、米国自体としては東洋の市場を自由に占めることになる。

次いで、外相は米側の対案をさらに批判した。そして「自分は受け入れることはできない。なんとかして話し合いをつけたいと思うが、到底成功の見込はない」と外交交渉の打ち切りを提議した。しばらく沈黙が続いた。

そこで参謀総長が「外相の異見に自分も同感である。然し軍部としては、南方には近く仏印の進駐もあり、北方には関東軍の戦備増強という重大なる事態を直後に控えている。この際、米国に断絶の様な措置を取るのは適当ではない。交渉の余地を残すのが適当である」と発言した。

それに対し、外相は「日本が如何なる態度をとっても、米国の態度は変わらぬと思う。米国民の性格より、弱く出るとつけあがる。故にこの際、強く出るのが宜しいと思う」と首を縦に振らなかった。

内相は「この際、日本は何としても米国を参戦せしめぬことが大事なのである。本来なれば、日米共同して今日の戦争を打ち切ることが宜しいと思う。然るにこのままどんどん進んで行けば、五十年、百年も戦争は続くかも知れぬ。外相の常に言う日本の大精神八紘一宇から言うならば、戦争をしない方が宜しい。外相の言うようにステートメントに反撃を加えることは宜しいが、交渉に就いては、望み薄かも知れぬが右のような考えの下に努力してもらいたい。外交は外相の責任なること申すまでもなきことながら、これを一筋にする必要がある。これをこのままに投げうてば、腹背皆敵となり、物資は欠乏し、大戦争の遂行はできないであろう。ソ連を打たねばならぬが、現今の時勢では難しい。他日はやらねばならぬ。南方もやらねばならぬが一時にこれをやるわけには行かぬ。日本の現在の状態では、物を取り国力をつけねばならぬ。国際信義を守ることは固よりなるも、日本の生存よりすれば、已むを得ないことも考えられる」と発言した。

外相は「恐らく米国の参戦を止めさせることはできないであろう。日本は三国同盟を一貫して進んできている。然し最後まで努力を続けましょう。日米の提携は、我輩若い時からの持論である。絶望とは思うが、最後まで努力しましょう」と伝えた。

陸相は「望みがなくとも最後までやりたい。難しい事は知っているが、大東亜共栄圏建設及び支那事変処理、これができなければならぬ」と発言し、海相からは「海軍の情報によれば、ハル長官は太平洋では戦争まではもっていくまいという考えがあるらしい。そこに本施策をやる余地があるのではないか」と質問が出された。

外相は「何か余地がありますか、どういう余地がありますか何を入れますか。南に兵力を使用しないというならば聞くだろうが、それ以外、何があるか」とむきになって答えた。

すると海相は「太平洋の保全、支那の門戸開放等で入れることはありませぬか」と付け加えた。

外相は「今度の米国案は、第一案より改悪であるから、これを引きもどすことは困難である。日本組し易しと思うからこのような手紙をよこしたのである。原案を堅持して交渉を続けるならば、蹴って蹴って蹴りのめされてから、はじめて止めるようになるだろう」と海相の質問に答えた。[119]

この日、近衛首相は全く一言も発しなかった。[120] しかし今や松岡外相と他の閣僚、中でも首相との意見対立は深刻なものがあり、対米交渉の促進が至難であることは明らかだった。近衛首相は十五日、陸海相と協議し、松岡外相のみの更迭は適当ではない、と総辞職することに決めた。[121]

第三次近衛内閣

首相は葉山の御用邸に伺候、これまでの経緯を上奏した。それに対し、天皇は「松岡だけをやめさせるわけにはゆかぬか」と質問した。首相は慎重熟慮の上、善処すべきも、このままにしておくことはできないと答えた。[122]

そして翌十六日夜、第二次近衛内閣は総辞職を行った。大命は近衛公に再降下し、七月十八日、第三次近衛内閣が成立した。新内閣の外相は、前商工大臣の海軍大将豊田貞次郎であり、三名を除く大部の閣僚が前閣僚で占められていた。[123]

言うまでもなく内閣の更迭は、専ら対米交渉を促進する意図から出たものだった。それにもかかわらず、野村大使は、この政変を理由として前期の七月十五日付の第二次対案を米側に提示しなかった。これにも近衛首相は失望するのだった。なぜなら米国の「注文」どおり、松岡外相を退陣させた、その意義すら野村大使は米国に伝えなかったからである。[124]

また大本営陸軍部の中でも「下剋上」と呼ぶべき不穏な空気が流れていた。「南部仏印と対ソ準備は絶対不変なるものとして、統帥部は確乎たる方針を堅持すべき」とする決裁案を田中部長が率いる第一部から参謀次長に提出されたのだ。先日（六月八日）の田中部長と参謀次長直轄の有末班長とのやりとりがあったばかりにもかかわらず、である。塚田参謀次長は、この決裁案に憤慨し、受理しなかった。もともとこの案は大本営陸軍部の多数の課長が連帯し、新外相の就任に当たって、参謀総長を鞭撻しようとするものだった[125]。

ちなみに第三次近衛内閣成立後、最初の連絡懇談会において、懇談会を連絡会議と呼称し、開催場所も宮中大本営に移すことと決められた。

この頃、大本営陸軍部作戦部では、ソ連が関特演を開戦決意に基づく作戦準備と速断した場合に備える必要性が議論されていた。これを強く主張したのは田中第一部長だった。具体的には、ソ連が日本軍に対する先制攻撃、中でも航空攻撃を加えることを憂慮した。

田中部長は東條陸相に対し、ソ連からの先制攻撃があり得るという一つの情勢判断を、とりあえず上奏しておくことが必要であると進言した。東條陸相も、このような場合には速やかに対ソ開戦を決意すべきであり、予め廟議で決定しておく必要がある、と同意した。ただし杉山参謀総長などは、今、開戦を決意することは情勢上、到底不可能であると考えていた。

それでも参謀総長は八月一日、第二次動員部隊の満州派遣とあわせ、前記の情勢について上奏した。その際、天皇から「無闇にやらないだろうね」という発言があり、杉山参謀長は安心して欲しいとの旨を答え、ソ連から先制攻撃を受けた場合、当然なすべき措置を報告した。

その措置とは、航空に関する限り大命を仰がずに主力航空部隊をもって反撃及び越境を行うというものだった。それは実質上の開戦であり、右上奏は大命に基づかずして実質上の戦闘行為をとると事前に言上したことになる。

天皇は、この上奏に対し、何らの意思表示をしなかった。黙認されたともとれるし、不満ないしは不同意であったとも察せられた。もっとも従来の例からは、このような重大問題に対し、なんとも仰せられないのは不満の場合が多かった。

そのような状況の中、八月二日夕刻、関東軍情報主任参謀の甲谷悦雄（こうたにえつお）中佐から大本営に秘密電話がかかってきた。東部国境方面のソ連軍が無線封止中であるとの報告だった。無線封止は企図を秘匿し、我の行動を敵に知られないためにとられる常套手段である。よってこの時も、それは対日攻勢発起の有力な兆候と見られたのである。

俄然、大本営陸軍部は極度の緊張につつまれた。現地の関東軍からは「もし、ソ連軍の大挙空襲がある場合、中央部に連絡して好機を失するときは、独断進攻もあり得るため、予め承認を乞う」との来電があった。これに対し、杉山参謀長は直ちに「このような場合は国境内の反撃に止めることを原則とする。中央は関東軍の慎重なる行動を期待する」という旨を返電した。

このやりとりからも大本営陸軍部は、応戦のためにソ連領へ進攻することを政府に同意させ、これに基づき大命を仰ぐべきとの結論になった。

八月三日午前二時より五時にわたり、田中第一部長、武藤軍務局長等は「日ソ間の現情勢に対し帝国の採るべき措置に関する件」を討議し、起案した。その骨子は「ソ側の真面目なる進攻に対しては機を失せず、これに応戦するとともに廟議は速かに開戦を決意する」ということだった。

これに対し、大本営海軍部は全く不同意だった。海軍は陸軍によって北方へ引きずられることを極度に警戒し、「開戦」というような文句の挿入を峻拒したのである。

その後、数度にわたる折衝の結果、八月五日、陸海軍にようやく意見の一致を見た。六日の連絡会議において、次のように決定されたのである。

日ソ間の現情勢に対し帝国の採るべき措置に関する件

一　対ソ警戒防衛に遺憾ならしむるとともに敵に刺激的行動を戒め且紛争生起するも日ソ開戦に至らざる如く努めて之を局部的に防止するものとす

二　ソ連の真面目なる進攻に対しては防衛上機を失せず之に応戦す

三　右に伴ふ帝国の態度に関しては速かに廟議を以て決せらる

この決定に基づき、大本営陸軍部は直ちに左記大本営命令の允裁を仰ぎ、これを大陸命第五百二十三号として発令した。命令本文は次のとおりである。

一　関東軍司令官は露軍航空部隊の真面目な進攻を受くるに方り状況已むを得ざるときは現任務達成の為航空部隊を以て露領内に進攻することを得

二　細項に関しては参謀総長をして支持せしむ

北進論に基づく対ソ戦備の強化をめぐっては、以上のように緊張する一幕があったが、満ソ国境は平静に推移した。また独ソ戦はドイツ首脳の豪語したようにはならなかった。そのため大本営陸軍部第五課の情勢判断は、独ソ戦の長期化を示唆するものであった。

そのような折、日本軍の南部仏印進駐に対する制裁措置として、米国の対日資産凍結が突然、発動されたのだった。▼126 この時の逸話として、軍務課長佐藤賢了大佐は対日資産凍結の意味さえわからなかったと言われている。▼127

これを契機とする南方情勢は、俄然、大本営陸海軍部に大なる重圧を加えた。大本営陸軍部は八月九日、独ソ戦の推移にかかわらず、昭和十六年度における北方解決企図を断念し、南方に専念する方針を採択したのだった。その「帝国陸軍作戦要領」の骨子は次のとおりだった。

一　在満鮮十六個師団を以て対ソ警戒を至厳ならしめる

二　中国に対し既定の作戦を続行する
三　南方に対しては十一月末を目標として対英米戦準備を促進する

こうして好機に乗ずる北進論は見送りになったのである。

日本の苦悶

南部仏印進駐は米英蘭の対日資産凍結へ発展した。しかし、その兆候は以前からあった。例えば野村大使は七月二十三日、米国が「日本軍の南部仏印進駐をシンガポール及び蘭印に進出する第一歩なり」[128]という認識を持っていると報じた。ただ日本は、そのような意図を全く持っていなかったのであり、真面目に捉えなかった。

資産凍結は、実質的には全面的な経済断交だった。爾来、日本と円ブロック以外の地域との貿易は途絶した。日本は国防上、死活の重大危機に直面することになったのである。近代国家に絶対必要な液体燃料を入手する方策も完全に失われた。人造石油、北樺太の石油開発、イラン又はペルー等からの入手も考えられたが、いずれも全く期待できなかった。

また東條陸相などは、米国の禁輸政策が実施されたとなれば、東南アジアに進出するしか道はないと考えていた。陸軍省燃料課長の中村儀十郎（なかむらぎじゅうろう）大佐から石油問題の解決策について言及された時、陸相は「泥棒をせいと言うのだな」と物騒な言葉で返していたのである。[129]

そして、このままの状態で推移すれば、日本海軍は約二年を待つことなく全ての機能を喪失し、液体燃料を基礎とする重要産業も一年を経ずして麻痺状態となる。いわゆる「ジリ貧」は必至の情勢と見られていた。経済断交は日本にとってはまさに武力行使にもまさる「痛苦」だった。[130]

かかる液体燃料についての致命的な重圧を加えるだけではなく、東亜におけるＡＢＣＤ対日包囲陣の態勢は益々強化された。また米国の軍備、中でも航空兵力の増強に伴い、日米軍備の懸隔は加速度的に増大するものと見られた。[131]

輸入に依存する日本にとって、この決定は過酷だった。しかも、それは軍需産業に焦点を絞ったものではなく、国民一人ひとりの日常生活に支障をきたすのは自明だった。もし戦争が政治の延長というのなら、経済も政治と軍事に大きな影響を及ぼすものであろう。そういった意味で、米国はもはや経済の領域における戦争を始めていたことに他ならない。

東京裁判における弁護人の一人、ウィリアム・ローガン氏は「一国から、その生存に必要な物資をはく奪することは、爆薬や武力を用い、強硬手段に訴えて人命を奪うのと変わることのない確かな戦争行為である」と語った。[132] まさに日本は米国から「鉄環をもって喉元を絞められた」のだった。

これに対抗するため、日本が新たに模索したのは蘭印での石油輸出に関する交渉だった。しかし、それは九ヵ月を経っても進展が見られなかった。その間、米英中蘭による対日包囲態勢、すなわちＡＢＣＤ包囲陣が出来し、日本経済を窒息死寸前にまで追い込んでいくのだった。

米国の対日経済政策は、戦争が開始される直前まで変わらなかった。いや、むしろ強化されたのである。これを普通に考えれば、日本に対抗手段を採らせないための布石と考えるべきであろう。日本は既に非軍事の領域では解決できない状況に陥っていたにもかかわらず、米国と望みのない環境醸成に時間を費やしてきたのだった。

言い方を変えるなら、この時、日本が「禁輸を解いてもらえませんか」と言ったとしても、米国は「禁輸手段を通じて国際紛争の解決を望んでいないから無理だ」と答えるだけであっただろう。

八月五日、マレー政庁は英国増援部隊のシンガポール到着を発表した。そして八月二十六日、ルーズベルト大統領は、ジョン・マグルダー准将を団長とする軍事使節団を重慶に派遣することを言明した。

以上のような国防上の重大危局に直面しても大本営陸海軍部は有効な打開策を採れず、ただ手をこまねいているだけだった。こうしているうちにも一日の待機に約一万二千トンの油を消費するのだった。

政府はとりあえず事態の鎮静化を図るため、八月五日、米国に対し、仏印を中心とする局地的解決案を提示した。それには「日本は南西太平洋とその地域に於て仏印以外の地域に進駐せず又仏印に於ける日本軍は支那事変解決せば直ちに撤退する」という文言から始まっていた。

次いで政府は八月七日、近衛首相の発意による日米両国政府首脳の直接会談を提議した。[133] この申し出、あるいは決意は、近衛首相自身の着想であったかのように言われることが多い。しかし、実際は富田内閣書記官長の発意に基づき、同書記官長と伊藤述史（いとうのぶみ）情報局総裁が進言した結果だった。富田は「どうしたら、日米交渉問題を打開することが出来るかということは、喫緊の夢寐にも忘れることの出来ない問題であった。そこで私は残された一つの途として、近衛公とルーズベルト大統領との両首脳の直接会談ということを思いついたのである」と明かしている。[134]

この日米首脳会談について、ハル国務長官は極めて冷淡であったが、ルーズベルト大統領は一見乗り気のようでもあったとされる。そこで八月二十六日、近衛首相はルーズベルト大統領に日米首脳会談の実現を「惟うに日米両国間の関係が今日の如く悪化したる原因は主として両国政府間に意思の疎通を欠き相互に疑惑誤解を重ねたと第三国の謀略策動に由るものと考えられる。まず斯る原因を除去するに非ざれば両国国交の調整は到底期し難し。是れ本大臣が直接貴大統領と会見して率直に双方の見解を披瀝せんとする所以なり」と提案した。[135] また近衛首相の会談に対する意欲は並々ならぬものだった。テロによる死をも覚悟していた。官界の長老、伊沢多喜男（いさわたきお）との会話が記録されている。[136]

伊沢：これ（日米首脳会談）をやれば殺されることが決まっているが。

近衛首相：生命のことは考えない。

伊沢：生命のみでなく、米国に日本を売ったと言われるだろう。

近衛首相：それでも結構だ。

伊沢：結局ルーズベルトが百分の四十、アメリカを売り、近衛が百分の六十、日本を売ることになる。

東條陸相は「会談の結果、不成功の理由を以て辞職せられざること。否、寧ろ対米戦争の陣頭に立つ決意を固めらるること」と近衛首相に条件を出して同意した。[137] その後も従来の事務的商議に拘泥することなく、大所高所より日米両国間に存在する太平洋全般に亘る重要問題を討議し、時局から脱出する可能性が検討された。

この提議に対し、野村大使とルーズベルト大統領及びハル国務長官との間に、会談の期日や場所等の具体的な応酬が行われ、一見その実現の望みがあると期待させた。しかし九月三日になり、ルーズベルト大統領は近衛首相へメッセージを送ってきた。

重要なる原則的問題について合意に到達した上でなければ会談に応じ難いとの回答だった。米国は重ねて会談の前提条件として「四原則」についての意見の一致を要請してきたのだった。[138]

戦後、米国務省が公刊した文書によれば、大西洋上の会談において、ルーズベルト大統領はチャーチル首相に対し、交渉によって日本を「あやしておく」という態度を表明していたとされる。[139] 日米首脳会談も、その一つの手段だったのであろう。

また米国が首脳会談を拒否した理由の一つに、「近衛首相が、支那事変勃発時の首相であり、中国との和平問題について容易に妥協しないだろう」というものもあった。

そうであるならば、日米両国首脳の大局的な話し合いによって、時局を収拾するということも、はじめから全く望み薄だったのである。

当時陸海軍においては、首脳会談に極めて熱心であって、既に全権随員等を内定し、所要の準備を進めていた。ちなみに陸軍からは、全権の一員として航空総監土肥原賢二（どひはらけんじ）中将を、また随員として武藤軍務局長及び有末第二十班長を内定していたのだった。[140]

帝国国策要綱

大本営陸軍部は、もともと米国に対する重大決意を伴う国策の決定は海軍が主導すべきものと考えていた。海軍が態度を決定させるまでは、陸軍は自らの意見を開示することを差し控えていた。もっとも陸軍は陸軍でいたずらに苦悩を重ねるばかりで自信の持てる策案など立てられなかったのも事実だった。[141]

八月十四日及び十五日、大本営陸軍部は海軍部の協力の下に南方作戦の兵棋演習を行った。その際、大本営陸軍部の首脳らも出席した。これまで海軍部は南方作戦即対米英戦という思想の下に、絶えず対米作戦と取り組んできていた。

しかし陸軍部の南方作戦の研究は昭和十五年（一九四〇年）より閑却されがちだった。それは「対南方施策要綱」の策定及び「関特演」などに伴い、ますますその様に扱われた。しかし八月上旬以来、再び陸軍部も南方作戦の研究へ本格的に取り組むことになった。[142]

なお従来における決定した国策原案の起草は多くの場合、陸軍によってなされていた。しかし今回は趣を異にしていた。八月十四日の陸海軍合同の兵棋演習の席上において、海軍部は陸軍部に対し、ある案文を開示した。これが「帝国国策遂行方針」であった。[143]正式には八月十六日、軍務局長及び作戦部長等が出席する陸海軍局部長会議において、海軍側から初めて提示されたものだ。

その骨子は、十月下旬を目途に戦争準備と外交を同時に進め、十月中旬になっても外交が妥結しない場合には武力を発動するというものだった。[144]これは海軍としてはまさしく画期的な決意の表明だった。米英蘭の禁輸により日本の自存が危ぶまれ、打開の方策がなければ武力を行使するのは、春以来、陸海軍に底流する基本的態度だった。よって爾後この海軍案を基礎とし、陸海軍間の討議折衝が行われたのである。

海軍は戦争決意を保留したまま、戦争準備を実施する考えだった。対する陸軍は戦争決意なくして本格戦争準備を実施することに難色を示した。「決意なくして準備を進めんとする海軍」と「決意なければ準備を進め難しとする陸軍」とが、ここでも意見を対立させたのである。

現に海軍は、既に八月末を目途に戦争準備の概成を大規模かつ着実に行ってきた。そのため八月十五日の大本営海軍部の次のような通報は大本営陸軍部を大いに驚かせるのだった。[145]

一　十月十五日迄に対英米戦備を完結する

二　八月及び九月更に各三十万屯の船舶を徴傭する

三　九月二十日陸海軍作戦協定を実施する

四　九月上旬支那より陸戦隊三個大隊を抽出する

五　九月中旬より更に五十万屯の船舶を徴傭する（予定）

陸軍においては、かかる準備は戦争決意がないままに実施すべきではなく、また実施できないと考えていた。もともと海軍の戦備の主体は、基地における保有兵力量及び資材の充実である。従って一度整えた戦備を撤収することは比較的容易である。よって海軍はそれを軽易に考える傾向があった。

それに対し、陸軍の準備はまず大兵力を動員し、その兵力を予想する戦場の近くに集中させなければならない。それは広く国民の権利義務に影響を及ぼすところが大きい。従って手続からもまず国策を決定し、それに基づく政府の同意を必要とするのである。[146]

また陸軍としては、海軍が外交不調の場合、最後の最後になって開戦の決意を思い止まり、引き退がることも懸念していた。陸軍は多分にそれを虞れていた。陸軍は対米英戦争を決意し、その決意の下に戦争準備と外交とを併進させ、外交不調の場合は、開戦を決意するという意見が主流だった。[147]

八月二十七日及び二十八日の両日、陸海軍局部長等は合同して、これを討議した。果たして岡敬純（おかたかずみ）海軍軍務局長は、戦争決意に絶対不同意を表した。しかも外交不調の場合においても、なお欧州情勢等を勘案して開戦を決するというのだった。

海軍首脳部に対し、果たして対米一戦の決意があるのか、陸軍には疑問を持つ者が多くなった。そこで「戦争を決意し」を「戦争の決意の下」へと修文を申し入れたが、岡軍務局長はこれを受けつけず、翌二十九日になって「戦争を辞せざる決意の下」なら宜しいということになった。[148]

次いで開戦の場合、その期日については大本営陸海軍部において、主として作戦上の要求に基づき十一月初頭でなければならぬとの意見の一致を見た。しかし、そのためには南部仏印に航空大部隊を進駐させ、かつ南支那海に大輸送船団を集結させることが必要だった。海軍は八月二十六日に上奏、允裁を経て、九月一日を期して「昭和十六年度帝国海軍戦時編制」に移行するのだった。[149]

陸軍は、これらの措置は開戦決意の後に実施されるべきものであり、開戦の決意が確定する前の準備は外交交渉を阻害しない程度で止めるべきだと考えていた。すなわち陸軍は武力の発動が行われる前に開戦を決意し、本格的作戦準備に移行すべきであると主張したのだ。そして、その時機は十月上旬ということで陸海軍の意見が一致したのである。

九月三日、これは連絡会議に付議された。「独ソ開戦に伴う新国策が累次の連絡会議において、十分なる討議を尽くした後、決定されたのに対し、この国家の存亡を決する重大国策はわずか一日の連絡会議により概ね原案どおりに決定されたのだ」と服部は批判的に見ていた。[150] 帝国国策遂行要領である。[151]

帝国は現下の急迫せる情勢特に米、英、蘭等各国の執れる対日攻勢ソ連の情勢及び帝国国力の弾撥

性等に鑑み「情勢の推移に伴ふ帝国国策要領」中南方に対する施策を左記に拠り遂行す

一　帝国は自存自衛を全ふする為対米（英蘭）戦争を辞せざる決意の下に概ね十月下旬を目途とし戦争準備を完整す

二　帝国は右に並行して米、英に対し外交の手段を尽して帝国の要求貫徹に努む

三　前号外交交渉に依り十月上旬頃に至るも尚我要求を貫徹し得る目途なき場合に於ては直ちに対米（英蘭）開戦を決意す

対南方以外の施策は既定国策に基き之を行ひ特に米ソの対日連合戦線を結成せしめざるに努む

連絡会議の冒頭、永野軍令部総長が「軍としては極度の窮境に陥らぬ時機に起つ」ことと、「開戦時機を我方で決め先制の利を占むることが必要」という言葉を使い、提案理由を述べた。[152] その要旨を一言で言うなら、「勝てる時に戦わなくては負けてしまう」というものだった。この時、近衛首相は原案に対し、格別な異論を主張しなかった。近衛首相は、この国策の決定がもたらす情勢の発展を深く考慮することはなかった。偏に外交手段による局面の打開に期待を寄せていたのである。[153]

「帝国国策遂行要領」は九月六日の御前会議で正式に採択されることになっていた。御前会議に先だち、九月五日夕刻、近衛首相は議案を内奏した。天皇は戦争準備が主で外交が従となるような議案に強い不満を持った。また作戦についても直接首相に質問があり、首相の配慮により急遽、陸海軍両統帥部長が宮中に招致される事態になった。

天皇は両統帥部長に対し、戦争準備と外交とを併進させるのではなく、外交を主とするように要望を述べた。両統帥部長は、固より極力外交による局面の打開に努めるのが主旨であり、戦争準備は外交による事態打開が不可能な場合に応ずるものと答えた。

続いて天皇から南方作戦の予定、上陸作戦の難易、船舶の消耗、勝敗の帰趨等について、確認された。

まず天皇は「南方作戦は予定通りできるとおもうか」と問いただした。参謀総長は、南方要域攻略作戦、すなわちマレー・フィリピンにおける作戦は冬季に予定するため、北の方面に大きな脅威を受けず、南方作戦に専心できる、また北方は三月以降にならなければ大作戦はないと思われ、この間に南方要域作戦を終了し、来春になれば北方に対する作戦の自由を獲得できるので、海軍との研究結果からすれば、フィリピン約一ヵ月半、マレー約百日、それに蘭印攻略を入れて約五ヵ月で終了できる、さらにできる限りこの時日の短縮に努めたい、と説明するのだった。

この間、天皇はそれを注意深く聞いていた。参謀総長の説明は、あまりにも我に有利な見積りとしか思えなかった。参謀総長の説明が終わった。すると天皇は、それでも「予定通りに進まないこともあるだろう。五ヵ月と言うが、そうはいかないこともあるだろう」と念を押した。

それに対しても「従来、陸海軍で数回研究しておりますので、だいたい予定どおりにいくと思います」と参謀総長は答えるのみだった。

天皇の顔が一瞬、曇ったかのように見えた。「上陸作戦はそんなに楽々できると思うか」と発言した。参謀総長の答えは「楽とは思いませんが陸海軍とも常に訓練をしておりますので、できると思います」というものだった。

続いて天皇は「九州の上陸演習では船がたくさん沈んだが、同様なことが起きればどうか」と尋ねた。総長は「あれは敵の飛行機が撃滅される前に船舶が航行を始めたからであり、同様なことは起きないと思います」と答えた。

天皇は「航空撃滅ができないこともあるのではないか」と言及すると、参謀総長は「航空撃滅は一回だけでするものではありません。できる時を選んでですることになるでしょう」と答えた。

これまで、さんざん実作戦において過誤を繰り返してきた陸軍である。それにもかかわらず、天皇の懸念を取り越し苦労と言っているのと同じである。

天皇は話題を変えた。「天候の障害には、どう対処するのか」と問うた。参謀総長は「障害は排除しなくてはなりません」と答えた。

さらに「予定どおりできると思うか。支那事変のはじめ、陸軍大臣として閑院宮と一緒に報告し、速戦即決を主張したるが果たして如何。今に至るも事変は長く続いているではないか考え違いか」と杉山参謀総長の陸相時代における支那事変の見込み違いを指摘し、楽観を強く戒しめた。[154]

参謀総長は「一挙に事変を解決するように申し上げて誠に恐縮のほかなし」と答えるだけだった。

質疑応答を通じ、天皇は開戦の已むなき場合における戦争の見通しについて、極度の不安を表明した。

永野軍令部総長は時機を逸して数年の後に自滅するか、今のうちに国運を引き戻すか、手術を例に出し説明した。それによれば、まだ七、八分の見込みがあるうちに最後の決心をしなければならず、相当の心配があっても大病を治すには大決心が必要だと言うことだった。

それを聞き、天皇は軍令部総長へ「絶対に勝てるか」と大声を出して問いただした。

両統帥部長は交互に必ず勝つとは言えないが、愈々最後の場合においては国力の弾撥性のあるうちに、国難突破に邁進しなければならないと申し述べた。

永野軍令部総長は「必ず勝つかときかれても奉答できかねますが、尚、日本としては半年や一年の平和を得ても続いて国難が来るのではいけないのであります。二十年、五十年の平和を求むべきであると考えます。第一国民が失望落胆すべし」と申し述べた。天皇は「あぁ、わかった」とまた大声を出した。

参謀総長は「決して私どもは好んで戦争をするのではありません。平和的に力を尽くし愈々の時は戦争をやる考えであります」と答えた。[155]

最後に近衛首相が、平和的外交手段を尽くし、已むに已まれぬ場合においてのみ戦争となることについて、両統帥部長と完全に意見が一致している旨を伝えた。[156]

天皇は「わかった。承認しよう」と最後に発したのだった。非軍事領域での解決がほとんど見込めなくとも、天皇は外交を主、戦争準備を従とするよう、なお強調したのに他ならなかった。

それは翌日の御前会議でも明らかにされる。また、天皇の杉山参謀総長への不信が示されたのは重大な事実だった。同夜、陸軍省軍務局軍事課長の眞田（さなだ）穣一郎（じょういちろう）大佐は「この非常の際、参謀総長が信任を得られないでは済まされない。[▼157]人をとりかえてもらわねばなりますまい」と発言したが、杉山参謀総長は、その後も辞めずに通すのだった。

第六章　開戦の条件

第一節　「厳粛なる」御前会議

天皇の異例の発言

御前会議は、九月六日午前十一時、宮中東一の間で始まった。議事の進行は近衛首相が当たった。まず首相が陳述した。近衛首相は、外交を重視して対応を考えているが、やむを得ない場合、国力の弾撥性のあるうちに、戦争へ進む必要があり、そのために「帝国国策遂行要領」を立案したと上奏した。[1] 続いて軍令部総長が陳述した。軍令部総長は、外交手段の重みもわかるが、このまま進めばこちらは弱くなり、米国は強くなる一方である。さらに言うと、日米戦争が長期化する可能性もあり、そのため第一段作戦で勝利しなければならず、速やかに開戦を決意すること、敵を先制すること、そして気象条件を考慮することの重要性を述べた。[2]

参謀総長の陳述はもっとわかりやすかった。これまで言われてきたことに加え、北方の脅威が比較的小さい冬のうちに南方へ進出してしまうのが得策だと言っているのに他ならない。[3]

そして企画院総裁の陳述が続く。これは国民の困窮、物資の欠乏を克服するための手段は軍事力の行使しかないというものだった。[4]

以上の陳述の後、恒例のように原枢密院議長と政府及び大本営との間に質疑応答が行われた。[5]

原議長は先ず「総理がルーズベルト大統領と会見して意見を一致せしめんとする決意、特にその国家に対する忠誠心と熱意とに対し感謝す」と述べ、極力外交による局面打開の必要性を強調した。その後、「議案を通覧するに、戦争が主で外交が従であるが如く見える。然し戦争準備は外交が成功しない場合に応ずる為のものであって、今日は飽迄外交的打開に勉め、それが不可能な場合に戦争をすると云ふ意味に諒解するが如何」と言い、これについての政府及び大本営の所信を質した。

杉山参謀総長は答弁のため起立しようとしたところ、及川海相が先に立ち、「起案の趣旨は原枢密院議長の所見と全く同一であり、第一項の戦争準備と第二項の外交とにも軽重はなく、而して第三項の開戦の決意は、更めて廟議で允裁を仰ぐべきものである」と答えた。[6]

そこで原枢密院議長は「本案は、政府統帥部の連絡会議で決定されたものであるがゆえ、統帥部も海軍大臣の意見と同じと信じて安心した」と述べ、重ねて外交による局面打開を強調した。[7]

原枢密院議長の質疑が終了すると、天皇が口を開いた。それは原議長の質問に対し、両統帥部長より答弁がないことを遺憾に思う旨だった。そして「私は毎日、明治天皇御製の歌を拝誦して居る〔が〕どうか」と発言し、次の歌を詠み、平和愛好の精神を強調したのである。[8]

明治天皇御製
四方の海皆同胞と思ふ代に
などあだ風の立ち騒ぐらむ

永野・杉山両統帥部長は恐懼して原枢密院議長の述べた趣旨と全く同意であると答えた。両統帥部長は及川海相が統帥部の考えも代弁したと認識したのだった。天皇が御前会議で発言したのは異例のことである。

天皇から両統帥部長に「御叱り」があったということは、この「帝国策定遂行要領」に強い不満を持っていたことを物語るものであろう。[9]

政戦略の進展

御前会議の決定に基づく政戦略の進展は次のとおりだった。まず「帝国国策遂行要領」の決定により、日本は戦争か平和かの決定に期限、つまり「開戦の条件」を設けることになった。事態は重大局面に突入したのだった。本来ならば新たな決意で臨むべきところ、近衛首相としては打開の途を日米首脳会談の実現及びこれによる大局的諒解に望みをかけていたのである。

八月二十九日、野村大使から近衛メッセージに対する米側の反応が報告された。それは一見、首脳会談実現の可能性を示唆するものだった。そこで政府は九月四日、米国に対し、新提案を行った。それは日本の見解を率直に表明し、首脳会談の前提となる大綱の合致点を見出すためだった。[10]

一　日本は左の諸項を約諾する。

1　日米の予備的非公式会談中、既に一応の日米合意を得た事項は日本としても同意している。

2　仏印を基地として近接地域に武力的進出をせず、北方に対しても同様、理由なく武力進出をしない。

3　日本の対欧州戦争態度は防護と自衛の観念に基づき律せられる。また米の欧州戦参入の場合における三国同盟に対する日本の解釈及びこれに伴ふ行動は専ら自主的に行われるべきである。

4　日本は日支間の全面的な関係正常の回復に努め、その実現の上は日支間の協定に遵い、支那よりできる限り速やかに撤兵する用意がある。

5　支那における合衆国の経済活動は公正を基礎として行われる限り制限されるものではない。

6　南西太平洋地域における日本の活動は平和的手段に依り、また国際通商関係における無差別待遇の原則に遵い行われるべく合衆国が必要とする同方面における天然資源の生産獲得に協力する。

7　日本国政府は日米間に正常な通商関係を恢復させるため必要な措置を講ずる。それに関し日米両国相互にレシプロケートすべきことを条件として凍結令の撤廃は直ちに実施されるものとする。

二　合衆国は左の諸項を約諾する。

1　前記4項に掲げた日本の約諾に対応し、合衆国は日本の支那に関する努力に支障を与えるような措置及び行動に出ない。

2　前記6項に掲げた日本の約諾に合衆国はレシプロケートする。

3　極東及南西太平洋地域における軍事措置を停止する。

4　前記7項に掲げた日本の約諾にレシプロケートし、これに言及された対日凍結措置を直ちに撤廃し、また日本船舶に対するパナマ運河通行禁止を解除する。

これらの約諾は日本側の譲歩を示したものだった。それにもかかわらず、米国は右提案をもって従来の非公式会談の可能性の幅を狭めたとして不満を示した。そして却って誤解と混乱を招致したに過ぎないと主張するのだった。▼11

大本営陸海軍部の戦争準備

米国側の主張に対する大本営陸軍部の見解は、「交渉妥結を焦慮するあまり、ややもすれば国策として統帥部と協議・決定した趣旨より後退した内容を盛り、あるいは日本の態度の表現を曖昧にする傾向が懸念される」というものだった。その理由は軍部において最大の平和論者と目されている武藤及び岡の両軍務局長が、陽に陰にこれに協力しているためだった。これにより、日本の態度に首尾一貫性を欠き、却って日本の真意を米国側に通じ得ない憾みがある、とされた[12]。

そのような状況の中、大本営陸海軍部は交渉の成り行きにかかわらず、本格的に対米英蘭作戦準備に努めることになった。大本営海軍部は情勢の急迫、昭和十五年（一九四〇年）十一月十五日の出師準備発動以来、着々と兵備の充実に努めてきた。そして八月末までに新たに第六艦隊、第十一航空艦隊、第三艦隊、第一航空艦隊、第五艦隊、南遣艦隊等が逐次に編成され、それと同時に約六十三万トンの船舶が特設艦船として徴傭された。さらに九月一日には、大本営海軍部は全海軍に対し、戦時編制を発令するとともに、新たに四十九万トン、二百六十五隻の船舶の徴傭を発動した。海軍は十月末を目途とする作戦準備の完整に鋭意努力し、概ね計画通りに進捗しつつあった[13]。

対する陸軍の対米英蘭作戦準備は、「帝国国策遂行要領」の決定を契機として始めたというのが実情だった。よって対支及び対ソ充当の兵力と軍需品も南方に振り向けねばならなかった。ただ南方作戦の前進拠点となる南部仏印の軍事基地設定は着々と進められていた。

また南方諸地域の軍事情報及び兵要地理の調査収集、上陸作戦及び熱帯ジャングルでの教育訓練、作戦計画の研究等は、昭和十五年夏以降、逐次進められた。これらは南方作戦を、それまで本気で準備していなかったことを示すものである。

また大本営陸軍部においては、開戦決意前の作戦準備と開戦決意後の作戦準備とを区分していた。決意前における準備の主たるものは、船舶の徴傭・艤装、作戦兵力の移動、航空及び海運基地の設定、兵站基地の設定及び軍需品の集積、内地要塞の整備、国土防空の強化等であった[14]。

支那事変以来、陸軍も逐次船舶を徴傭し、当時約六十万トンに達していた。しかし対米英蘭作戦のためには、さらに約百五十万トンの徴傭が必要であり、逐次これを発動した。

加えて大本営陸軍部は、九月十八日に至り、情勢の推移に即応する作戦準備を発令し、南方作戦兵力の南支那、台湾及び北部仏印への移動を開始した。それらは主に関特演で満州に派遣された第五十一師団、在満航空地上部隊、内地で新たに動員した砲兵、通信、兵站等の諸部隊だった。しかし南方作戦に充当される地上兵力は比較的少なく、陸軍総兵力の二割で足りるという計画だった。

問題は作戦基地の設定と軍需品の集積だった。台湾、南支那、パラオ、仏印に航空及び海運基地が設定され、台湾、南支那、仏印の兵站基地には作戦用資材及び軍需品の集積が促進された。このように陸軍の作戦準備が進捗していたのは確かだったが、作戦軍の編成及び南方への集中展開等の本格的な作戦準備は、開戦決意の後にすることであり、陸軍は和戦の決定に刮目して待機している、というのが実情だった[15]。

このように日本は和戦両様で米英との関係を律していくのだった。しかし米国にとって、和戦両様の姿勢は大きな矛盾あるいは不審を抱かせる要因となった。それは爾後の日本の対応により、ますます増長させてしまったのである。

第二節　決意なき開戦準備

対米英蘭戦争決意

太平洋戦争開戦の国家意思は、「対米英蘭戦争を辞せざる決意」に始まり、「対米英蘭戦争決意」を経て、ついに「対米英蘭開戦」の聖断へと発展したのだった。「戦争を辞せざる決意」は第三次近衛内閣の時代、昭和十六年九月六日の御前会議において採択せられ、「戦争決意」は同年十一月五日の御前会議、「開戦の聖断」は十二月一日の御前会議において、いずれも東條内閣によって取り運ばれた。「戦争を辞せざる決意」と「戦争決意」には本来、格別の相違があるべきものでない。日本の開戦決定の苦悶を物語るに過ぎないものであった、と服部は語る。[16]

そもそも「帝国国策遂行要領」には、十月上旬頃に戦争か平和かの決定を行うべきと規定されていた。すなわち十月下旬までに戦争準備を完整するためには、この十月上旬頃の和戦の決定を待って、開戦に応ずる本格的戦争準備を促進する必要があった。よって陸海軍統帥部としては、当然、その和戦の決定に関心を寄せていた。しかし、その時機が刻々と迫っていたにもかかわらず、対米交渉が進むことはなかった。服部などは当時、「陸相として目下努むべきことは、毎日単独でも参内して〔対米〕開戦の必要を上奏することだ」と主戦論を強調していたのだった。[17]

これに焦慮した陸海軍統帥部長は九月二十五日の連絡会議の席上で政府に対し、「帝国国策遂行要領」に基づく和戦決定は遅くとも十月十五日までになさねばならぬ、という申し入れを行った。[18] 統帥部としては十月末までに戦争準備を完整しようとすれば遅くともその二週間前に開戦の決意を必要とした。これは当然のことであって、今更驚くことではなかった。

しかし、この申し入れは近衛首相に相当の衝撃を与えた。首相は会談終了後、準備してあった昼食さえとることができなかった。会議出席の閣僚を総理官邸に伴い、「陸海軍統帥部長のあの申し入れは果たして強い要望なりや」と質問を発するだけだった。

東條陸相はこれに対し、「強い要望である。否、要望というよりは御前会議で『十月上旬頃』と決定したことを、そのまま述べたに過ぎない。従ってこれは変更せらるべきことではなく、その時機までに見通しをつけて政戦略の転換を決すべきである」と述べた。近衛首相はかなり当惑した様子だった。[19] 首相は内閣を投げ出す気配があった。これを歓迎する分子とそうでない分子とが入り交じり、国内情勢は不透明感を増していた。

また二十七日、近衛首相が木戸内大臣に心の内を漏らした際、内大臣から「九月六日の御前会議をやったのは君ではないか。あれをそのままにして辞めるのは無責任だ。あの決定をやり直すことを提議し、それで軍部と不一致というならともかく、このままでは無責任だ」と責められたのだった。[20] こうして近衛首相は鎌倉に引き籠もり、政情不安を思わせるものがあった。[21]

ちょうどその頃、米国ではハル国務長官が十月二日付の長文なる覚書を野村大使に手交し、日本の諸提案に対する明確な見解を寄せていた。ハル長官は「米国政府としてはあらかじめ諒解成立するにあらざれば、両国首脳の会見は危険なりと思料する、また太平洋全局の平和維持のためには、パッチアップした諒解では不可にて、クリアカット・アグリーメントを必要とする」と告げた。

それに対し、野村大使は「この回答にては東京はさぞかし失望するだろうが、とにかく伝達する」と述べて引き取るのだった。[22] 服部は、この覚書について、「その骨子は、事前の諒解なき首脳会談を婉曲に拒絶するとともに、国家間の基本原則たる前記四原則の確認、支那及び仏印よりの全面撤兵、日支間特殊緊密関係の放棄、三国同盟の実質的骨抜を要求または示唆するものであった」と要約している。[23] 豊田外相は十月四日の連絡会議において、覚書を示し、これに対する我方の回答電文案を提議した。東條陸相は、「今度の米側回答は、イエスでもノーでもない。日本はこの際、外交の見通しをつけねばならぬ。事は極めて重大ゆえ、対米回答電文は暫く措き、慎重に研究する必要がある」と主張した。

杉山参謀総長はこれに同意し、永野軍令部総長は「最早ディスカッションをなすべき時ではない。早くやってもらいたいものだ」と述べ、回答電文案の審議に入ることなく散会した。[24]

東條は戦後、死を意識する中で、彼の信じる「事実」を書き綴った。その中で戦争の直接原因についても語っている。それは支那からの完全撤退、南京政府の容認、三国同盟からの離脱という守れるはずもない「三つの条件」を提示された時のことだった。[25]

（日本の太平洋戦争を開始するに至った原因について）其の直接原因は、英米側の日本に対する、軍事的、経済的極度の脅威が日本の生存を危殆に陥れたことにあるのであります。而も日本は之れを忍び日米交渉の上に一縷の望を嘱し、其の打解を計〔ママ〕たのです。然るに最後に米国より日本の忍ぶ可らざる難題を持ちかけられ、遂に之れに依る、打解の途も絶え、最早日本としては一刻の猶予をも許さざる事態に追ひ込められたのであります。茲に於て日本は、独立国家として、自存自衛を全ふするため敢然開戦を決意するに至たのであります。[26]

爾後、米国側の覚書をめぐって陸海軍の間で、また政府と大本営間における真剣な個別討議が行われたのである。陸軍においては、十月六日、首脳会談の結果、方針を決定した。[27]

一　陸軍は日米交渉の目途なしと判断す
二　何れにしても日本は四原則を承認せざるものなるを闡明す
　又駐兵問題に関しては一切（表現法をも含む）変更せず
三　若し政府に於て見込ありと云ふならば、十五日を限度とし外交を行ふも差支なし
　尚統帥部としては海軍統帥部に左記二点を駄目をおすこととす
（一）　南方戦争に自信なきや
（二）　御前会議決定を変更をせんとするや

また海軍に関しては、十月七日に行われた杉山参謀総長と永野軍令部総長との会議の結果、陸軍の考えで両者の意見は完全に一致した。しかし両大臣の会見は結論に至らず物別れとなった。及川海相は交渉妥結の目途はあるという。そこで東條陸相が「御前会議決定を変更するものであるか」と尋ねると、海相は

「そうではない。戦争ができるかどうか、さらにまた欧州情勢の推移を見ているのだ」と答えた。[28]

しかし陸相が「戦争の勝利の自信はどうであるか」と訊くと、海相は「それはない。但し統帥部は緒戦の作戦のことを主として言っていただけである。二年、三年となると果たしてどうなるかは、研究中である。戦争の責任は政府にある。以上はこの場限りにしてくれ」と答えた。これは明らかに九月六日の御前会議の際には戦争全般の見通しはなかったことを意味する。重大な責任問題を提議したものに他ならない。[29]その後も及川海相の言動は真意を捕捉し難いものだった。

十月七日の夜、首相官邸において近衛首相と東條陸相との会談が行われた。その時の様子を大本営陸軍部作戦部長の田中少将は、次のように記録した。[30]

首相：四原則については、ただ支那との地理的特殊関係を、アメリカに認めさせればそれでよい、と考えている。三国同盟については、大統領との会見で何とか折合がつくともいえる。残るのは駐兵問題一つである。駐兵緩和に看板を変えることはできないか。

陸相：四原則は一歩譲ったとしても、特例や制限を絶対につけねばならない。しかるにアメリカの十月二日の覚書では、日支間の特殊緊密関係を否認しているではないか。駐兵問題については、絶対に譲歩いたしかねる。

首相：御前会議では、十月上旬に至るも、なお我が要求を貫徹する見込みがない時は、直ちに対米英蘭開戦を決意する、と決めたが、この「直ちに」が困難である。さらに検討しなければならない。

陸相：検討の目的は何か。御前会議の決定を崩すつもりならば、事は重大である。もし明らかな疑問があるとするならば、それは大問題だ。九月六日午前会議の重大責任である。

首相：戦争の決意に心配がある。

陸相：御安心なさい。信用してよろしい。

首相：戦争の大義名分についても、もっと考える余地がある。

陸相：大義名分はもちろん重大である。同時に対米開戦では、奇襲を成り立たせることも重大である。やりようによっては奇襲は成り立つと思う。

首相：軍人はたやすく戦争を考えるようだ。

陸相：対米交渉に見込みがあれば、おやりになるがよろしい。但し期限は統帥部が要請する十月十五日である。

田中部長は、ここで注目すべきは、海軍首脳部が「原則的撤兵という条件緩和」を前提とする交渉続行の方針を決めながら、陸軍との調整を専ら近衛首相にやらせ、及川海相自らは撤兵の必要について何ら言及していないことであったと記録する。▼31

また田中部長は、この東條首相の言動を性格によるものと断じた。つまり「陸相は責任を重視すること特に厳である。自らもこれを実践すると同時に他人にも厳に要求する。したがって九月六日の御前会議に対しても、いったん政府、統帥部が共同責任で奏請し、御裁可を得た以上、断じて責任を回避すべきにあらず、あくまでそのとおり実現するというにある。この点特に近衛首相などの考え方とは根本的に相違している。この性格の差が政策の上にも反映している」と述懐する。[32]

十月八日夜、及川海相は東條陸相に会談を求めた。駐兵の表現形式に変更の余地はないかを質したが、東條陸相はその余地はないと答えた。また十月九日の連絡会議において、永野軍令部総長が、次のメモに基づく発言をしようとしたところ、及川海相によって差し止められた。しかし永野軍令部総長は、会議後、これを外相に見せたのである。[33]

一　交渉は延ばされると作戦上困る。

二　交渉をやるならば、必成の信念でやれ。途中で行きづまり自分に持って来ても受けられぬ。今後この信念なく試射をやることは今日の場合ではない。

近衛首相及び豊田外相は、なお外交による局面の打開に期待を寄せていた。こうして最終決定を迫られた近衛首相は、十月十二日、荻外荘において五相会議を開催した。近衛首相、豊田外相、東條陸相、及川海相、鈴木企画院総裁が出席した。討議の概要を抜粋した。[34]

外相：日米交渉は尚妥結の余地がある。それは駐兵問題に多少のあやをつける見込みがあると思う。また北部仏印への兵力増加が妥結を妨害しているから之を止める必要がある。

首相：日本側の九月六日の提案と九月二十五日の提案との間には相当の開きがあり、米国側は誤解しているのではないかと思う。これを調節すれば妥結の道が見えてくるだろう。

陸相：交渉妥結の見込みはないと思う。凡そ交渉は互譲の精神がなければ成立するものではない。日本は今日まで譲歩に譲歩を重ね米国側の要求する四原則も主義上はこれを認めた。しかるに米国側の現在の態度に妥結する意志はない。今回の米国側の回答は我方の九月四日及び九月二十五日の提案に対する意思の表れだと思う。

海相：今や外交で進むか戦争の手段によるかの岐路に立っているものと考える。期日は切迫している。その何れを選ぶかは総理が判断してなすべきものだ。もし外交で進むとすれば戦争準備を止めて外交一本で進む。途中での方針変更は許されない。

陸相：問題はそう簡単には行かない。陸軍は御前会議での決定に基づき現在兵を動かしつつある。今日の外交は普通の外交とは違う。単にやってみるという外交では困る。我方の条件に沿って統帥部の要求する期日内に解決する確信が持てるならば、戦争準備を打ち切り、外交で進むのも宜しい。而して其の確信はあやふやな事が基礎ではだめだ。あやふやなことでこの大問題は決められない。

外相：遠慮ない話を許されるならば、御前会議決定は軽率であった。前々日に書類をもらってやったのである。相手のある話だから絶対確信ありとは言われない。

陸相：そんなことでは困る。重大な責任においてやったことである。

首相：戦争は一年、二年の見込みはあるが、三年、四年となると自信はない。いずれの途を選ぶにしても危険がある。要はいずれに多くの危険があり、いずれに大なる確信があるかの問題である。自分としては外交の方に大なる確信を持てるので、この途を選びたい。

陸相：それは首相の主観であり、外相は確信なしと言っている。そんなあやふやな事では統帥部を説得することなどできない。

海相：同感である。

首相：今、どちらを選ぶかと言えば、自分としては外交により大なる確信があるゆえ、それを選ぶと言わざるを得ない。戦争に自信が持てない。自分としては責任を取れない。

陸相：戦争に自信があるかないかの問題は、この前の御前会議の時に論ぜられるべきことである。御前会議において、外交がいけないという場合には開戦の決定をすると決まり、首相も出席して同意している。今更、戦争に対して責任が取れないと言うのは解し難い。

首相：一方の方により確信あるにも拘わらず確信なき途を行くと言うならば責任は取れないと言うのである。御前会議は外交の見込みが全くなくなった場合のことに関する決定である。今は未だ外交により大なる確信があるとみる場合である。

以上の討議の結果、東條陸相より新たな提案があり、一同これを諒承した。すなわち日米交渉は、次の条件にて統帥部の所望の時期までは外交により妥結する方針で進む。したがって今は、作戦準備を打ち切り、外相が外交妥結の能否を研究するということになった。その条件とは、「駐兵問題及び之を中心とする主要政策を変更せざること、支那事変の成果に動揺を与へざること」の二つだった。こうして五相会議は重大なる意見の対立を残したまま散会するのだった。

その後、近衛首相は東條陸相と意見の一致を求めようとしたが得られず、十月十四日の恒例の閣議に持ち越された。閣議において、初めて日米交渉問題が議題にあがった。

閣議の前、首相官邸で近衛首相と東條陸相が言葉を交わした時、東條は「首相の論は悲観過ぎると思う。それは自国の弱点を知り過ぎるほど知っているからだ。しかし米国には米国の弱点があるはずではないか」と自らの見解を述べた。首相が黙っていると、続いて東條から「性格の相違ですなぁ」と感懐をこめて言われたという[35]。

近衛は近衛で、東條陸相より「人間、たまには清水の舞台から目をつぶって飛び降りることも必要だ」などと言われ、個人としてはそういう場合も一度や二度はあるかも知れないが、二千六百年の国体と、一億人の国民のことを考えるならば責任の地位にある者としてできることではないと考えていた[36]。また近衛は東條に話したのではないが、乾坤一擲とか、国運を賭してとか言う者がおり、松岡外相もしばしば口にしたが、近衛はそれを聞くと何時も不愉快に感じるのだった。乾坤一擲とか、国運を賭してとかは、壮快は壮快であるが、前途の見通しもつかぬ戦争などを始めることは、個人の場合とは違い、いやしくも二千六百年の国体を思うならば、軽々しくできることではない。日清、日露の二大戦役も、百パーセントの勝算があったとは思えないと胸中に秘めていた[37]。

続く閣議で陸相は、日米交渉に対する陸軍の意見を率直に披瀝し、主として陸相と外相との間で議論が進められた[38]。

陸相：今や日米交渉は最後の関頭に来たと考える。これ以上交渉を続けるには成功の確信を必要とする。陸軍は九月六日の御前会議において決定された国策に基づき行動している。その決定には「外交交渉に依り十月上旬頃に至るも尚我要求を貫徹し得る目途なき場合に於ては直に対米英蘭開戦を決意す」とある。然るに今や既に十月十四日である。陸軍は十月下旬を目標として数十万の兵力を動員し、支那及び満州からも兵力を南方に転用しつつある。船も総計二百万屯を徴傭し、その影響する所は甚大である。

外相：確信を持てと言われるが、米側と交渉が進まない主なる要因は、支那における駐兵問題、三国同盟に関連する自衛権の問題、日支間の特殊緊密関係の問題の三点である。米国側は日本軍の支那及び仏印からの撤兵に関し、我方の明確なる回答を要求しており、また北部仏印の我の軍事行動に関しても言及している。重点は撤兵であり、撤兵すれば交渉妥結の見込みがある。

陸相：北部仏印には一部の陸軍部隊が行動しているが、それは作戦準備や企図の秘匿のため、「昆明作戦」[39]を行う様に見せかける必要があるからだ。昨年八月、日仏印協定により、北部仏印には駐兵兵力六千、通過兵力二万五千という外交上の取付けがある。陸軍の作戦準備は御前会議の決定に基づき外交を阻害しない範囲で予定通りに進んでいる。軍事が外交を阻害しているのではなく、寧ろ外交が軍事を阻害しているのが実情である。

次に撤兵問題は、陸軍としては重大視している。米国の主張にそのまま服したら支那事変の成果は壊滅に帰する。延いては満州国の存立を危くし、朝鮮統治も動揺する。譲歩に譲歩を重ね、さらに心臓ともいうべき駐兵を譲ることは結局、降伏に等しい。米国をして益々図に乗らせる結果となる。

この閣議において、他の閣僚からは特別の発言はなかった。ここに閣内意見の対立は表面化した。日米交渉の進展、すなわち全面譲歩をとるか、これまでの利権を維持するか、その二つの対立である。内閣の存続は困難となった。

東條陸相は近衛首相に内閣の総辞職を進言した。その理由は、九月六日の御前会議の決定どおりに国策を遂行しないのであれば、この決定に参与した政府は責任を負って辞職し、新たなる政府の責任において国策を再決定すべきであるというものだった。[40]

こうして十月十六日、第三次近衛内閣は総辞職した。[41] 後継内閣の首班指名についての予測は、困難を極めた。陸海軍統帥部は内閣の更迭に伴う国策の空白のため、作戦準備が宙に浮くのを恐れた。統帥部はいかなる内閣が出現したとしても、現実の情勢に直面して採るべき方策は開戦やむ無しの結論に持っていくつもりだった。つまり和平を前提とする内閣の出現は認めず、軍事上の要請が全く無視されるがことを憂慮していた。田中部長は、その時の様子を次のように記した。[42]

近衛内閣が総辞職したその日、東條陸相は木戸内大臣と会見した。

陸相：陸軍は終始一貫、九月六日の御前会議に基づいて進退を決めつつ、今日に至った。近衛総理が今になって、踏み切りがつかない事情はよくわかる。それは海軍が自信を表明しないからである。もし本当に海軍が戦争はできないというのであれば、九月六日の決定を、再検討することも已む得ないであろう。次の総理たるべき人は、この事情をよく理解していなければならない。

内大臣：陸軍の主張はよくわかる。だが陸海軍は本当に融合して、もっとざっくばらんにできないものか、それができなければ、もはや何ともならない。陸軍と海軍との意見が違い、それに近衛も所見を異にするというならば、従来の国策に再検討を加える。そしてそれでも打開の道がないというならば、内閣の更迭も仕方がないと思う。

陸相：海軍が今になって自信がないというならば、一切御破算にして出直す外はあるまいと思う。

木戸内大臣の関心の中心は、陸海軍の協力一致だった。木戸は第三次近衛内閣の崩壊は陸海軍の衝突に原因があると見た。さらに陸海軍不一致の根源は、九月六日允裁の御前会議決定にあると考えた。これを白紙に戻せば、陸海の間が緩和される。さらに白紙還元を天皇の考えだとすると、これで陸軍の主戦論を抑えることができる。陸軍を抑えられる者は東條しかいない。彼は最も厳格に聖旨を奉戴する。陸海の協力を強調し、海軍の非戦論で陸軍を牽制させる。こうして東條内閣で戦争を回避させる。これが木戸内大臣の東條推挽の構想だったと言われる。

果たして十月十七日、組閣の大命は東條英機に降下した。その日の午後、開催された重臣会議では、木戸内大臣の発意により、東條陸相を後継内閣の首班に推挙したのだった。[▼43] もちろん、それは東條陸相の開戦論を肯定したわけではなかった。

東條は天皇から組閣の大命を受けた時、あまりにも思いがけないことで、しばらくの間、答えることができなかった。それほど東條の総理大臣への抜擢は唐突だった。東條陸相の秘書官として、内閣解散まで東條とともにあった赤松貞雄（あかまつさだお）は『東條秘書官機密日誌』で、（東條は）陸軍を唯一人統制できると考えられていた。昭和天皇もそのように考えていたようだった。しかし、戦後、自らの考えを見込み違いだったと自戒していたという。戦争に逸る陸軍の統制ができなければ、戦争へ突入するだけだった。東條自身は「神の御加護によるほかない」と思っていた。追い詰められていた、と記録するほどだった。

また東條は、「戦争勃発の直前、帝国は不幸な日支戦を継続していて、既に四年有余に及んでいた。その間、帝国は東亜の安定を確保し、世界の平和に寄与し、万邦をして各々、その所を得しむる国是に基づき速かに日支間に平和克服の方途を講ずると共に、戦禍の拡大を防止せんと終始真摯なる努力を尽せり」

と述懐していたのである。[44]

近衛内閣が倒れた理由が「外交か、戦争か」という国家の重大な意思を決めかねたことに起因した。よって東條も、この難題に決を与える使命を負った。そういった文脈で考察すれば、東條は日本が今、戦争に突入すればよい、とだけ言っていればすまされるわけではなかった。

日米交渉を中心とする時局の真相については、国民一般には秘密にされていた。しかし報道の分野においては、太平洋の危機を強調する傾向が逐次強まりつつあった。

大本営海軍部の報道課長だった平出英夫海軍大佐は、十月十五日に講演を行い、日米関係が政府当局の必死の努力にもかかわらず、最後の岐路に近づいたと警告した。また日本海軍は最悪の事態に対する準備を完了し、本来の使命を達成するために、遺憾のないように期していることを強調し、内外の注目を浴びた。[45]

そして十月十八日の午後、早くも東條内閣が成立した。陸軍三長官会議の結果、非常の時局であるがゆえに東條首相は陸軍大臣を謙摂し、依然現役に列することとなった。杉山参謀総長は「この謙摂が永く続くのはいかがなものかと考えられるが、この際、暫くやってみるのが宜しい」と同意した。また当時、東條首相は大将に進級するには五ヵ年の停年にあと一ヵ月足りなかったが、杉山参謀総長は特例として進級させるべきであると提議し、東條の大将進級が実現したのだった。[46]

東條内閣の誕生

新内閣の主な閣僚は、海軍大臣嶋田繁太郎大将、外務大臣兼拓務大臣東郷茂徳、大蔵大臣賀屋興宣、企画院総裁鈴木貞一などだった。また内閣書記官長には星野直樹が就いた。

これより先、東條首相は組閣の大命拝受に際し、天皇より直接、「陸海軍協力せよ」との命令を受けた。また木戸内大臣より、「国策の大本を決定するについては、九月六日の御前会議決定に捉われることなく、内外の情勢を更に深く検討して慎重なる考究を加えるように」との天皇の意図が伝えられた。[47] ここに至り新内閣は、国策を白紙に戻し、改めて国策を検討することになった。

十月二十三日、新内閣と大本営との最初の連絡会議が開催された。[48] そこで今後の国策遂行について、再検討することが決した。主な項目は次のとおりである。

一　欧州戦局の見通し
二　対米英蘭戦争における初期及び数年に亘る作戦の見通しと、利用する米英の軍事的措置判断
三　今秋、南方に対し、開戦するものとして、北方にいかなる関連現象が生ずるか
四　対米英蘭戦争における開戦後三年に亘る船舶徴傭量及び消耗見込
五　右に関連し国内民需用船舶輸送力並びに主要物資の需給見込
六　対米英蘭戦争に伴う帝国予算の規模、金融的持久力判断
七　対米英蘭戦争に関し、独伊にいかなる協力を約諾できるか
八　戦争相手を蘭のみ、または英蘭のみに限定できるか
九　戦争発起を明年三月頃とした場合
　　対外関係の利害
　　主要物資の需給見込
　　作戦上の利害
十　対米交渉を続行して九月六日御前会議決定の我の最低限の要求をどこまで緩和したら妥協の見込みがあるか。それは帝国として許容できるか
十一　対米英蘭開戦に重慶側の決意にいかなる影響を与えるか

連絡会議において陸海軍統帥部長は、それぞれの立場から再検討を速やかに完了し、結論を出すように要望した。特に永野軍令部総長は、海軍が一時間に四百トンの油を消耗しつつあることを指摘し、事態が急迫していることを強調した。

この頃、陸海軍統帥部においては、なぜ今更、国策の再検討を行うのか、不可解であると感じていた。強硬な主戦論者と目されていた東條首相の態度が変わったことに不満と不安を持つ向きも多かった。

田中部長は白紙還元を「米国は対日交渉では遷延策を主軸とするものである。白紙還元とは何か。国策の大本を決定するに当たっては、九月六日の御前会議決定に捉われることなく、内外の情勢を、更に広く深く検討して慎重なる考允を加うるを要す、との思召である。米国の対日基本政策は対日遷延政策である。太平洋地域における日米の波瀾を回避しつつ、米国自らは自衛の名において、対独戦に介入することを基本としている。対米戦争は、遷延政策に乗ってはならず、すなわち白紙還元なるものは、最後の予防戦争的色彩をもった、日米戦争放棄ということである」と理解していた。[49]

これが有力な主戦論者の天皇の「御聖慮」の理解だったのである。

国策の再検討

翌十月二十四日より三十日までの間、二十六日の首相及び海相が伊勢神宮参拝のため離京した日を除き、連日に亘り連絡会議が開かれた。首相及び海相が親任の参拝のために西下することで、会議がなかなか進まなかった。東條首相の兼摂陸相を好ましくないとする動きも見られるようになった。[50]

また途中、杉山参謀総長から「統帥上の見地から、時日が切迫しているので検討を急がれたい」との申し出もあったが、首相は「統帥部の急がれることはよく承知しているが、政府としては十分に検討して責任を取りたいゆえ、諒解されたい」と答えるのみだった。[51]

そんな中、またも連絡会議において、対米交渉が既定の条件では成功の見込みなし、と認めざるを得なかった。そこで、どこまで我方の条件を譲れるかが問題となった。論議は沸騰したが、なんとか意見がまとまった。それが交渉条件の「甲案」である。なお、いわゆる「乙案」に関してはまだ議題にあがることさえなかった。▼52

一　三国同盟に関しては従来通り。
二　四原則問題に就いて、東郷外相は今まで米国側に述べたことは已むを得ないが、「条件付にて主義上同意」ということも不可である旨を主張した。
三　支那に関する通商無差別待遇は「無差別原則が全世界に適用せられるにおいては」との条件を付して、これを認める。
四　仏印からの撤兵は従来通り。
五　支那における駐兵及び撤兵問題は従来通り、但し駐兵の所要期間に関しては、概ね二十五年を目途とする旨で応酬する。

この時、十月二日の米国側の覚書を日本が全面的に容認すれば、東郷外相を除く全員は、日本が三等国になると考えていた。一人、外相は「必ずしもそうならないのでは」との意見を述べ、一同に奇異の感をいだかせた。そして十月三十日をもって個々の問題の検討を終わった。また一日おいて十一月一日、国策遂行の結論が求められることになった。東條首相はその際、予め結論として次の三案を提示しておいた。▼53

第一案
戦争を極力避け臥薪嘗胆する。
第二案

開戦を直に決意し、政戦略の諸施策をこの方針に集中する。

第三案

戦争決意の下に、作戦準備を完整すると共に、外交施策を続行してこれが妥協に努める。

十一月一日、連絡会議に先立ち、午前七時半より約一時間、東條首相は杉山参謀総長と会談した。東條首相の肚は前記の第三案だった。杉山参謀総長は第二案と決めていた。東條首相は杉山参謀総長に、前夜、嶋田海相と会談した結果、海軍に鉄、その他資源の増配についての強い要望があったことを述べ、次のような応酬があった。

首相：昨夜各大臣と会談したところ、海相、蔵相、企画院総裁は何れも第三案であるが、外相は判然としない。天皇の御心を考えなくてはならない。日露戦争よりも遥かに大きな戦争であるから、御軫念するのも十分に拝察できる。今、開戦を決意することは、到底、御聞き届けにならないと思う。

参謀総長：統帥部の考えは昨日、佐藤賢了軍務課長を通じて伝えたとおりである。

首相：その案を通す自信がありますか。

参謀総長：しかし今日、第三案で進むということは、九月六日の御前会議決定を、もう一度繰り返すことになるのではないか。

首相：戦争決意の下に戦争準備を進めるという点において差異がある。統帥部の主張は、止めはしないが、天皇に納得させるのは容易ではない。

参謀総長：天皇に御納得を願うことの困難は知っている。第三案は万、やむ得ない場合の案と考える。

首相：天皇は御聞き届けにならないと思う。

参謀総長：対米交渉の条件が、これ以上、低下することはないか。

首相：これ以上、低下することはない。国民及び軍は承知しないだろう。

こうして東條首相兼陸相と杉山参謀総長との意見が一致しないまま、最後の連絡会議に臨んだのである。陸軍史上、首脳の間に重大な意見の対立があるまま連絡会議に臨んだのは稀有のことだった。[54]もはや外交での問題解決は期待できなかった。

しかし、ここにきても日本は対米決意を明確にすることはできなかった。十一月一日の連絡会議においても引き続き、開戦か非戦かをめぐり、議論されることになったのである。

第三節　開戦か非戦か

戦争か屈服か

連絡会議は、十一月一日午前九時より、翌二日午前一時半にまで及んだ。後に、この連絡会議は重要な歴史的意義を持つこととなった。最初に鉄、その他の物資の増配について海軍からの要望があった。その後、本論に入った。

東條首相は前記の三案を改めて提示した。そしてまず別案の有無が検討された。この時、いくつかの提案はあったが、いずれも第一案に含まれるものと判断された。そこで第一案の検討に入るや、日本が限度以上に譲歩し、日米関係を調整した場合の臥薪嘗胆案は断じて採用してはならない、と即決された。特に東郷外相及び賀屋蔵相は、この臥薪嘗胆案を強く否定した。論議の焦点は、外交交渉不調のまま現状を以て臥薪嘗胆をする場合に向けられた。▼55

軍令部総長は「最下策である」と言い、米国が軍備を増強するとともに、包囲陣を強化し、かつ援蔣・援ソを増強し、しかも日本はジリ貧となる。常に和戦の機は米国の掌中に握られ、「日本の国防は非常に危険になる」と発言した。

蔵相は「南方作戦開始の機は我に在りとするも、決戦の機は依然米国の掌中に在る」と述べた。続いて米国主力艦隊は遠く退避して、機が至るのを待つであろう。もちろん、その場合、南方の戦略要点は我が有しているが、軍需、その他の点において幾多の困難を生じ、確算がないように思われるが、どうだろうか、と問うた。

軍令部総長は「日米戦争の見通しについては、もし敵が短期戦を企図する場合は、我の最も希望する所で、これを邀撃して我に勝算ありと確信する」と答えた。しかし、戦争はおそらく長期戦となると認知した上で、長期戦の場合、一、二年は長期戦態勢の基礎を確立し、この間は確算がある。しかし三年以降は、海軍勢力の保持増進、有形無形の国家戦力、世界情勢の推移等により決まるものなので予断を許さない、とした。

さらに三年以降の戦争の見通しは、外相、蔵相、軍令部総長の間に議論が重ねられた。しかし不安定な要因が錯綜し、確定的な決定にまでは至らなかった。結局、太平洋の戦略要点を全部我が手に収めることにより、兵力劣勢でも各種の作戦の立案が可能となることから、無為に二年を経過するよりも有利なことが明瞭となった。その後の議論である▼56。

外相：米国の軍備は進んでいるが、軍需生産はまだ拡充されていない。米国より戦争を仕掛けてくることはないであろう。日本が臥薪嘗胆する場合、米国が直に日本を攻撃してくるものとは思われない。

軍令部総長：「来らざるを恃む勿れ」ということがある。将来のことはわからない。統帥部としては来らざるを恃んで安心することはできない。

蔵相：しからば、いつ戦ったら勝てるのか。

軍令部総長：それは今である。戦機はあとにはこない。

この発言を次ぐ者はいなかった。これをもって作戦の見通しについての検討は打ち切られた。続いて鈴木企画院総裁より物的国力推移の見通しが説明された。この時、臥薪嘗胆が難しい理由も明らかにされた。その後、第二、第三案の検討に入った。

蔵相：両案を勘案するに、第三案の作戦準備と外交とを併行的に実施する案が宜しい。而して今や外交交渉を成立させるには、日本が毅然たる態度を以て臨む外に途はない。

参謀総長：作戦開始は、十二月初頭を可とする。残す日時は一ヵ月である。この間に外交交渉を以て国交を調整しようとすることは、殆ど不可能と思われる。寧ろこの際、第二案に基づき、開戦を決意し、外交交渉を挙げて作戦開始の名目把握及び企図の秘匿に置くを適当と考える。

参謀次長：国家興亡の岐れる作戦に重点を置き、外交交渉を断念して、直に開戦を決意され度い。

外相及び蔵相：そのような決心をする前に、二千六百年の歴史を有する日本の国運を賭する一大転機であるから、何とか最後の交渉をやる様にしたい。企図秘匿のため、外交交渉などはできない。

参謀次長：「直に開戦を決意する」ことと「戦争発起を十二月初頭とする」ことの二つを決めなければ、統帥部としては何もできない。外交はこれが決まってから研究したらよい。

軍令部次長：海軍としては十一月二十日以降作戦を発動するものとし、それ迄外交を実施しても宜しい。

参謀次長：陸軍としては十一月十三日迄は宜しいが、それ以上は困る。

外相：外交には期日が必要である。外相としては、期日を条件において幾分なりとも成功の見込があるのでなければ、外交は実施できない。

外相は、この時になっても時々、非戦論をほのめかし、統帥部を牽制していた。そのため、外交の打ち切りの日時をめぐって論争が生じた。

参謀次長：作戦が外交によって妨害されては困る。外交より作戦へ転換する時機は十一月十三日であり、それが外交の状況によって変更されては困る。

外相：十一月十三日ではあまりにひどい。海軍は二十日と言っているではないか。

参謀次長：南方作戦においては作戦準備が作戦行動そのものである。飛行機や艦船等は作戦準備中に衝突を起す虞がある。従って外交打切りの時機は、作戦行動と見なされるべき活発な準備を開始する前日でなければならぬ。それが十一月十三日である。

軍令部総長：小さな衝突は、局部的衝突で戦争ではない。

首相及び外相：外交と作戦と併行してやるのであるから、外交が成功したら戦争を止めることを最後まで請け合ってもらわねば困る。

参謀次長：十一月十三日までは請け合う。しかし、それ以後は請け合いかねる。

両総長：その通り、それは統帥を危くするもので責任を負えない。

この時、嶋田海相は軍令部次長に「戦争発起の二昼夜前まででよろしかろう」と述べたところ、参謀次長は「黙っていて下さい。そんなことでは駄目です。外相の所望期間は何日ですか」と釘を刺したという。[57]

外交の打ち切りの日時について統帥上と外交上の要求が対立し、激論となった。そのため二十分の休憩をとった。休憩の間に両統帥部とも作戦部長を招致し、考えをめぐらせた。その結果、十一月三十日までは外交を行ってもよいとの結論が得られ、会議は再開された。

まず首相が「十二月一日にはならぬか。一日でもよいから永く外交をやることはできないか」と問うた。参謀次長は十一月三十日以上は絶対にいけないと答えた。次に海相は「塚田君、十一月三十日は何時頃か。夜十二時までならよいだろう」と参謀次長に確認した。参謀次長はそれを容認した。

外交の打ち切りの日時は、十二月一日零時（東京時間）と決定した。もし、それ以前に一部の武力衝突が発生しても、これは両国の戦争とはせず、局地的紛争と見なして措置することができると認められた。そこで第二案は拒けられた。

「国策遂行要領」の決定

そして残る第三案の検討に入った。[58]

一　対米英蘭戦争を決意し、武力発動の時機を十二月初頭と予定して作戦準備を完整する。
二　外交は十二月一日零時まで依然続行し、同時までに外交が成功すれば武力発動を中止する。

次いで外交交渉の条件について、再度、討議が行われた。交渉条件は従来の日米諒解案、中でも我方の譲り得る限度「甲案」とするのは決定済みであった。しかし東郷外相は、新たに一案を提示したのである。すなわち「乙案」である。[59]

一　日米両国は仏印以外の南亜細亜及南太平洋地域に武力的進出を行わないことを確約する。
二　日米両国政府は蘭領印度において、その必要とする物資の獲得が保障される様、相互に協力する。
三　米国は年百万屯の航空揮発油の対日供給を確約する。

備　考

一　本取極めが成立すれば、南部仏印に駐屯している日本軍は北部仏印に移駐する用意がある。
二　尚、必要に応じ、提案中の通商無差別待遇に関する規定を追加挿入する。

東郷外相は、乙案について、「従来の外交経過を見るに、適切を欠き、単にこれを踏襲するのみでは成功の望みがうすい。よって問題の焦点を絞り、南方だけを片づけ、支那問題は日本自身で解決するようにしたい。支那問題に米国を介入させることは適当でない。従来の対米交渉は、九ヵ国条約の復活を多分に包蔵しているもので、まずいことをやったものだと考える。度々言う様に、四原則の主義上同意などはまるでなっていない。よって自分は乙案でやりたい」と語った。

しかし乙案に対し、杉山参謀総長及び塚田参謀次長から強硬な反対があった。その理由は、乙案は問題を南方のみに限定し、支那事変の処理を全く除外しているため、たとえ交渉が成立したとしても将来に禍根を残す、であった▼60。

また、このような暫定的解決で米国から所要の油が入ってくるかは甚だ疑問であった。よって依然として日本は、米国によって国防上の死命を制せられていることに変わりはなかった。一時的に「姑息な平和」を得ても、やがては戦わなければならぬことになり、その時は既に戦機を失っているというものだった。

ここでも東郷外相と陸軍統帥部との間に意見の対立が見られた。東郷外相は乙案に固執して譲らず、このまま論議が進められると外相の辞任による倒閣の恐れがあった。武藤軍務局長は十分間の休憩を提議し、別室において乙案へ同意するように陸軍統帥部を説得した。その時、東條首相も武藤軍務局長の説得に支持を表明するのだった。

結局、乙案第三項を資金凍結前の状態に復帰し、石油の供給を確約する趣旨に改めた。また新たに第四項として、日中間の和平成立を妨害しないことを米国に要求すると付け加えることで意見が一致した。以上で各案の検討が終わった。最後に第一案と第三案との比較に移った。

ここでは、まず両案の特色が浮き彫りにされた。それは、両案とも物資については三年以降の危険性を有し、後者は長期戦において敵を屈服できる確算がなく、前者は戦わずして敵に屈服する「屈辱」がある、というものだった。

両案をめぐっては、どちらを採るべきか、容易に決することはなかった。それでも結局、臥薪嘗胆が不可能であるという認識で一致した。この時、「最後まで外交交渉の妥結に努めること、それと同時に作戦上の要請を重視し、十二月初頭の戦機を失せざる着意の下」に、国策遂行要領の決定を見るに至った。時刻はすでに十一月二日の午前一時をまわっていた。[61]

午前二時、宮中の会議場から参謀本部に戻って来た塚田参謀次長は、田中第一部長、岡本清福第二部長、有末第二十班長に対し、会議の経過及び決定事項を説明した。その後、所感も述べた。彼の所感には「先ず西太平洋及び東亜の大陸に鉄壁を築き、その中で亜細亜の敵性国家群を各個に撃破し、他面米英打倒に努むべきだ。英国が倒れれば、米国も考えるだろう」という言葉も含まれていた。[62]

米国の対日資産が凍結されて以来、危局の打開に日夜懊悩を重ねた塚田次長の顔面は蒼白だったという。[63]

近衛内閣が倒れ、東條が新首相になり、陸海軍が協力できれば、東條の示した三案はどれも実行の可能性があったはずだ。特に第一案こそ、天皇の意思に沿ったものではなかったか。しかし、それは最下策として十分な議論もされなかった。爾後、日本は戦争に向けて突き進むことになるのである。

第七章　開戦の決意

第一節　十一月五日の御前会議

連絡会議における結論の上奏

十一月二日午後五時、東條首相は陸海軍統帥部長と列立して、連絡会議における討議の経過と結論を委曲上奏した。終わって杉山参謀総長が参謀本部の部長らに語ったところによれば、東條首相の上奏は声涙倶に下り、天皇は納得の体であり、天皇の首相に対する深き信任の様子が明らかに見て取れたという。▼1 また、この時の質問は開戦を憂慮してのものだった。▼2

天皇：戦争の大義名分はどのように考えるか。

首相：目下、研究中でありまして、いずれ奏上します。

天皇：時局収拾（戦争終結を指すものと考えられる）にローマ法王を考えてみてはいかがかと思う。

海軍は鉄百十万屯あれば損害があってもよいか。損害はどれほどの見込みか。

軍令部総長：戦艦一、甲巡二、乙巡四、飛行機一千八百機くらいかと考えます。

天皇：陸軍も相当に損害があると思うが、運送船の損害等も考えているだろうな。防空はよいか。朝鮮の「ダム」（鴨緑江ダム。当時は東洋一の規模だった）が壊れたらどうするつもりか。

参謀総長：防空は全国的にやりますが、東京、大阪、北九州に重点を置き、その他は監視、連絡、灯火管制、地方消防をやる程度であります。

その二日後の十一月四日、天皇自らが臨席し、陸海軍合同の軍事参議官会議が開かれた。そこで「帝国国策遂行要領中国防用兵に関する件」が諮詢された。議長は閑院宮元帥だった。そして「対米英蘭戦争を決意し、十二月初頭の武力発動を目途に戦争準備を促進することは已むを得ない」との議決が採択された。[3]

もともと軍事参議官は、このような国策に直接影響がある問題を取り扱う性格のものではなかった。また陸海軍合同の会議は、これまで開催された例はなかった。しかし東條首相は事の重大性に鑑み、軍首脳全員一致の下に進んでいく必要を認め、統帥部の反対を押し切った。そして問題を国防用兵に関する事項に限定し、軍事参事官会議を開催したのだった。[4]

翌五日、御前会議が開催された。出席者は連絡会議の構成員及び幹事の他は原枢密院議長だけだった。会議は午前十時半より途中一時間の休憩を挟んで、午後三時十五分にまで及んだ。

会議の冒頭、東條首相は提案の理由を「政府と大本営陸海軍部とは、九月六日決定の帝国国策遂行要領に基づき、連絡会議を開催した。その結果、今や戦争決意を固め、武力発動の時機を十二月初頭と定め、これに基づき作戦準備を完整するとともに、外交による打開方策を講ずべき、との結論に一致した。よって『帝国国策遂行要領』に付き審議を願います」と述べた。[5] 東郷外相は外交について、「帝国の対外国策の要諦は、正義と公正とに立脚する国際関係を確立し、世界平和の維持増進に貢献しようとするもの」と発言し、「帝国の名誉と自衛を確保できる二つの案をもって日米交渉を継続したい」と結論を述べた。つまり外相は、第一案は九月二十五日の従来懸念となっていた㈠支那に於ける駐兵及撤兵㈡日独伊三国同盟の解釈及履行㈢国際通商の無差別原則に関し、米国側の希望を斟酌して可能な限り歩み寄るものであり、第二案は南西太平洋地域に武力的進出を為さざること、同地域における物資獲得に関する協力を相互に約すること、米国側が日中和平を妨害せざること、資金凍結令の相互解除等を取極めたものであると説明を加えた。[6]

鈴木企画院総裁は、戦争と臥薪嘗胆の両場合における国力、特に重要物資の見通しにつき詳細な説明を行い、戦争に進んだ場合の結論として「支那事変を戦いつつ、さらに長期戦の性格を有する対英米戦を行い、長期に亘り戦争の遂行に必要な国力を維持増進することは、なかなか容易なことではなく、万一天災等不慮の出来事でも起これば、益々困難の度を増すことは明らかである。しかし緒戦における勝利の確算が充分である故、この確実なる結果を活用し、他方一死をもって困難に赴かんとする国民志気の昂揚を、生産各部面は勿論、消費、その他の各般の国民生活の部面に展開すれば、座して相手の圧迫を待つに比べて、国力の保持増進上、有利であると確信する」と述べた。[7]

首相及び枢密院議長の所見

次いで賀屋蔵相及び陸海軍統帥部長より、それぞれ所要の説明があった後、恒例のように原枢密院議長と政府及び大本営との質疑応答が行われた。そして最後に原議長は「政府は人種的関係を深く考慮し、アリアン人種全体より包囲され、日本独り取り残されぬ様警戒され度い。就ては今より独伊との関係を強化することが必要である。而もそれは単なる紙上の約束では不可である。以上当局者の注意を喚起し今後の国際情勢に善処されんことを切望する」を要旨とする所見を開陳した。

続いて首相は「元来、日米交渉に米国が乗って来たのは弱点を有するからである。即ち両洋作戦準備の未完、国内体制の強化未完、国防資源の不足等である。この案に依って日本軍が展開位置に就く事になれば日本の決意は米国側に伝わる。米国は元来日本が経済的に降伏すると思っているのであろうが、日本が決意したと認めれば、其の時機こそ外交の手段を打つべき時だと考える。私は此の方法だけが残っていると思う。そして長期戦となれば幾多の困難と不安がある。しかし、この不安があるからといって、現在のように米国のなすがままにさせていては、いかになるだろうか。二年後に油はなくなり、船は動かず、南西太平洋の敵側の防備は強化され、米艦隊は増強し、支那事変は依然として解決しない。国内の臥薪嘗胆も長年月に亘り堪えることは不可能であり、日清戦争後とは趣を異にする。座して、二、三年を過せず三等国に顚落することを虞れる」と述べた[8]。

政府及び統帥部の意思を上奏し、遂に戦争へと舵を切ることになった。しかし、それでもなお、最後の最後の手段として、日本は日米交渉へ期待をかけるのだった。

第二節　開戦の「聖断」

残された手段、日米交渉

政府は御前会議の決定に基づき、平和への最後の努力に傾倒した。野村大使を補佐するため、来栖三郎（くるすさぶろう）大使を米国へ特派したのも、そのような理由からだった。ちなみに来栖大使の訪米を要請したのは野村大使だった。[9]

来栖大使は日本を出発する前日、東條首相と会った。東條首相は「交渉は成功三分、失敗七分と見られるから、くれぐれも妥結に努力されたい。また交渉は十一月いっぱいで終了しなければならない、野村大使にだけこれを伝えて欲しい」と指示した。しかし開戦の時期や真珠湾攻撃については全く知らされていなかった。[10]

来栖大使は十一月五日朝、海軍の爆撃機で横須賀を出発、台湾、マカオを経由して香港に着いた。その後は小型連絡機でマニラへ飛び、ジョセフ・グルー駐日大使が手配したアメリカン航空のクリッパー機に搭乗し、グアム、ミッドウェー、ハワイなどを経由して渡米を急いだ。

来栖大使がワシントンに着いたのは十一月十五日だった。[11]ハルは回想録に来栖のことを「来栖は野村とは正反対の人間のように思われた。彼の顔つきにも態度にも信頼や敬意と呼ぶべきものがなかった。私は初めから、この男は嘘つきだと感じた」と著している。また「来栖のワシントン派遣は二つの目的を持っていた。第一はあらゆる壓力と説得を用いて我々に日本側の条件を受諾させることであり、第二はそれが失敗した場合、日本の攻撃準備ができるまで会談で我々を引きずっておくことだと思った」と書いていた。[12]

戦後、瀬島は「ハル氏のような人物が、このような偏見と事実誤認をおかすとは実に意外であり、それが戦争の原因にもなることを、我々は日米関係の今後のために銘記しなければならない」と記している。[13]

なぜなら東郷外相の来栖大使への訓電では、「この期に及んで交渉局面の渋滞を来せば、情勢は逐日、緊迫を加えつつあるため、単に時間の関係から危局の収拾は絶望となるだろう。ついては野村大使への累次訓電により委細を了承の上、米側へ現下の事態に鑑み、交渉妥結が焦眉の急を要することを悟らしめ、もって太平洋の平和確保のため、我方と協調するよう努力してもらいたい」となっていたのであった。当然、米国はこれを「魔法（マジック）」で解読していたと思われる。[14]ただし米国側が、この魔法を使ったとしても日本側の意思が正しく伝わったとは限らない。[15]

野村大使は十一月七日、ハル国務長官の私邸に赴き、甲案を提示した。「我方において最大の友誼的精神と互譲の誠意を披瀝する次第である」と説明を加え、「米国が大局的見地より考慮し、これに同意することを求める」など、日本の最終の譲歩にして、情勢急迫に鑑み、この案をもって交渉を成立したいと申し入れた。[16]

ハル国務長官は、甲案の検討を約束した。また一人の個人的な思いつきとして、「もし中国の最高権威者が日本政府及び国民に対し、中国の真摯なる友誼と信任を確信し、日中間の友好関係の回復を希望する場合、日本はどのように考えるか」と質問し、日本政府の意向の確認を要望した。この際、野村大使には米国が既に中国側の意向を徴しているように感じられたという。[17]

政府は質問に対し、日本側の当初からの主張に合致し、極めて有利な情勢であると認め、これを日中直接交渉に誘導するように利用すべきであると野村大使に訓令した。また、それと同時に、「日本はあくまでも甲案をもって交渉妥結を期待していること、そして米国が理論に走り、ややもすれば非現実的態度に出る嫌いがあるのを遺憾に思う」と伝え、米国が大局的見地より現実の情勢を達観し、速やかに妥結するように努力を要請する旨も伝達した。[18]

十一月十日、野村大使は官邸私室において、ルーズベルト大統領と会見した。日米交渉は開始以来、既に七回を数え、六ヵ月余を経過した。この間、日本は幾多の譲歩を行ったのにもかかわらず、ルーズベルト大統領の発言は抽象論を繰り返すだけだった。

米国は原案を固執して譲らなかったのである。そのため野村大使は、日本では米国の態度に、米国の交渉に向けた真意がどこにあるのか疑う者がいると強調した。そして甲案は日本が最大限の譲歩を行ったものであると説明した。

これに対し大統領は、「米政府の目的は『フェア・プレイ』の精神により、太平洋地域の平和安定及び秩序の確立に寄与するため、最善を尽くすことである。この目的を達成するために人類の福祉の観念に実際的効果を与えなくてはならない。本件予備的会談が交渉の基礎となるべき良好の結果を挙げることを希望する。日本政府の希望するような本会議を促進するのに最善を尽く……」と述べるに過ぎなかった。[19]

十一月十二日、ハル国務長官は野村大使に対し、細目の交渉に先立ち、日本の平和に対する保障が欲しいと伝えてきた。そのため八月二十八日、近衛内閣が米国政府に対して表明した平和政策に対する見解を新内閣も踏襲する旨を文書で手交することを要求した。また、それとは別に、蔣介石による日本への和平提議と、日中間での友好協力関係の樹立を目途とする誓約交換を示唆する文書が手渡された。

政府は、日本の平和政策に対する見解は甲案に包含されている、よって現政府においても八月二十八日の見解を確認することに異議はない、また米国の日中和平の周旋申し出にも異議がないことを回答した。[20]

十一月十五日、ハル国務長官は野村大使に文書をもって、日本の提案には、「無差別原則が全世界に適用されることになれば、同原則が太平洋全地域にも適用されることを承認する」とあるが、米国としては管轄権が及ぶ範囲外の国に対しては責任を取ることができない、よって全世界の適用云々の条件を撤回して欲しいと申し入れてきた。

それと同時に、米国は非公式な試案として「経済政策に関する日米共同宣言案」を提議、さらに口頭で日米協定が成立すれば、日本は三国同盟を保持する必要がなくなるため、三国同盟の消滅または死文となることを要求する旨を再び力説した。[21]

これに対し、政府は、「全世界に適用されることになれば」を条件としたのは、我方においては同原則が全世界に一律に適用されることを希望し、中国においても原則の適用を承認するという意味で条件として挙げた。従って昨今、この原則が無視されている事実に鑑み、まず中国において適用するということは承認できないと回答した。[22]

また日米共同宣言案については、中国の現状を無視し、たとえば共同開発などの提案は、中国の国際管理の端緒となるおそれがあるため受託できない。よって全部これを撤回し、我が方の甲案を基礎として、至急交渉の促進を図るように申し入れた。
特派された来栖大使は十一月十七日以降、会談に参加した。同大使は十七日、形勢の急迫に鑑み、ルーズベルト大統領に交渉急速妥結の必要があることを説き、日米衝突が何人の利益にもならないことを述べた。そして、さらに日本の平和的意図を強調し、駐兵問題についても日本の立場を説明した。[23]

大統領は、米国としては中国問題に対し、干渉も斡旋もする意志はなく、単に紹介者にならんと欲しているだけであると答えた。

こうして十一月十八日、ハル国務長官はヒトラー主義の脅威を言い立て、「米国の平和政策はそれと両立しがたい、従って日本がドイツと提携している限り、日米関係の調整は至難である。まずこの根本的要因を排除しなければ、日米間の話し合いを進めることはできない」と述べた。

結局、米国は何一つ妥協することはなく、問題は依然として、三国同盟問題、通商無差別問題及び中国問題の三点に集約されるのであった。[24]

十一月十九日、野村大使は東郷外相に電報を発した。今や日本が選択すべき道は三つに絞られたのである。

第一　現状を維持すること
第二　局面打開武力進出すること
第三　何とか工夫の上、相互不可侵の態勢を作ること

第一案は彼我の戦備を増強し、ますます「一触発火の情勢」となり、いつかは武力衝突に陥る。第二案は第一案と時間の差があるだけで、第三案は暫定的取極めにより、「一時的局面を弥縫」し、平和のうちに我が目的を達成しようとするものだった。野村大使は、第三案を採用すべきである、と意見具申してきた。[25]

甲案断念

政府は十一月二十日、甲案による妥結を断念し、野村大使に乙案提示を訓令した。それと同時に、乙案が最終案であり、絶対にこれ以上の譲歩の余地はなく、これでも米国が応諾しなければ、交渉決裂もやむを得ないと伝えた。[26]

十一月二十日、野村、来栖両大使はハル国務長官と会見した。そこで乙案を提示した。これは現下の緊迫した情勢を緩和し、幾分なりとも友好的な空気を回復するため、提案すると説明した。しかしハル国務長官はさしたる意見を述べなかった。

ただ乙案に書かれていた、日中和平の努力を米国が妨げる行動を差し控える、という一文に難色を示した。さらに日本が三国同盟との関係を明らかにし、平和政策を採ると確言できなければ、援蔣行為を打ち切るのは困難であり、大統領が日中間和平の紹介者になろうとする提言もできないと伝えてきた。[27]

来栖大使は十一月十二日の米国の申し出の趣旨に基づき、大統領の紹介により、日中直接交渉が開始される場合、和平の周旋者たる米国が援蔣行為を継続しつつ、平和成立を妨害するのは矛盾すると指摘し、米国の反省を促した。

以上のようなワシントンにおける交渉と併行し、東京でも東郷外相とグルー駐日米国大使との間に交渉が進められていた。

東郷外相はグルー大使に対し、「米国は帝国に対して武力よりも強い経済圧迫を加えているため、我は自衛上、起つ事もある。米国が支那に対し、帝国が払っている犠牲を無視する事を帝国に強要するのは、あたかも日本に自殺せよと言うのと同じだ。これを本国に伝えよ」と告げた。

グルー大使はこれに対し、「よくわかった。本国に伝える。また自分は、この解決に必成を期すものである」と答え、涙ぐんで帰った。[28]

この頃、米国政府は英豪蘭及び蔣政府代表と協議を重ねていた。ハル国務長官は十一月二十二日、日本が平和政策を遂行するならば、通商状態の復帰を数日で実行できるが、差し当たり漸進的に行う意向である、また南部仏印からの撤兵だけでは急迫した南太平洋の情勢を緩和するには至らないと語った。

さらに米国大統領の日中間の橋渡しは「時機未だ熟せず」と考えていると明らかにした。このように交渉妥結の見込みはますます薄らぎ、太平洋の破局は近づきつつあった。[29]

併進する戦争準備

一方陸海軍は、御前会議の決定に基づき作戦準備の完整を急いでいた。大本営陸軍部は十一月六日、南方軍及び南海支隊の戦闘序列を下令した。また南方要域の攻略準備を発令した。それと同時に南方軍総司令官寺内寿一（てらうちひさいち）大将以下の各軍司令官が親補された。その他、支那派遣軍総司令官に対しても、十一月六日、香港攻略の準備を発令した。[30]

次いで十一月十五日、大本営陸軍部は南方軍に対し、南方要域の攻略を発令した。しかし進攻作戦の開始は保留されていた。これにより作戦部隊は任務が確定し、行動の準拠が与えられた。

また十一月八日には、千島より本土を経て台湾に至る朝鮮以外の各要塞の本戦備または準戦備が発令された。こうして南方軍は仏印、海南島、南支那、澎湖島、台湾、奄美大島、パラオ島に、また南海支隊は小笠原にそれぞれ集合し、戦略展開を完了しようとしていた。

大本営海軍部でも十一月五日、対米英蘭作戦に必要な準備を連合艦隊へ命令した。それと同時に大本営海軍部は、作戦部隊を作戦開始準備地点へ進出させるように指示し、十一月二十一日には、これを作戦待機海域に進出させるように発令した。

開戦劈頭、ハワイを急襲することになった南雲忠一（なぐもちゅういち）中将麾下の機動部隊は、密かに瀬戸内海より行動を起こした。十一月二十二日には南千島の単冠湾に集合した。その後、十一月二十六日午後六時、一路ハワイ西北方海域に向かって出撃した。ただし外交交渉妥結に伴い、反転帰投ができる措置は講じられていた。

十一月十七日、政府は臨時議会を招集し、時局に対する政府の所信を明らかにした。東條首相はその施政方針演説において、日本が期待するところを強調した。[31]

一　第三国が日本の企図する支那事変の完遂を妨害しないこと

二　日本を囲繞する諸国家が、日本に対する直接軍事的脅威を行わないことは勿論、経済封鎖のような敵性行為を解除し、経済的正常関係を回復すること

三　欧州戦争が拡大して禍乱の東亜に波及することを極力防止すること

その頃、衆議院では十八日、各派共同提案の国策完遂決議案を全会一致で可決した。政界の宿将島田俊雄（しまだとしお）は提案趣旨の説明を行い、議場は「一種凄愴の気」につつまれた。服部は『大東亜戦争全史』で、それを引用している。国民の感情とはどのようなものであったか、彼の気持ちを代弁させているのに他ならない。[32]

島田は「戦争が双方に人的並びに物的の大犠牲を必然とすることを知らしめ、あわせてその国の国民大衆をして、彼等の驕慢なる指導者の指導教唆によって、彼等が戦争渦中に捲き込まれた時、彼等の独立にも、自存にも直接関係なき戦争の犠牲となる者が、彼等の指導者に非ずして、却って彼ら被指導国民大衆自身なることを徹底的に知らしむるに非ざれば、太平洋の和平静謐は得て望むべからずと考える。近衛首相は日米交渉に関する例のメッセージにおいて、太平洋の癌という言葉を用いられたと聞いているが、果たしていわゆる癌なるものが太平洋にありとするならば、その癌たるや、実は太平洋上にあるのではなくして、アメリカ人、ことにアメリカの現在の指導者その人達の心の裡にあることを知らねばならぬ。この癌に対しては、断固として一大メスを入れる必要がある。それは我々の責任である。肇国の昔より永遠の招来にわたる、大日本帝国の現在を負担するところの、現在国民たる我々の、最大最重の責務である。政府は果たして我々をして何時そのメスを振わせるのか」と演説したのだ。その他にも多くの日本人が戦争

を待ち望んでいたとする。これは国民に対する教育の影響も大きかったのではないか。国民は幼少の頃から「良民即良兵」と言われて育ち、大人になったのである。また国民に強い影響を与えたものに「国防の本義とその強化の提唱」がある。昭和九年（一九三四年）、陸軍省新聞班が発表したものだ。

この別名「陸軍パンフレット」と呼ばれる小冊子は「たたかいは創造の父、文化の母である」という刺激的な言葉で始まっていた。そして国防の優越性と国防国家建設の必要性を主張した。緊迫する国際情勢に備えての軍備拡充、統制経済の採用、農村漁村の匡救を力説していたのである。それは国家総力戦のための政治、経済、文化のあらゆる面における改造を大胆に提示したことにより、「日本を震撼させたパンフレット」となった。▼33

ただし総力戦時代、「教育の軍国主義化」「言論の統制」「産業の統制」などは、戦時体制下に置かれた多くの国で行われたことだった。総力戦とは、そういうものだった。

また、それは開国以来、国が苦境に陥った時にこそ、軍官民が一体となり、国難に当たってきた日本の志向の表れなのかもしれない。ややもすると、外圧に対して消極的な態度をとる者を卑怯者と見なし、「積極策」しか採れなくなる。既に国家の志向がそこにはあったと言うべきなのではないか。さらに一方で国民の多くは現状の圧迫感からの解放を望んでいたのも事実である。

そんな日本の志向は軍事で国際問題を解決する、つまり日本が採ることのできる手段は、外交ではなく、戦争へと絞られていく要因となった。そして日米開戦への最後の決断をさせたのが「ハルノート」だった。

第三節　ハルノート

最後通牒

開戦の機は刻々と迫まりつつあった。それでも日本の和戦決定は保留されていた。十一月二十六日、政府と大本営は乙案妥結に伴う石油の輸入量について、年額米国より四百万トン（昭和十五年度輸入実績三百三十万トン）、蘭印より二百万トン（日蘭交渉において百八十万トンを要求）を確保すべきであり、この保障を取り付けるように野村大使へ訓電した。

それにもかかわらず十一月二十六日、ハル国務長官は野村、来栖両大使に対し、日本の十一月二十日の提案については慎重に検討し、関係国と協議したが、遺憾ながら同意し難いと述べた。そして米国の六月二十一日案と日本の九月二十五日案との調節案と称して、新提案を提示した。これがいわゆる「ハルノート」だった。▼34

それには、「合衆国及日本国間協定の基礎概略」の第一項、政策に関する相互宣言案として、「合衆国政府及日本国政府は共に太平洋の平和を欲し、その国策は太平洋地域全般に亘る永続的、広汎なる平和を目的とし、両国は右地域に於て何等領土的企図を有せず、他国を脅威し又は隣接国に対し侵略的に武力を行使するの意図なく又其の国策に於ては相互間及一切の他国政府との間の関係の基礎たる左記根本諸原則を積極的に支持し且之を実際的に適用すべき旨闡明す」と書かれていた。また第二項では合衆国政府及日本政府の採るべき措置について言及されていた。しかし、これより先の十一月二十一日、ハル国務長官は米国の陸海軍当局者との会談において、「今や日米交渉は終り、外交当局としてなすべき途は尽きるに至った。今後の仕事は軍部の手に委ねなければならない」と述べていたのである。

また十一月二十六日、ハル国務長官は日米交渉は終了したものと考え、これを軍部に告げ、軍部はハワイの現地軍当局に警告を発した。その警告において米国は、「米国より先んじて手を出すな。日本をして先んじて手を出させよ」と指令したのである。

ハルノートは、従来の日本の主張と雲泥の差があった。また四月以来八ヵ月に及ぶ彼我の交渉を全く無視するものだった。ハルノートが日本に対して要求しているのは次のことだった。[35]

一　支那及び仏印より日本の陸海空及び警察の全面撤退

二　日支の近接特殊緊密関係の放棄

三　三国同盟の死文化

四　支那における重慶政権以外の一切の政権の否認

日本はハルノート全文を、十一月二十七日に接受したが、それより先に在米武官はその骨子と交渉が全く絶望的であると報告していた。大本営と政府は二十七日の連絡会議において、開戦の聖断を仰ぐ御前会議を十二月一日に開催すべきと決定した。それと同時に「開戦に伴ふ国論指導要綱」及び「宣戦に関する事務手続順序」も決められた。

二十九日、重臣会議が終了した後、大本営と政府は連絡会議において御前会議の議題を確定した。また独伊との単独不講和協定締結に関する交渉を開始すると決めた。

戦後、インドのラダ・ビノード・パール判事は、ハルノートの理不尽さについて、また約三年間にわたる東京裁判に対し、自己が公正と真実と信ずる判決書を書いた。[36]ここで引用したい。

被告はこの覚書（ハルノート）を最後通牒と考えた。ある被告の指摘したように「このような政治的条件あるいは事態は、おのずから朝鮮地域まで影響を及ぼすであろう」。換言すれば、日本は朝鮮から撤退しなければならない窮地に追い込まれたであろう。

日本の大陸における権益はまったく水泡に帰し、日本のアジアにおける威信は地に堕ち、対外的情勢においては、今日の日本の状況になると言っても差し支えないわけだ。これはすなわち満州事変の状況よりも日本の状態は非常に悪くなって（中略）それ以上に日露戦争前の情況に還れという要求である。これは「日本の東亜における大国としての自殺」である。

（中略）

現代の歴史家でさえも、次のように考えることができたのである。すなわち「今次戦争について言えば、真珠湾攻撃に米国務省が日本政府に送ったものと同じような通牒を受け取った場合、モナコ公国やルクセンブルク大公国でさえも合衆国に対して戈をとって起ち上がったであろう」と。

（後略）

そのように書かれたハルノートへの日本の対応は「十一月五日決定の『帝国国策遂行要領』に基づく対米交渉は遂に成立するに至らず帝国は米英蘭に対し開戦す」であった。[37]

二十七日及び二十九日の連絡会議では、和戦に関する論争は行われなかった。米国提案の「支那」という文言の中に満州国が含まれるのか否か、という問題についても格別な議論はなかった。全員が米国の提案は取りつく島もない、まったく望みがないと認めたのである。開戦のやむなきことは論議するまでもなかった。[38]

十一月五日の御前会議の決定によれば、十二月一日零時までに交渉が成立しない場合、その時の交渉経緯の如何にかかわらず、戦争を開始すると定められていた。服部は「この時、この際、ハルノートに直面しなかったならば、日本は果たしていかなる道をたどったであろうか。ハルノートの到来こそは、まさしく万事を一挙に決したものだった」と総括している。[39]

また終戦を迎え、戦争犯罪人とされた武藤元中将は、巣鴨の獄中で「若し四月以来の日米交渉がなかったらどうだろうと。日米交渉がなかったら、事態が同一に悪化しても開戦の決意は中々難しいことであったろう。然るに最初の日米諒解案が非常に甘いものであり、それが逐次辛いものとなって来る。日本は辛俸〔ママ〕しながら譲歩して来て最後に打ち切となる。そこで皆一様に憤慨する。反対しようがないのだ。私は日米交渉の経緯を考えて米国に一杯喰わされた感じがしてならない」と記している。[40]

その他、英国での出来事を付け加える。昭和十九年六月二十日、英国軍需生産大臣オリバー・リットルトンは、ロンドンの米国商業会議所にて、「米国が戦争に押し込まれたというのは歴史を歪曲するも甚だしい。米国が余りひどく日本を挑発したので日本軍は真珠湾で米軍を攻撃するのやむなきに至った」と発言し、物議をかもした。それは昭和十六年十一月二十九日、何の異議もなく開戦を決意した日本政府と大本営の言わんとするところを代わりに論じるものに他ならない。[41]

しかし、リットルトン軍需生産大臣は翌二十一日、英国議会下院で陳謝させられた。その理由は「米国政府は終始自国に対する危険が急激に増大するのに鑑み、専ら自衛の政策に動いている」のを十分に認識していなかった、というものだった。[42]

開戦の「聖断」下る

十一月二十六日、天皇は東條首相に対し、「開戦となればどこまでも挙国一致で進む必要がある。重臣は納得しているか。重臣を御前会議に出席させてはどうか」と質問した。

それに対し、首相は「御前会議は国務輔弼の責ある政府と統帥輔翼の責ある陸海軍統帥部長とが、責任の上に立って意見を申し上げ、決意を願うものです。重臣に責任はなく、この重大問題を責任のない者を入れて審議決定することは適当ではないと思います。先般軍事参議官会議を御前で開きましたのは、念には念を入れて重要軍務に責任のある軍事参議官に、軍務の見地から御諮詢になるという意味であり、責任のない重臣を御前会議に出席させるのは、宜しくないと思います」と回答した。すると天皇は、「それでは俺の前で（御前において）重臣と懇談してはどうか」と発言するのだった。[43]

東條首相は、翌二十七日の連絡会議において意見を徴した。その結果、御前会議に重臣を出席させることは勿論、御前において重臣と懇談することも適当ではないと結論が出された。その理由は、首相が答えたように、憲法上、責任のある者と責任のない者とが、御前において重要国策に関して懇談するのは、責任の所在を不明確にさせる、よって適当ではないというものだった。

日露戦争開戦に当たっては閣議で開戦を決定し、明治天皇は、これを元老に問い質した。しかし当時の元老と昭和初期の重臣とは、その性格が異なっていた。重臣は単に総理大臣の経歴を有するだけで、いわゆる重臣会議と言うべきものだった。しかし実態は後継内閣の首班決定に当たり、内大臣が天皇に上奏すべき意見を徴するために召集されるに過ぎなかった。[44]

それでも政府は重臣を宮中に集め、所要の説明を行い、その理解を求めることにした。独り東郷外相は、御前において重臣との懇談を行ってもよろしいのでは、と主張していた。[45]

政府と重臣との懇談は十一月二十九日午前九時半に始まり、午後四時に終了した。[46] 出席した重臣は若槻礼次郎、平沼騏一郎、広田弘毅、近衛文麿、林銑十郎、阿部信行、岡田啓介、米内光政及び原枢密院議長の九名だった。政府からは東條首相、嶋田海相、東郷外相、賀屋蔵相及び鈴木企画院総裁が出席した。

午前、政府側の説明と質疑が行われた。ほとんどの重臣は当初、「開戦せずに現状維持を可」とする意見だった。それは長期戦における国力の維持と民心の動向に不安ありという趣旨からだった。岡田啓介海軍大将は、「物資の補給能力につき十分成算はあるか甚だ心配である」と特に強く意見を述べた。

また若槻礼次郎は、「この戦争が帝国の自存自衛のために必要とあれば、たとえ敗戦を予見し得る場合と雖も、国を焦土としても立たなければならないが、只理想を描いて国策を御進めになること、例えば大東亜共栄圏の確立とか東亜の安定勢力とかの理想にとらわれて、国力を使うことは誠に危険であるから、之は（天皇の）考えを願わなければならない」と強調した。

広田、林及び阿部の三重臣は、政府が慎重なる準備をもって開戦を決意した以上、これを信頼する他はない、と開戦に同意見だった。▼47

東條首相の総括したところによれば、重臣会議の意見は次の四つに帰結するという。

一　たとえ交渉が決裂しても開戦を為さず、再起を他日に期すべし。

二　政府は慎重の用意を以て開戦の決意に到著したものであるから信頼する他ない。

三　長期戦となれば補給能力の維持、民心の動向に多分の懸念がある。（然しこの点に関し帝国として採るべき方途に就ては別に意見の開陳なし）

四　この戦争が自存のためであるとするならば、敗戦を覚悟するも開戦をやむを得ず。但し東亜政策のために戦争に訴えるというならばそれは危険千万である。

東條首相は現状維持論に対し、一々反駁説明を加えた。結局、重臣は全員、御前において戦争反対を真っ向から主張しなくなっていた。重臣たちは政府の開戦決意を諒承することとなって散会した。▼48

重臣との懇談終了後、引き続き連絡会議が開催された。まず全員が異議なく対米英蘭開戦に決し、十二月一日の御前会議議案を可決した。▼49

御前会議議題

一　対米英蘭開戦の件

十一月五日決定の「帝国国策遂行要領」に基く対米交渉は遂に成立するに至らず。帝国は米英蘭に対し開戦する。

原案では「仍て帝国は米英蘭に対し開戦する」とあったが、「仍て」が削除された。

二　独伊に対する措置

次に独伊に対する措置について審議された。

外相：大島浩駐独大使、堀切善兵衛（ほりきりぜんべえ）駐伊大使に対し、次の趣旨にて独伊に申し入れを処置したい。日米交渉の決裂は必至だ、勢の赴く処、日米両国が武力衝突するところ大であると思え、時機は意外と早く来るかもしれない。

1　帝国は独伊の即時対米戦を期待する。この期待に背かないように独伊側も措置をとる。
2　日独間に、また日伊間に米英単独不講和の申し合せをする。

右（原案）に対し、だいたい同意された。ただし、「共同の敵」という文言は独伊よりすれば「ソ連」を含むこととなり、日本も「ソ連」を含むということとなれば、現下の日本を取り巻く情勢から有利とならない。よって「共同」とすれば独伊も受け入れやすく有利である。このような議論もあったが、「共同」は英米であると明らかに説明することで決定をみた。

三　米に対する外交を如何にするかについて

次のようなやり取りがあった（以下、〇は匿名の発言者）。

〇：戦争に勝てる様に外交をやられ度い。

外相：外交をするような時間の余裕がありますか。

軍令部総長：未だ余裕はある。

外相：〇日を知らせろ。これを知らさなければ外交はできない。

軍令部総長：それでは言う。〇日（八日）だ。未だ余裕があるから戦に勝つのに都合がよいように外交をやってくれ。

〇：国民は最高潮に達している。この上さらに此気勢を高めることは米国をして戦争準備をますますやらせることになるので、これ以上、高めないようにする必要がある。

〇：それはいかん。そんなことをしたら国民は分裂する。

〇：分裂しない程度にやれ。特に政府当局が気勢を低めるようなことを言うのは良くない。

○：外電を使用してやるのが最も良い方法と思う。

その後、永野、嶋田、岡等海軍側は「戦に勝つ為に外交を犠牲的にやれ」と強く主張した。

外相：よくわかりました。出先に帝国は決心していると言って良いか。武官に帝国は決心していると言っているではないか。

軍令部総長：武官には言ってない。

外相：外交官をこのままにしても置けぬではないか。

○：それはいかん。外交官も犠牲になってもらわなければ困る。最後まで米側に反省を促し、質問し、我が企図を秘匿するように外交することを希望する。

外相：形勢は危殆に瀕し、打開の道はないと思うが、外交上、努力して米側が反省するように、また米側に質問するようせよと出先へ言おう。

ここに対米英蘭開戦の聖断は遂に下ったのだった。最後に誰かが「国民全部が、この際は大石内蔵之助をやるのだ」と言ったのが印象的だった。この言葉こそが、この連絡会議の空気を端的に象徴していた。ひたすら戦争の奇襲成功を念願していたのである。▼50

天皇の発言

十一月三十日午後四時、東條首相は参内し、重臣会議の結果を天皇に上奏した。その際、天皇の質問に対し、今まで聞き及んでいないことを東條首相が答えた。そのため天皇は永野軍令部総長と嶋田海相を呼んだのだった。

戦後、嶋田海相は、この時のことを次のように回想している。「天皇は軍令部総長に対し、『愈々時機は切迫して矢は弓を放れんとしておるが、一旦矢が離れると長期の戦争となるのだが、予定のとおりやるかね』と尋ねた。その実に物柔らかな様子を拝し、感激したことは今でも記憶を去らない。心の底からお嫌やな戦争を避けたい念願と、国家として追い詰められた戦争に対する勇気とを、親しく拝し上げた」とである。[51]

十二月一日午後二時、開戦の聖断を仰ぐため、最後の御前会議が宮中東一の間において開催された。政府からは全閣僚が出席した。会議の冒頭、東條首相は開戦がやむを得ない趣旨を陳述した。[52]

東郷外相は十一月五日の御前会議以後の日米交渉の経過を詳述した。その後、結論的所見として「米国の対日政策は終始一貫して我が不動の国是たる東亜新秩序建設を妨碍せんとするに在り、今次米国側回答は、仮にこれを受諾した場合、帝国の国際的地位は満州事変以前よりも低下し、我が存立も危殆に陥らざるを得ないと認められる」と陳述した。この米国提案を受託した場合の日本の国際的地位については、政府と大本営の一致した見解だった。[53]

次いで永野軍令部総長は、陸海軍統帥部を代表し、「米英蘭は、その後、着々と戦備をかため、特に南方における諸邦の兵備は漸次増強しつつありますが、我方としては毫も作戦発起に支障なく、既定の計画通り作戦を遂行し得るものと確信しております。今や肇国以来の国難に際会致しまして、陸海軍作戦部隊の全将兵は士気極めて旺盛であり、一死奉公の念に燃え、大命一下、勇躍大任に赴かんとしつつあります」と所信を披瀝した。[54]

その後、東條首相、賀屋興宣蔵相及び井野碩哉農相より所管事項について説明があった。説明が終わると、原枢密院議長と政府及び大本営との質疑応答が行われ、枢密院議長が最後に「(開戦は)開国以来の大事業でありますが、之を克服してなるべく早期に解決することが必要と存じます。之が為には今から如何にして戦争の結末をつけるべきかを考えておく必要があります。国民はこの立派な国体の下にありまして、精神的には他に比類のない優秀さであることは疑わないところでありますが、戦争が長期にわたる時は、時として考え違いの者もあり、また敵国の策動も絶えず行われ、内部崩壊を企図するでありましょう。なお、愛国心に燃えている者でも、時としてこの内部崩壊を企図することがないとも限りません。この点、最も憂うべきことと存じます。開戦は今日の情勢上、誠に已むを得ぬことと存じ、誠忠無比なる我が将兵を信頼いたします」と述べるのだった。[55]

この言葉を受け、大本営陸海軍部は直ちに進攻作戦に関する命令の允裁を仰ぎ、発令した。開戦第一日は、十二月八日だった。十二月二日、陸海軍両統帥部長は、また列立して武力発動時機(開戦日)の最終決定を仰いだ。[56]

陸海軍とも作戦準備は十二月八日、武力を発動し得るを目途と致しまして、着々と進捗しております。

武力発動の時機を十二月八日と予定いたしました主な理由は、月齢と曜日との関係によるものでございます。陸海軍の航空兵力の第一撃を容易にし、かつ効果をもたらすためには、夜半より日出までの月齢二十日付近の月夜を適当とします。また海軍機動部隊の布哇空襲には、米艦艇の真珠湾在泊が比較的多く、休養日である日曜日を有利といたします。そのため布哇方面の日曜日にして月齢十九日たる十二月八日を選定いたした次第です。

矢は既に弦を離れた。ハワイ急襲作戦部隊は、今や後顧の憂なく、東方を指して血沸き肉躍った。シンガポールを目指してマレーに上陸すべき大輸送船団は、十二月四日勇躍して海南島三亜港を出発した。[57]

宣戦の詔書案は、十一月中旬以来、「戦争名目骨子案」として連絡会議の討議を経て幾度か推敲を重ね、第八案にまでなっていた。[58] 渙発された詔書の推敲では戦争目的が日本の自存自衛にあることが強調され、詔書においては「帝国ハ今ヤ自存自衛ノ爲蹶然起ッテ一切ノ障礙ヲ破砕スルノ外ナキナリ」と明示されるに至ったのである。また天皇から「英国とは日英同盟を結び、英国皇室とは親交がある。自分も外遊の際、英国王室の歓待を受けた。その英国に対し宣戦するのは心苦しい。この気持ちを織り込むように」という要望を受けた。よって東條首相は、「豈朕カ志ナラムヤ」を重複して挿入し、強調するのだった。[59]

遂に日本は太平洋戦争へと突入した。

開戦に至るまで今まで見てきたように、多くの教訓がある。

そして、その教訓こそ、今後の「戦争」そのものを回避するための糸口となるのではないだろうか。

第三部

結論

第八章　戦争と向き合うための教訓

第一節　戦争目的と意思決定

教訓の項目と要約

まず本章の項目（節）を挙げ、要約を記す。

第一節　戦争目的と意思決定

太平洋戦争の目的が曖昧であり、その結果、多くの人へ戦争に対する期待を抱かせた。また各種事情により当時の日本には実質的意思決定者が不在だった。

第二節　戦略環境の認識

日本が得た教訓から旧態依然の偏った戦略環境の認知にとどまり、軍事力評価に対する誤解があった。

第三節　国力評価と国力運用

自信と不安が相克する国力評価や政戦略の不一致により未成熟な統合と軍に対する統制手段が欠如した。

第四節　将来ビジョン

次々と起きる情勢の変化へパッチワーク的に対応するだけで、戦略的視点あるいは長期的な視点を持てなかった。

これらの項目あるいは要約について、さらに論を進めていく。この際、忘れてはいけないのは「現代の目で過去を否定するだけなら、愚か者の為すことと言わざるを得ない」という言葉である。

曖昧な戦争目的

これまで主戦論者たちの主張に耳を傾け、開戦経緯を考察してきた。ここでは、それを踏まえ、現代に生きる我々が戦争と向き合うためのいくつかの教訓を抽出し、整理していく。これは冒頭で述べた日本が米国を主敵として戦争を選択した要因を提示することでもある。

まず日本は太平洋戦争を始めるに当たり、明確かつ統一された戦争目的があったのだろうか。著者は「否」という立場をとる。確かに「自存自衛」と「大東亜の新秩序の建設」という大義名分はあった。しかし表面のうたい文句とは異なり、軍人は軍人の、政治家は政治家の、外交官は外交官の、財界人は財界人の、そして国民には国民のそれぞれの戦争目的があったように思えてならない。

もちろん、それは全ての人という意味ではなく、戦争を熱烈に推進した人々のことである。また戦争目的の確立には日本という国が持つ志向が影響していた。よって日本は合理的判断ができなくなっていた。

そして戦争目的も曖昧になってしまったのである。

戦争目的が曖昧になることで、個々の目的追求を戦争が吸収する役割を果たした。つまり主戦論者たちは自己（組織）実現を戦争で叶えようとした、というのが著者の考えである。では日本軍の勝利とは何だったのか。それは講和条件とも置き換えることができる。

陸軍の場合、戦争目的は支那事変で勝利し、大東亜共栄圏の構築に寄与することだった。そのためには、海軍の太平洋における鉄壁の掩護の下、援蔣拠点の占領や米英蘭勢力の駆逐などを行う。そして南方の資源確保と相まって中国に対する作戦を遂行し、戦争終結に向けた講和条件を作為する必要があった。

しかし陸軍は援蔣拠点の占領、米英蘭勢力の駆逐にほぼ成功し、南方の資源を獲得した後も中国に矛先の重点を向けることなく、太平洋で戦争を続けた。しかも所期の想定と全く別の作戦になっていた。

一方、海軍の戦争目的は、敵の戦力を削ぎ、早期に講和のための有利な条件を作為する、というものだった。しかし米国海軍を主敵とする守勢的な邀撃作戦を準備しておきながら、「油不足」を理由として攻勢に大転換せざるを得なかった。そして、それが実現できないとわかった後でも戦争を止められなかった。

陸海軍の作戦が大きく変化した要因の一つに戦争目的が曖昧だったことがある。それは戦略環境の変化に適応した周到な戦略が確立されていなかったことを意味する。これは換言すると、戦略レベルの目標を作戦レベル以下の手段で解決しようとしたことに他ならない。日本は目の前で起きる情勢あるいは相手任せのパッチワークに徹してきたのである。

また支那事変、それに続く太平洋戦争において、日本は戦争目的が曖昧だったため、軍事から外交へ主体が変わる適切な転換点を決められなかった。総力戦としながらも、軍事領域の主導権のみが突出して国家の各領域のコンセンサスを十分にとることができなかった。これは後述する未成熟な統合にも密接に関連することだ。

例えば陸軍は陸軍で対米戦は海軍の仕事と決めつけ、南方まで進出し、条件さえ作為すれば、概ね戦争目的は達成できると考えていた。ある意味、海軍を頼もしいライバルと認め、期待していたのである。しかし作戦区分の第一段階の定義の違いから、予期せぬ戦いへと引き込まれていった。

そして海軍は自らの軍事力整備の目標として米国海軍を挙げたものの、目標からいつの間にか手段になっていた。海軍は対米軍事力の整備目標の達成を追求することに集中した。それが無条約時代となって巨大戦艦を建造する軍拡競争へと泥濘してしまった。そのため軍需物資の取得が疎かになり、その需要と供給のバランスまでも考えずに運用の幅を狭くしていった。そこへ軍に過度な期待を寄せる民意が加わったのである。

さらに日本は結果的に欧州とアジアの戦争を結びつけてしまった。満州国の承認、三国軍事同盟の条約締結、そして仏印進駐などについても同じだった。北進論、南進論も含め、それらが一貫した戦略で結びついているとは、とても考えられない。そのため、いずれも米国に日本を非難する口実をつくらせる結果となった。

日本は欧州とアジアの戦争を結びつけはしたが、ここでも西亜打通、アジアへの影響、長期自給体制の確立などについて、十分に検討してこなかった。では、なぜ戦争を止められなかったのか。一つは目的が不明確であることを挙げた。その他にもある。それを知るためには日本の意思決定の仕組みについて言及していく必要がある。

実質的意思決定者の不在

大日本帝国の意思決定プロセスは非常に複雑かつ繊細なものだった。天皇は君臨したが、実質的に統治したわけではなかった。また意思決定が制度ではなく、属人的に行われてきた時代が長かった。たとえば豊富な経験を持つ元勲たちで構成された元老会議もその一翼を担った。

明治の元勲、あるいは元老がいなくなると、新旧の世代交代が進んだ。元老会議はなくなり、天皇を輔弼・輔翼する主な制度としては政府連絡会議しか存在しなくなった。そのため、開戦に懸念を持った昭和天皇も開戦を決定する際に重臣会議を開こうとしたのではないだろうか。

さらに大本営と政府は対等の立場にあった。よって明治の元勲たちの意図とは異なり、権力を分散させるのも、結合させるのも個人の力量によるしかなかった。つまり制度と人を考えた時、当初は人で解決できたものが、後に制度が主になって人がそれに拘泥されるのだった。

それを巧く利用したのが主戦論者たちだった。彼らは戦争を唯一の解決策と見なし、他者の意見を排除する傾向にあった。つまり主戦論者たちは軍の能力を過信するあまり、自由な思想を統制し、自らの考えに従属させようとしたのである。また、それを容認した無責任の連鎖があったのは言うまでもない。

これは統帥権に帰結する問題でもあった。統帥権の独立の過度な拡張作用は、その制度の効用よりも声の大きい者に利用される脆弱性を伴った。「統帥権の独立」という閉ざされた空間を利用し、自らの意図を優先し、天皇の反対を押し切った重臣たちの言動が全くなかったとは言えまい。

加えて意思決定の実質的決定者がいなくなるということは、作戦に可能性を付与すべき軍政と作戦を立案遂行する軍令を取り仕切れる者もいなくなり、それぞれが自立することを意味した。よって制度上、陸海軍は可能性を度外視して作戦を立案遂行するようになった。東條英機元首相は、戦後になってそのことに言及している。

> 統帥行為は諸外国のように国務の中に包含されるものではなく、憲法上の国務の外に独立し、その干渉を排撃するのを通念とする。従って国務大臣の輔弼外にある。統帥行為は大本営幕僚長たる参謀総長及び軍令部総長が内閣の責任と離れ、単独に輔翼の責に任ずる。しかして両者関係事項については陸海大臣が当たるのを現制とした(付表2参照)。

そのため、一度作戦が開始されると、その進行は概ね統帥部の一方的な意志によって進行し、国務機関としては、その尻拭い、またはこれに盲従して進む以外ない状況を呈することが往々に生じた。殊に戦時において戦争指導の本体をなす自然の結果として、大本営の発言は力が大きく、このような状態はさらに大きくなった。

戦争が始まった後、東條が首相の他に陸相、参謀総長、軍需相及び内相などを兼任し、「幕府的権力の集中」と揶揄された。しかし、それでも実質的な意思決定者にはなれなかったのである。そもそも大本営特設の狙いは、単一化した機構の下に軍令と軍政との統合、調整及び陸海軍の策応協同を適切敏活ならしめるとともに、内外に対する最高統帥の戦時態勢を誇示するにあった。それにもかかわらず、十分な機能を果たさなかったことになる。

ただし戦争指導を管掌するのは天皇唯一人である。そのため、天皇を中心に陸海軍がまとまれば相当意思決定ができたはずである。しかし軍組織の官僚化が進み、セクショナリズムが優先され、それもできなかった。それどころか、陸軍などでは下剋上の風潮の中、自らが所属する組織よりも非公式な人間関係を重視した忠勤ぶりすら見られたのである。

ちなみにマハンは、海軍力建設のためには長期安定政権が必須の条件の一つと語った。米国でも長期安定政権を実現し、外交を主体とした環境醸成も軍事力の整備も十分に行っていた。また政権が変わったとしても「超党派コンセンサス」などと呼ばれる国家としての政策の連続性が見られることも多い。

欧州では独伊が同じように長期政権による指向性の一致が見られる。しかし日本はどうだっただろうか。中国との戦争が勃発してから十数代も首班が代わるほど、不安定な政権が続いたのである。これは日本にとって不幸なことだった。長期的あるいは根本的に解決しなくてはならない問題に試行錯誤を繰り返すだけだった。よって腰を据えて決定政策に取り組むこともできなかったのである。

そのため軍のように比較的長く政治・外交に関与した主体の意見が通りやすいのは道理であろう。本書では国民の多くが軍に期待を寄せたという見方をしている。さらに、その典型の姿を陸海軍が協力一致すれば何でもできるはずだった東條内閣としている。

では日本が戦争へと突き進んだモーメントは何だったのだろうか。

「国民の声」が重要な要素だったのは間違いない。国民にとって、今までこれだけ献身的に御上の意向に従って努力してきたのに、今更「戦えません、勝てる見込みがありません」ではすまされない、という声を上げたくなるのも無理はない。

「総力戦」と「軍部の独走」あるいは、軍事指向国家の履き違いもあった。それらは元をただせば政府や軍によって行われた教育や報道などに起因するものだった。

そして彼らは国民の声を都合の良い方向へ導こうとしたのである。しかし想像以上の国民の声は力となった。それは「気」とも呼ぶべきものか。軍は有効な統制手段を欠き、過度の責任の遂行を求められていくことになった。それは曖昧な戦争目的と実質的な意思決定者の不在と重なり、軍の強硬政策につながったのである。

結果論的に見れば、陸軍と海軍が一つになって国家の転覆を図ることなく、天皇の下に統一されていたことは奇跡に近かった。昭和天皇は開戦に反対した場合、退位させられたであろうと発言していた。そして、そのような動きが全くなかったとは言えない。では次に意思決定に多大な影響を与えた戦略環境の認識について述べていく。

第二節　戦略環境の認識

偏った認知

戦略環境を適切に認識することは難しい。日本は偏った認知により戦略環境の認識を見誤った。敵対する勢力や同盟諸国に対しても同様である。それどころか、日本のことさえもわからなかったのではないだろうか。日本が国際問題の解決のために採用した選択肢がもたらすインパクトの評価が不十分だったからである。

認識を適切にするための一つの手段として、世界（グローバル）・地域（リージョナル）・国内（ドメスティック）などといった三つの空間的要素から戦略環境を考察していくことは有効であろう。

時間軸から過去、現在、将来などと区切って見ていくことも意味がある。二十世紀初頭は弱肉強食の掟が一部に残っていた。この弱肉強食時代から新たなレジームへと変化する過渡期だった。第一次世界大戦と第二次世界大戦とでは、民族主義、すなわち民族自決の表現としての一民族一国家をモットーとする民族国家主義と、母国と植民地、搾取国と被搾取国とからなる帝国主義とを清算し、優強民族を指導者とする大地域主義または広域主義への発展に寄与しようとするところに最大の違いがあった。

よって、時代の流れから日本も当初は自助に徹するしかなかった。それは帝国時代、植民地時代の最良のモラルだったからである。優秀なる文化の理想の実現のために、まず優強なる国家を建設することが大前提だったのである。

そして日本は、ある程度の成長を経て、世界に責任ある国家としての役割が求められた。そこでまた、関係諸国とどのような関係を築くかは極めて重要な問題であったはずだ。しかし日本は、時代の特徴と自国が持つ責任を十分に見据えることができなかった。

加えて戦略環境を適切に認識するためには、国家の領域での考察も必要であろう。「政治・外交」「経済」「軍事」「文化・社会」などに区分して、その相関関係から総合的に「何が問題なのか」「何ができて、何ができないか」の議論を進めていくのも有効な手段となるであろう。価値観の共有や異文化に対する見識を持つことなども重要である。それは国家を主体とする選択肢の幅を広げることを意味するからだ。そして、それらを適切に仕切る政治の主導性を確保すべきである。それを「大戦略」などと呼ぶことがある。

ちなみに第二次世界大戦後、世界は「民主・資本主義」と「社会・共産主義」との対立となった。リデル＝ハートの間接戦略アプローチなどでは、凋落する大国の生き残る道は戦後の国際環境で少しでも有利な立場を確立すること、たとえばバランサーになるのが良い、などと言っている（著者には直接対立には加わらず、自らの利益を生むために戦略環境を適切に認識し、環境醸成を周到に行うことの重要性を述べているように聞こえる）。

その上、適切な戦略環境の認識には様々な見識が必要なのは言うまでもない。しかし、日本では弱音を吐くことが許されない状況が多々あった。「恐露病」などはその一例だった。さらに、それは物的戦力より心的戦力が重視されるに及び、その傾向は強まる一方だった。よって過激なまでに積極政策をとる者が重用されるようになったのである。

その他、必要以上の安全のマージンの確保は、他国の恐怖心を増大させ、エスカレーションを生んでいくものである。それは国外だけに向けられたものではなかった。日本では、ことあるごとに、組織の命運を賭けた競い合いをさせた。政党、財閥、各省庁間はもちろん、軍にあっては陸軍と海軍とが競い合うことで発展していった。これにより勝者と敗者が明確になり、ヒエラルキーも生まれ、合理的判断に基づく、情勢の認識に翳りが生じたのは言うまでもない。それは日本軍の米国軍に対する認識にも強く表れた。

軍事力評価に対する誤解

日本は第一次世界大戦で「米国の戦争」を見た。その時、米国軍は規模も小さく、訓練精到と言える状況ではなかった。近代戦が凄惨な戦いへと変化したのを受け、米国民にもはや戦争は堪えられないと決め付けた。

また米国ではもともと国民の政府に対する不信感も強かった。よって政府の象徴、あるいは意思の実行手段とも言える軍隊に対し、厳しい制約を課してきた。

しかし一九三〇年代後半になると、軍隊の規模は拡大され、質の高い人材も集まるようになった。これに工業生産力が一気に拡大することにより、米国の軍事力は飛躍的に増強したのである。また、経済においては可能性を担保できる軍事戦略と、それに連携できる最先端技術の確保が重要な課題となるが、米国はそれにも成功するのだった。日本は、その米国軍の「質」「量」両面での飛躍的発展を見逃してしまった。逆に日本軍の近代化は自らの軍隊を過大評価したままだった。

それは米国軍に対してだけではなかった。欧州で戦火が広まると、第一次世界大戦の時と同様、アジアにおける欧州諸国の影響力が衰退すると考えた。またロシア帝国が崩壊し、粛清の嵐が吹き荒れたソ連軍を過少に評価し、実力を見誤った。それはノモンハンなどでの出来事から適正な軍事力の評価ができたはずだった。

しかし日本軍は、その見直すチャンスすらも見逃すのだった。組織にとって大事の前の小事として扱われ、前向きではない本音の意見は封殺されたのである。日本は中国ですらすぐに勝てると言っておきながら屈服させられなかった。

戦争は本来、コストパフォーマンスが悪いものである。よって非軍事領域の課題に対し、軍事領域で解決することは非効率かつ非合理であることを意味する。しかし軍需拡大による急速な経済成長が、それに目隠しをしてしまった。

また資本主義の世界では新たな創造を生むためには、ある程度の破壊が不可欠である。それも戦争を必要悪として認める要因となったのかもしれない。しかし新たな戦争は何もかも破壊する。特に日本は国内が壊滅状態になることも想定できず、戦争を回避できなかった。総力戦の時代、その矛先が戦場だけではなく、銃後の国民にまで及ぶことをもっと知るべきだった。

そして現役武官制度の問題についても言及したい。軍事の領域が高度に専門化を遂げる中、昭和十一年（一九三六年）五月以降、軍の近代化は革新的に進んだ。そのため軍人だけの能力では他の領域の問題へ十分に対応できなくなっていた。政治・外交、経済、文化・社会へと手を広げ過ぎた結果である。

それは軍人が様々な領域で活躍する一方、深刻な人手不足に陥る要因となった。その結果、軍の威光を笠に着て職務を遂行する軍人もおり、必ずしも効率的な仕組みとは言えなかった。それは国力評価と国力の運用にも多くの教訓をもたらしたのである。

第三節　国力評価と国力運用

相克する国力評価

昭和天皇は戦後、戦争原因の一つに軍部の驕りがあった、と指摘した。軍部の「驕り」とは、自らの兵力を至当に判断せず、過大な事態へ対処することだったのか。

日本は開戦直前でさえ、失政すれば三等国になると心配していた。戦後の復興を見れば、そのような心配など無用のことと感じられるかもしれない。しかし当時の国際情勢が、そのような見方を日本にさせたのである。日本は「驕り」と「不安」の相克だったのである。

これにより「正しい」国力評価もできなかった。そのため内情と外に出す態度には乖離が生じていた。

不安を口にするより、積極的な対策が喜ばれたのは先に述べた。

それを助長したのは、日本が「持たない国」だったことである。日本の富、生活水準を世界規模で見た場合、「平均より高かった」と言う人がいる。しかし日本の貧困は国内問題だけでは解決し難いものになっていた。貧富の差は拡大する一方であり、農村などの疲弊はひどかった。

農村出身の兵隊が多かったこともあり、貧富の差をなくし、兵隊たちの不安を取り除くことが当然、為政者及び軍に求められた。しかし、彼らだけの力では余りにも無力だった。また米英依存の経済システムの中、国を挙げての重工業への傾倒を志しても、石油をはじめ、十分な資源がなかった。これは国家として極めて脆弱であることを意味する。

さらに絶対戦争の時代以降、意志と意志のぶつかり合いが繰り返されるのであり、容易に妥協点を見つけることは困難だった。こんな時代では、人々が望まなくても戦争による解決が効率的な手段に見えてしまうものである。そのような背景の中、日本が主導的に暴発したのではなく、戦争が始まっていた欧州の混乱が日本に冒険主義を採らせる一因になったのは論を俟たないのである。

この時、日本は戦争回避に向けた軍事以外の国力の運用に躊躇したとも言える。弱体化した政治への軍の介入が続き、軍組織での官僚化も進み、主導的立場をとる主戦論者へ多くの人が積極的な態度を見せて忖度した結果なのかもしれない。

そして、それを助長したのが、日本軍が一時は機械力の礼賛に傾くものの、有形戦闘力を軽侮し、無形戦闘力、すなわち精神的要素をさらに重視していったことである。これらは適切な国力評価を困難にする要因ともなった。続いて政戦略の関係について考察していく。

政戦略の不一致

近代国家では平時、有事を問わず、政戦略の一致は不可欠である。外交は主として望ましい戦略環境の醸成や、国際協調、信用できる同盟国との相互の信頼を醸成する主体である。同盟の目的をしっかり定め、互いの国益に合致したものを追求する、というのが当然の姿である。しかし松岡外相などは軍事との未調整からたびたび環境醸成の失敗を演ずる結果となった。

また日本は外交と軍事という二つの手段で米国に接していた。これにより当初から米国の不信感を拭い去ることはできなかった。つまり外交手段で解決を求める一方、軍事手段の準備を進めていたからである。政治・外交と軍事の領域での節調を十分に図ることができなかった証左である。

さらに日本は戦略策定の大前提をドイツの英本土上陸作戦や独ソ戦の結果によるなど、不確定要素に依存した。このため好ましくない環境の変化が生じた時の修正が困難だった。

しかも国内では、国家を変革させてまで戦争遂行の態勢をとり、多くの国民から軍に対する期待を募らせた。その上、実質的な意思決定者が不在であることが加わり、他の領域での問題解決も困難になっていった。つまり日本は軍事以外のオプションの幅が極めて狭かったのである。

これにより国際問題の解決を外交や経済などの領域で緩和することができず、マージンの少ない軍事の領域で行うしか他に手段がなかったのである。それに対し、米国は環境を重視し、日本の出してくる手に迅速に重点形成を行い、効果的な対応ができた。日本が非軍事的に臨めば非軍事手段で対抗し、軍事的に臨めば軍事手段で対応したのである。つまり米国も日本の奇襲を予期していたが、日米開戦の実現は日本が軍事手段に訴えた時に行われると待ち構えていたのだった。この要因に日米の各領域の統合に対する認識の違いが大きく影響した。

未成熟な統合

統合は陸海軍のことだけを意味しない。もちろん陸海軍の不統一は国策決定に重大な影響を及ぼしてきた。特に帝国国防方針の策定に当たっては両者の激烈なる攻防があったとされる。また陸軍においては決定的ではないにしても皇道派と統制派の争い、海軍においては艦隊派と条約派の主導権争いなどがあったのも事実である。しかし作戦領域が複雑に絡み合う総力戦時代以降、他国との連携や民間との協力なども不可欠になった。あらゆる組織・個人、日本国あるいは他国との連携が必要なのである。

しかし大日本帝国では未成熟な統合から非軍事の領域、つまり政治・外交、経済、文化・社会などの領域では、日本が戦争を回避する可能性はほとんど見えなかった。

さらに日米交渉も宥和政策と呼べるものではなかった。既に外交手段では解決できない手詰まり感があった。なぜ他の領域での関係回復はできなかったのか。

国内は当初、政治が牽引した。しかし政治は軍を利用しようとして逆に暴走を許した。外交、経済の改善を期待しても無駄だった。経済は袋小路へ入り込み、次に外交手段も失っていた。どちらも政略を軽視した軍の過激な行動による国際社会での孤立が原因だった。

また日本では軍、その中でも陸軍が主体となって戦争を指導していた。それにもかかわらず、陸軍に対抗するように、海軍は政策委員会をもって主導権争いを始めた。それは結果として、引くに引けずの開戦か、非戦かのチキンレースに似た行為に堕した。これは開戦後にはソロモン諸島、それに続く作戦でも随所に見られる傾向だった。そして、それが顕著になった理由の一つに軍に対する統制の問題があった。

軍に対する統制手段の不在

明治憲法下、統帥は行政の外にあり、内閣をもってしても介入できない、と認識されていた。それでも当初は元老会議があり、直接顔を突き合わせて議論することで、制度の曖昧さを補完していた。また軍事は「統帥権の独立」などの問題からもわかるように、他の領域との連携、特に軍事戦略が国家戦略よりも優先されるという考えを戒める必要があった。

そもそも軍人は政治家の統制を嫌うものだ。政治家と軍人の主導権争いは、当初、政治家が軍人を統制することで対応してきた。それは軍人訓戒で「政治に関与せず」と書かれていることからも理解できる。それは盲従するという意味ではなく、軍務に専念し、軍事に関しては誠心誠意、政治へ寄与することが必要なのは言うまでもない。

その他、成功体験を重ねてきた軍と、その恩恵にあやかってきた一部の国民の好戦的行為を止めることができなかった。満州においては、軍中央の意向をよそに現地軍は独断による行動をとった。それを許した、あるいは迎合した政治家たちにも大きな過ちがあった。

これは現在の日本の主権が国民にあることを考えれば、重要な問題を提議することに他ならない。もっと国民は主権者としての自覚と知識を持ち、安全保障にも関心を持つことが求められるのである。特に世代交代が進み、戦争体験者から直接、話を聞けた世代から、体験者から聞いた人から戦争のことを聞くしかない世代へ進めば、戦争に対する認識や感覚が希薄になる恐れがあることを危惧せざるを得ない。

さらに対外政策は成功した時だけではなく、失敗した時のことを考えれば、民主主義という政治形態をとっている国において、結局は政治家以外に戦争の責任を取れる存在はない。民主主義社会の中で責任を取れるのは国民の民意で選ばれた政治家だけである。しかし当時は、国民が主権者ではなく、主権者は天皇唯一人とされた。それを天皇から権威付けられた軍人にやらせた過誤があった。

しかも総力戦時代の軍隊はあらゆる領域に優先して、勝つことを求められた。その軍隊では下剋上が起きていたのである。青年将校らによる動乱と国民の情報不足は、視野の広い自由な議論に制約、思想の硬直化が進んだ結果だった。これに実践を尊ぶ軍人の勉強不足が重なり、国家の舵取りが間違った方へ操られていった

青年将校や軍部の行動が目立ち始めた時、政府の意思が見えてこなかったのも事実だ。政治・外交はもともと国民からの支持に敏感にならざるを得ない。そのため、近視眼的な政策に陥った政府に対しては、時勢が判断を誤らせたのである。特に総力戦時代は時勢が助長され易かった。これには大正デモクラシー

時代の負の遺産も影響したのではないだろうか。軍の政治の領域に対する介入、総力戦時代の軍事領域が優先される中、政治家、官僚の追随的態度が軍の専横を助長したのである。それは軍が国民への空手形を発行することになり、いつかは回収を迫られるのだった。しかも利子をつけて。それを打開するためには戦争以外の解決手段が閉ざされていったことに他ならない。これらは全て長期的な展望に立つ将来ビジョンに帰結するのだった。

第四節　将来ビジョン

戦略的視点あるいは長期的な視点の欠如

日本軍は大局的に見ると、戦略的諸問題を作戦あるいは戦術レベルのアセットをもって対処しようとしたと先に書いた。そのため戦争の規模拡大・長期化により戦略家が不在となる中、パッチワークを主とする作戦屋が表舞台に出てくる傾向が見られた。

戦略家の衰退と作戦屋の勃興が日本軍の行動に制約をかけたのも間違いない。戦略家の代表格である石原などは、東條を「上等兵」と呼んでいたことは有名なエピソードである。軍にとって組織の発展拡大が急激に起きたため、組織を維持・充実する時代を経ずに戦争処理に対応しなくてはならなくなった。よって、じっくり考えて対応を検討する時間がなくなったのである。

ダーウィンの進化論は環境に最も適応したものが生き残ると結論付けた。戦争も変化しつつあり、戦略もそういうものかもしれない。現代の戦略環境でもいろいろ複雑な環境があることに気付かされる。そのための研究は必要不可欠だと思われる。

ツキティデスが警告したように、それぞれの国家は自ら分相応に徹しなくてはならないのか。自存自衛から繁栄、アジアにおける覇者への挑戦は、変革国家の特徴であり、現状維持国家としての責任や欲望の抑制との両立はできない。単なる対立だけでは戦争を招く危険すら存在する。そこで自らの背丈にあった利害を享受するためには、これまで述べてきたように客観的な判断に加え、将来ビジョンが必要なのである。

相互依存が進んだ現代では自国だけの利益を追求することはできない。パンデミックが発生すれば、経済的に余裕がある国だけ特効薬を持てばよい、という問題では済まされない。わきまえのある利益の享受は現状維持国家あるいは変革国家の両方に必要なのである。

またツキティデスの例を引き合いに出すまでもなく、最新の技術をもってすれば、世界の貧富の差を縮小できるかもしれない。際限のない欲に侵されるのではなく、他人のために何ができるか、それを実現できる時、初めて「罪深い」人間の悲しい宿命から解放されるのかもしれない。少なくとも戦争の惨禍を乗り越え、賢明な手立てで平和を享受してきた日本が自分たちで何ができるかを考え、実行する時が来たのかもしれない。

加えて日露戦争が終結してから日米開戦まで四十年ほどしかなかった。また日英同盟の実質的破棄から日英が開戦するまでわずか二十年だった。そして時代のサイクルの流れが速くなっていることを考慮すれば、現在良好な関係を抱いている国でも、わずかな期間で敵対する可能性があることを認識すべきである。これも将来ビジョンの重要性を説く、一つの理由である。

長期的な展望に立ち、初めは小さかった軍の存在が次第に強大な組織へと拡張した。軍事以外の領域に過度の忍耐を要求し、その結果、大きな期待を背負わせられたのも事実である。著者はそこに「濫觴（らんしょう）」という言葉を見る思いがする。

おわりに

出来事すべてを書くことはできない。たとえ書いたとしても意味がない。なぜなら、考察する視点を確立しなければ、複雑になるだけで、焦点がぼやけてしまうからだ。つまり、メイン・ストリームを捉えることが肝心だと考えた。中には証言などに偏りがあると批判される方もいると思う。そのとおりである。そのような意図で本書を執筆しているからだ。

では、なぜ、そうしたのか。

本書では日米開戦経緯の一つの視座を提供することに着眼を置いた。開戦経緯を考察する際、日米のやり取りを注目する時期によって戦争の性格が異なって見えるからだ。また日米両国が武力手段に訴える条件、つまり「沸点」が違っていたことにも気付いたであろう。どちらが戦争を仕掛けたかではなく、見る視点によって異なるとわかるはずだ。それゆえ、米国とは異なり、日本の政策が一貫していなかった、いや、できなかったこともわかるだろう。

そのためには戦争の本質を知ることが大事だと感じたはずだ。戦争は他の手段とは大きく異なり、最後の手段であるべきなのは間違いない。しかも環境醸成と抑止（対処）は両輪でなければならない。戦争を回避するためには、そのバランスを図ることが大事である。つまり、それぞれの領域で一人ひとりの責任があるのだ。

戦争の根本的原因は、戦略環境の認識が不十分な時に多い。つまり国際情勢の推移、戦争決意からの戦局全般の見通しができない時である。そのため、日本は次々と起きる新たな事象に対応できず、後手に回り、遂には最後に残った戦争という最もリスクの高い手段に訴えたと総括できるのではないだろうか。

現代に生きる我々は、そのような国家・国民を賭けの対象に投じるような手段を愚策と見がちだが、当時の為政者は真摯に国家と国民の繁栄を望み、世界のパワーシフトを変革させ、アジアのリーダーシップをとることで周囲の国と共存できると信じていたのである。

くりかえすが日米開戦の最大の教訓は、日本が戦略環境を正しく認識できなかったことと、日本国民が主戦論者たちの言葉を信じ、それぞれの立場で戦争を選択したことである。

特に軍人はたとえ勝てなくても、自存自衛のために戦えば負けることはないと考えたことに問題があった。それが思ったよりも難しいものであり、より良い講和条件を獲得するために戦争を止めることができなくなった究竟(くきょう)の理由につながると考えた。

ただし軍人に悪意があったと言っているわけではない。「国を守り、民を護る存在」、それが軍に与えられた崇高な使命だった。時代遅れのレジームとは知らずに国が富み、国民が裕福になると思って始められた戦いが国家と国民をますます貧困にした。そのため「新たな手段」が必要になったのは本書で縷々述べてきた。

戦争を喰い止めることができなかった、のではなく、国家のあらゆるシステムが戦争へと動き出している中、その針路を変えることができなかったのである。それは、リーダーシップを執るべく政治に対し、軍事が介入し、その中でも一番声の大きく、国民からの支持を受けた主戦論者が実権を握った結果、戦争へ突入したということだ。彼らこそ、戦わざる亡国は真の亡国と考えた人たちである。

開国以来の「日本」は戦っても勝てないかもしれない、というジレンマを感じながら戦った。その勝利体験からも危機に際しては軍事の領域で対処しなければならない、と脅迫的に考えなければならなかったことに日本の悲劇があったのではないだろうか。

戦争を回避するために、価値観の多様化、国際感覚の涵養、軍事科学技術の修養、自由な発想などはますます求められる資質だと思われる。そして様々な形での社会や国家、世界に貢献することが大事である。日本の強硬な態度や他国の価値観の否定などは何の利益ももたらさなかったのである。

著者は戦争を超えて、人類が真の平和をつかむ日が来ることを切に望むものである。しかし最終的には、自らの安全は自らの叡智と手で確保することを忘れてはいけない。ただし、また戦争を期待する狂気に身を任せることにならないように、それぞれの地位と役割で将来に備え、教訓を反映する社会が必要なのである。

明治以来、阿修羅の苛烈なる世界では、誇りある独立国家として守り抜こうとした日本人の高邁な精神は大いに受け容れられた。ただし、その大義、続いて国際情勢、彼我の特質を考慮した上で時間的要素を加味して、何を行うか、それを適切に見い出すべきだった。しかし、その多くの部分がそれぞれの「大義」と戦争目的というフィルターによって霞んでしまったのである。

あとがき

防衛大学校で戦略の講義をしていた時、一番驚かされたのは学生が近現代史に興味を持っているが、なぜ戦争をしたのか習っていない、ということだった。

自分自身はどうか、と問われれば、そうだったかもしれない。きっと防衛大学校の学生以外の若い世代の人にも、この問題は未知なるものではないか、と考えた。

将来、安全保障という重要な領域に携わる人はもちろん、平和を望むすべての人へ、この本を読んでいただきたいと願い、執筆した。特に成人年齢が十八歳に引き下げられ、選挙権を与えられた若い人たちの主権者としての視点から「安全保障」というものについて、もっと真剣に議論すべきでは、と危惧を抱かずにはいられなかった。このことも本書を著すきっかけとなった。

また中国へ出張した際、印象に残ったことがある。それは地方都市の空港で飛行機を待っている間、多くの人が新聞や書物を読んでいたことだ。他に読むメディアがない、という問題ではなかった。日本人がスマートフォンを手にするように、彼らは新聞を読み、本を読んでいるのだ。

彼らが読んでいるのはどんな話題だろうかと見て驚愕した。普通のビジネスマン風の男性が「日本海軍に負けないためにはこんな空母が必要だ」とか、「周りのアジアの国々から狙われる中国の海洋領域」という記事を読んでいたのだ。ほかにも「他の国の軍事科学技術はここまで進んでいる」といったものもあった。このような類の本が空港だけではなく、巷の本屋にも溢れていたのである。彼らの軍事に対する関心が高いことに恐怖した。やはり国民の軍事に対する関心が高いのは、中国の軍事が活発に表面化している証左だろう。

また、その関心の高さが中国の経済や政軍関係などにも裏付けられ、国家の理想とするレジームを軍事の領域でも行われる可能性があるように感じられた。つまり、軍事オプションに対するハードルが低いと考えさせられるのである。

他国に侵略されたという過去の経験に加え、軍と国民の親密性を感じる出来事だった。もともと国家の有り様が中国八路軍を母体としていることも一理あるのかもしれない。そういった意味で安全保障を考察するに当たっては、安全保障の「マージン」がいかにあるべきかを考えることが大事である。それは経済や文化・社会といった他の領域と同様に、一人ひとりが関心を持つことが大切だと感じた。その際、国家の将来を「独立」か「繁栄」か、という対立軸で見ていくことも重要な視点かもしれない。

日本の戦略は米国の戦略環境の認識に大きく影響を受けてきた。これまでは日米同盟の下、ほぼ自動的に役割が決められていた。これからは歴史の教訓に学び、個々のケースに対応していかなければならないだろう。特に自ら戦略環境を適確に認識し、同盟の在り方、同盟国との付き合い方にも幅を持たせることが必要ではないだろうか。

また軍事の領域における研究が進んでいないのも事実だ。安全保障の領域において形而上に外交があり、その下に軍事があると考える人も多くいるからだ。国民一人ひとりが戦争をしないという強い意志を持つこと、それに加え、国民の意思が反映された防衛政策が大事であり、国民と政府の意思とが乖離した一方的な安全保障は極めて脆弱なのである。太平洋戦争と同じ失敗を繰り返さないことが大事だと考える。

最後に昭和二十二年十二月十九日、東條元首相が東京裁判で「終わりに臨み」として語ったことを引用して本書を終わらせる。

終わりに臨み――恐らくこれが当法廷の規則の上において許される最後の機会であろうが――私はここに重ねて申し上げる。日本帝国の国策ないしは当年合法にその地位に在った官吏の採った方針は、侵略でもなく搾取でもなかった。一歩は一歩より進み、又適法に選ばれた各内閣はそれぞれ相承けて、憲法及法律に定められた手続きに従い、事を処理して行ったが、遂に我が国は彼の冷厳なる現実に逢著したのである。当年国家の運命を商量較計するの責任を負荷した我々としては、国家自衛のために起つということがただ一つ残された途であった。我々は国家の運命を賭した。しかし敗れた。しかして眼前に見るが如き事態を惹起したのである。戦争が国際法上より見て正しき戦争であったか否かの問題と敗戦の責任如何との問題とは、明白に分別の出来る二つの異なった問題である。第一の問題は外国との問題であり、かつ法律的性質の問題である。私は最後までこの戦争は自衛戦であり、現時承認せられたる国際法には違反せぬ戦争なりと主張する。私は未だかつて我が国が本戦争をなしたことを以て国際犯罪なりとして勝者より訴追せられ、又敗戦国の適法なる官吏たりし者が個人的の国際法上の犯人なり、又条約の違反者なりとして糾弾されるとは考えた事はない。

第二の問題、即ち敗戦の責任については当時の総理大臣だった私の責任である。この意味における責任は私はこれを受諾するのみならず、衷心より進んでこれを負荷せんことを希望するものである。

総力戦時代は勝ち負けが国家の正邪を決定すると書いた。

東條元首相は戦争に敗れ、勝者から「邪」として裁かれた。それは勝者と敗者、すなわち統治者と被治者の立場を強調するかのようであった。

末筆になったが本著の執筆に当たっては多くの方から示唆やご支援をいただいた。また編集に当たっては作品社の福田隆雄様のお手を大いに煩わせた。この場で感謝申し上げたい。そして海軍兵学校の卒業生であり、戦争について、いろいろ教えてくれた父、功の存在が本書の執筆の大きな原動力になったことを申し添えたい。

〈付表1〉国内新体制

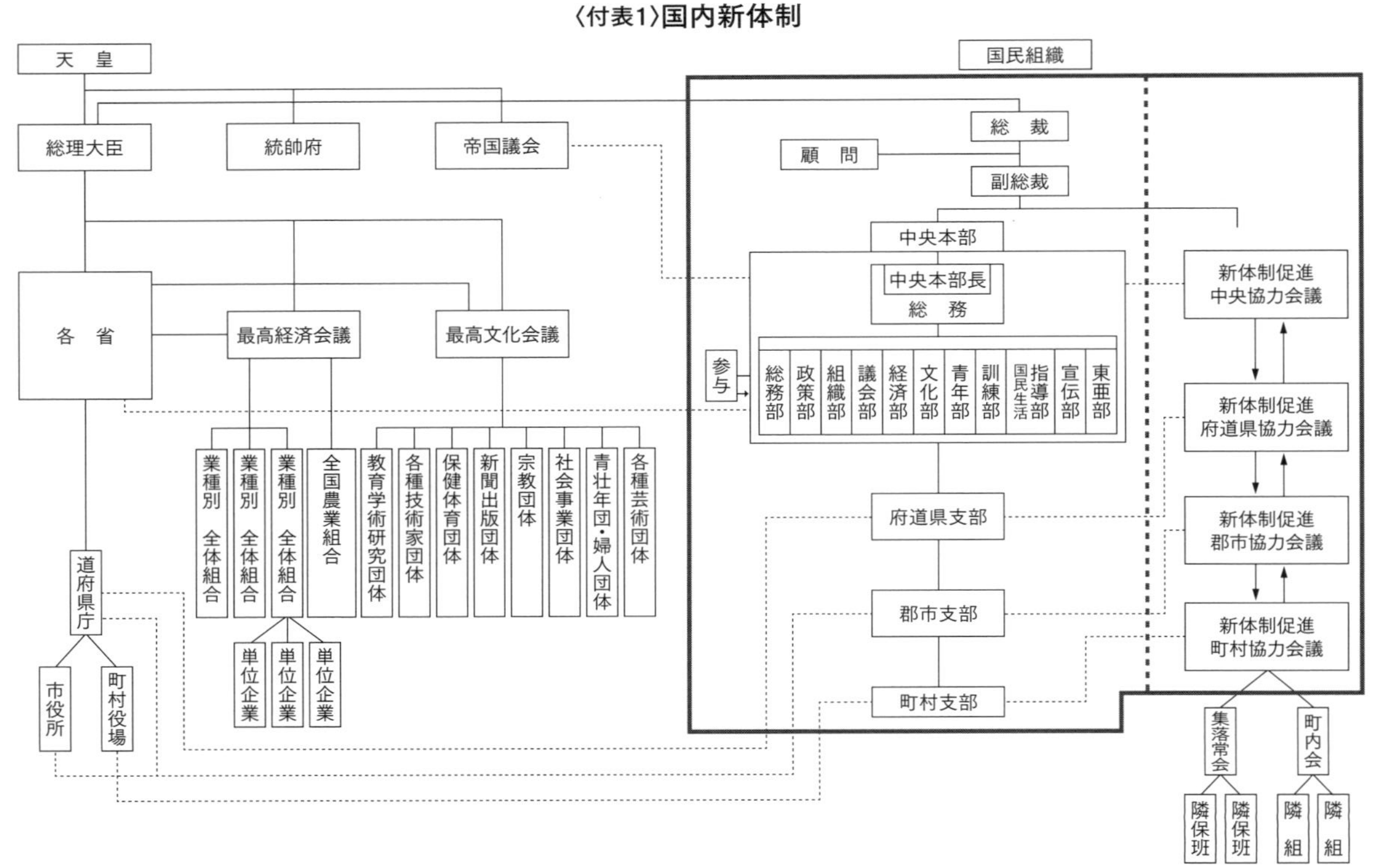
天皇
総理大臣
統帥府
帝国議会
各省
最高経済会議
最高文化会議
業種別 全体組合
業種別 全体組合
業種別 全体組合
全国農業組合
単位企業
単位企業
単位企業
教育学術研究団体
各種技術家団体
保健体育団体
新聞出版団体
宗教団体
社会事業団体
青壮年団・婦人団体
各種芸術団体
道府県庁
市役所
町村役場
国民組織
総裁
顧問
副総裁
中央本部
中央本部長
総務
参与
総務部
政策部
組織部
議会部
経済部
文化部
青年部
訓練部
国民生活指導部
宣伝部
東亜部
府道県支部
郡市支部
町村支部
新体制促進中央協力会議
新体制促進府道県協力会議
新体制促進郡市協力会議
新体制促進町村協力会議
集落常会
町内会
隣保班
隣保班
隣組
隣組

〈付表2〉陸海軍中央統帥組織

（昭和十六年十二月）

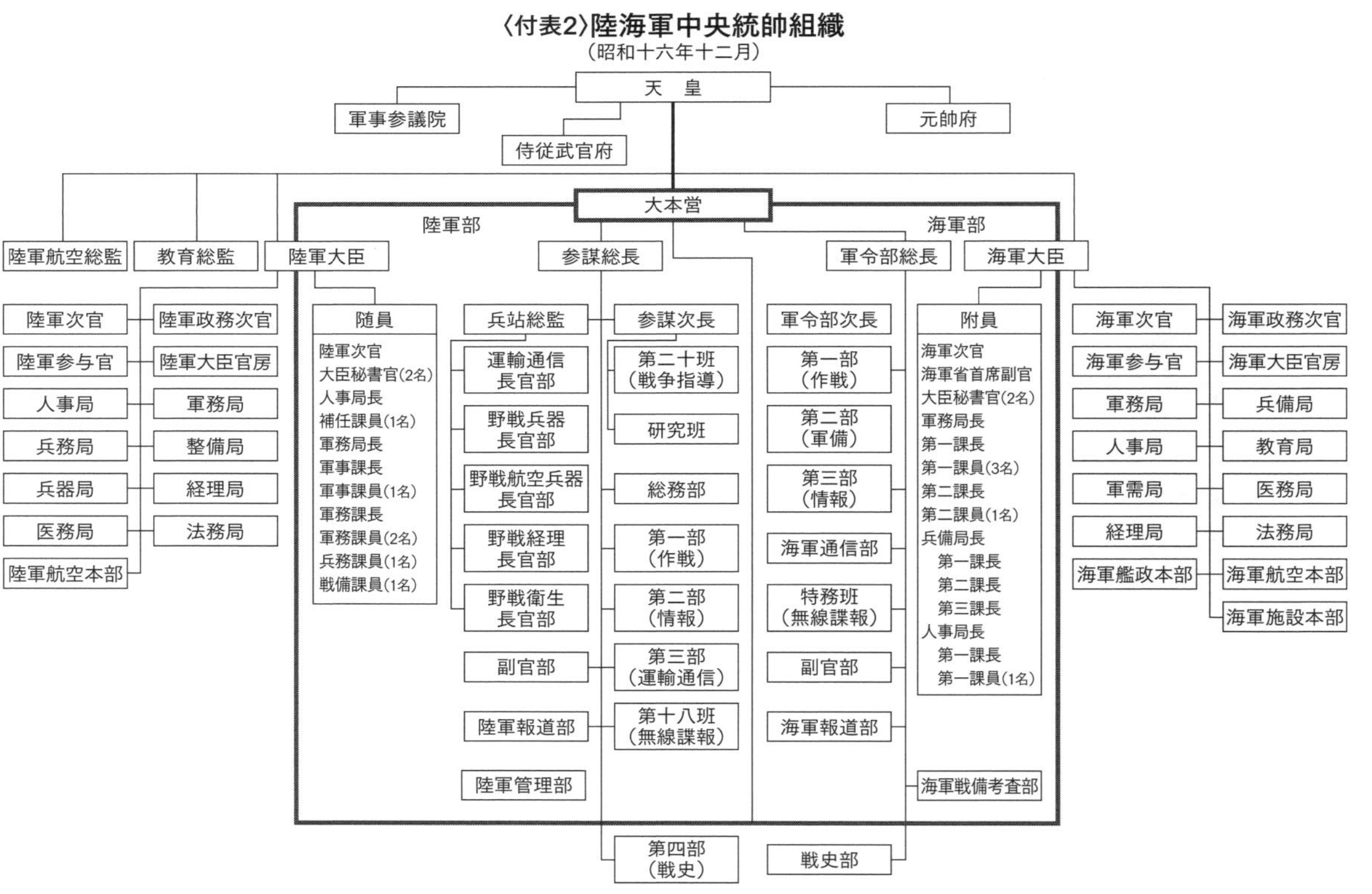

主要参考文献

◇一般図書

竹内夏積編『松岡全権大演説集』（大日本雄弁会講談社、一九三二年）

井上馨侯伝記編纂会編『世外井上公伝』第五巻（内外書籍、一九三四年）

時事新報社編『回顧三十年　日露戦争を語る――陸軍の巻』（時事新報社、一九三五年）

時事新報社編『回顧三十年　日露戦争を語る――海軍の巻』（時事新報社、一九三五年）

時事新報社編『回顧三十年　日露戦争を語る――外交・財政の巻』（時事新報社、一九三五年）

エーリヒ・ルーデンドルフ／間野俊夫訳『国家総力戦』（三笠書房、一九三八年）

近衛文麿『失はれし政治――近衛文麿公の手記』（朝日新聞社、一九四六年）

野村吉三郎『米国に使して』（岩波書店、一九四六年）

米国務省編『平和と戦争』（協同出版社、一九四六年）

ジョセフ・グルー／石川欣一訳『滞日十年』上下巻（毎日新聞社、一九四八年）

ウィンストン・チャーチル／毎日新聞社翻訳委員会訳『第二次世界大戦回顧録』（毎日新聞社、一九四九年）

来栖三郎『日米外交秘話』（文化書院、一九四九年）

西園寺公一『貴族の退場』（文藝春秋、一九五一年）

幣原喜重郎『外交五十年』（読売新聞社、一九五一年）

原奎一郎編『原敬日記』第六巻（乾元社、一九五一年）

エドワード・H・カー／井上茂訳『危機の二十年』（岩波書店、一九五二年）

東郷茂徳『時代の一面――大戦外交の手記』（改造社、一九五二年）

原田熊男『西園寺公と政局』（岩波書店、一九五二年）

矢部貞治、近衛文麿伝記編纂刊行会編『近衛文麿』上下巻（弘文堂、一九五二年）

重光葵『巣鴨日記』（文藝春秋新社、一九五三年）

福留繁『史観・真珠湾攻撃』（自由アジア社、一九五五年）

ハーバート・ファイス／大窪愿二訳『真珠湾への道』（みすず書房、一九五六年）

ロバート・シャーウッド／村上光彦訳『ルーズヴェルトとホプキンズ』全二巻（みすず書房、一九五七年）

伊藤正徳『軍閥興亡史Ⅲ――日米開戦に至るまで』（文藝春秋新社、一九五八年）

日本外交学会『太平洋戦争終結論』（東京大学出版会、一九五八年）

芦田均『第二次世界大戦外交史』（時事通信社、一九五九年）

有田八郎『馬鹿八と人はいう』（光和堂、一九五九年）

遠山茂樹、今井清一、藤原彰『昭和史』(岩波新書、一九五九年)
楊井克巳『アメリカ帝国主義論』(東京大学出版会、一九五九年)
石川信吾『真珠湾までの経緯――開戦の真相』(時事通信社、一九六〇年)
佐藤賢了『東條英樹と太平洋戦争』(文藝春秋社、一九六〇年)
木場浩介『野村吉三郎』(野村吉三郎伝記刊行会、一九六一年)
富田健治『敗戦日本の内側――近衛公の思い出』(古今書院、一九六二年)
フレデリック・モアー/寺田喜治郎・南田慶二訳『日米外交秘史――日本の指導者と共に』(法政大学出版局、一九六一年)
堀場一雄『支那事変戦争指導史』(時事通信社、一九六二年)
田中正明『パール判事の日本無罪論』(慧文社、一九六三年)
今井武夫『支那事変の回想』(みすず書房、一九六四年)
林房雄『大東亜戦争肯定論』(番町書房、一九六四年)
島田俊彦編『日中戦争1』(みすず書房、一九六四年)
臼井勝美編『日中戦争2』(みすず書房、一九六四年)
角田順編『日中戦争3』(みすず書房、一九六四年)
小林竜夫編『日中戦争4』(みすず書房、一九六五年)
斉藤孝『第二次世界大戦前史研究』(東京大学出版会、一九六五年)
臼井勝美編『日中戦争5』(みすず書房、一九六六年)
ジョージ・ケナン/松本重治編訳『アメリカ外交の基本問題』(岩波書店、一九六五年)
西春彦『回想の日本外交』(岩波書店、一九六五年)
服部卓四郎『大東亜戦争全史』(原書房、一九六五年)
木戸日記研究会校訂『木戸幸一日記』上下巻(東京大学出版会、一九六六年)
山辺健太郎『日韓併合小史』(岩波新書、一九六六年)
高橋正衛『二・二六事件――「昭和維新」の思想と行動』(中央公論社、一九六六年)
角田順『満州問題と国防方針』(原書房、一九六七年)
東郷茂徳『東郷茂徳外交手記――時代の一面』(原書房、一九六七年)
参謀本部編『杉山メモ――大本営・政府連絡会議等筆記』上下巻(原書房、一九六七年)
宇垣纏『戦藻録』(原書房、一九六八年)
近衛文麿『近衛日記』(共同通信社、一九六八年)
実松譲編『太平洋戦争』1~3巻(みすず書房、一九六八年)
富岡定俊『開戦と終戦――人と機構と計画』(毎日新聞社、一九六八年)
外務省百年史編纂委員会編『外務省の百年』下巻(原書房、一九六九年)
笹本駿二『第二次世界大戦前夜――ヨーロッパ一九三九年』(岩波書店、一九六九年)
西浦進『兵学入門　兵学研究序説』(田中書店、一九六九年)

石射猪太郎『外交官の一生――対中国外交の回想』(太平出版社、一九七二年)
臼井勝美編『太平洋戦争4』(みすず書房、一九七二年)
冨永謙吾編『太平洋戦争5』(みすず書房、一九七五年)
高木八尺編『日米関係の研究――アメリカの対日姿勢』上巻(東京大学出版会、一九六八年)
細谷千博、今井清一、斎藤真、蠟山道雄編『日米関係史　開戦に至る十年――一九三一－四一年』1～4巻(東京大学出版会、一九七一年～一九七二年)
三輪公忠『松岡洋右――その人間と外交』(中央公論社、一九七一年)
額田坦『秘録　宇垣一成』(芙蓉書房、一九七三年)
藤村道生『日清戦争――東アジア近代史の転換点』(岩波書店、一九七三年)
芦沢紀之『ある作戦参謀の悲劇』(芙蓉書房、一九七四年)
臼井勝美『満州事変』(中央公論社、一九七四年)
東條英機刊行会、上法快男編『東條英機』(芙蓉書房、一九七四年)
保科善四郎『大東亜戦争秘史――失われた和平工作』(原書房、一九七五年)
新名丈夫『海軍戦争検討会議記録――太平洋戦争開戦の経緯』(毎日新聞社、一九七六年)
福田茂夫『アメリカの対日参戦――対外政策決定過程の研究』(ミネルヴァ書房、一九七六年)
山田豪一『満鉄調査部――栄光と挫折の四十年』(日本経済新聞社、一九七七年)
井本熊男『作戦日誌で綴る支那事変』(芙蓉書房、一九七八年)
入江昭『日米戦争』(中央公論社、一九七八年)
斉藤孝『戦間期国際政治史』(岩波書店、一九七八年)
田中新一『田中作戦部長の証言』(芙蓉書房、一九七八年)
石川達三『包囲された日本　仏印進駐誌』(集英社、一九七九年)
毛利敏彦『明治六年政変』(中央公論新社、一九七九年)
河野健二『ヨーロッパ――一九三〇年代』(岩波書店、一九八〇年)
勝田龍夫『重臣たちの昭和史』上下巻(文藝春秋、一九八一年)
原田勝正『満鉄』(岩波書店、一九八一年)
武藤章著、上法快男編『軍務局長武藤章回想録』(芙蓉書房、一九八一年)
三輪公忠編『再考・太平洋戦争前夜――日本の一九三〇年代論として』(創世記、一九八一年)
青木一雄『わが九十年の生涯を顧みて』(講談社、一九八一年)
石井孝『明治初期の日本と東アジア』(有隣堂、一九八二年)
伊藤隆、塩崎弘明編『井川忠雄　日米交渉史料』(山川出版社、一九八二年)
実松譲『真珠湾までの三六五日――真珠湾攻撃　その背景と謀略』(光人社、一九八二年)

伊藤隆『近衛新体制——大政翼賛会への道』(中央公論社、一九八三年)
本庄繁著、伊藤隆編『本庄日記——昭和五年一月~昭和八年十二月』(山川出版社、一九八三年)
佐藤賢了『軍務局長の賭け——佐藤賢了の証言』(芙蓉書房、一九八五年)
高山信武『参謀本部作戦課』(芙蓉書房、一九八五年)
永井陽之助『現代と戦略』(文藝春秋、一九八五年)
守島康彦編『昭和の動乱と守島伍郎の生涯』(葦書房、一九八五年)
家永三郎『太平洋戦争』(岩波書店、一九八六年)
加瀬俊一『加瀬俊一回想録——天皇裕仁と昭和外交六十年』上下巻(山手書房、一九八六年)
来栖三郎『泡沫の三十五年』(中央公論社、一九八六年)
重光葵著、伊藤隆、渡邊行男編『重光葵手記』(中央公論社、一九八六年)
北岡伸一『清沢洌——日米関係への洞察』(中央公論社、一九八七年)
近代外交史研究会『変動期の日本外交と軍事——史料と検討』(原書房、一九八七年)
遠山茂樹編『近代天皇制の成立』(岩波書店、一九八七年)
日本国際政治学会太平洋戦争原因研究部編『太平洋戦争への道　開戦外交史』1~7巻、別巻(朝日新聞社、一九八七年)
秦郁彦『昭和史の軍人たち』(文藝春秋、一九八七年)
原四郎『大戦略なき開戦——旧大本営陸軍部一幕僚の回想』(原書房、一九八七年)
北岡伸一『後藤新平——外交とヴィジョン』(中央公論社、一九八八年)
重光葵著、伊藤隆、渡邊行男編『続重光葵手記』(中央公論社、一九八八年)
野村実『天皇・伏見宮と日本海軍』(文藝春秋、一九八八年)
文藝春秋『「文藝春秋」にみる昭和史』(文藝春秋、一九八八年)
細谷千博『両大戦間の日本外交　一九一四~一九四五』(岩波書店、一九八八年)
粟屋憲太郎『東京裁判論』(大月書店、一九八九年)
ジョナサン・G・アトリー/五味俊樹訳『アメリカの対日戦略』(朝日出版社、一九八九年)
伊藤隆編、片島紀男編、広橋真光編『東條内閣総理大臣機密記録——東条英機大将言行録』(東京大学出版会、一九九〇年)
入江昭/篠原初枝『太平洋戦争の起源』(東京大学出版会、一九九一年)
佐藤早苗『東條英機「わが無念」』(光文社、一九九一年)
戸部良一『ピース・フィーラー——支那事変和平工作の群像』(論創社、一九九一年)
秦郁彦編『日本陸海軍総合事典』(東京大学出版会、一九九一年)
波多野澄雄『幕僚たちの真珠湾』(朝日新聞社、一九九一年)

池田美智子『対日経済封鎖――日本を追いつめた十二年』（日本経済新聞出版、一九九二年）
外務省外交史料館・日本外交史辞典編纂委員会編『日本外交史辞典』（山川出版社、一九九二年）
半藤一利『指揮官と参謀』（文藝春秋、一九九二年）
麻田貞雄『両大戦間の日米関係――海軍と政策決定過程』（東京大学出版会、一九九三年）
加藤陽子『模索する一九三〇年代――日米関係と陸軍中堅層』（山川出版社、一九九三年）
井上寿一『危機の中の協調外交――日中戦争に至る対外政策の形成と展開』（山川出版社、一九九四年）
エドワード・ミラー／沢田博訳『オレンジ計画――アメリカの対日侵攻五十年戦略』（新潮社、一九九四年）
押尾尚『駐米大使　野村吉三郎の無念　日米開戦を回避できなかった男たち』（日本経済新聞社、一九九四年）
加瀬俊一『日米戦争は回避できた』（善本社、一九九四年）
荒井信一『戦争責任論――現代史からの問い』（岩波書店、一九九五年）
猪木正道『軍国日本の興亡――日清戦争から日中戦争へ』（中央公論社、一九九五年）
佐藤早苗『東條英機　封印された真実』（講談社、一九九五年）
細谷千博編『日米関係通史』（東京大学出版会、一九九五年）
松浦正孝『日中戦争期における経済と政治――近衛文麿と池田成彬』（東京大学出版会、一九九五年）
纐纈厚『日本海軍の終戦工作』（中公新書、一九九六年）
赤木完爾『第二次世界大戦の政治と戦略』（慶応義塾大学出版会、一九九七年）
杉原誠四郎『日米開戦以降の日本外交の研究』（亜紀書房、一九九七年）
井本熊男『大東亜戦争作戦日誌――作戦日誌で綴る大東亜戦争』（芙蓉書房出版、一九九八年）
軍事史学会編『大本営陸軍部戦争指導班　機密戦争日誌』上下巻（錦正社、一九九八年）
森山優『日米開戦の政治過程』（吉川弘文館、一九九八年）
北岡伸一『政党から軍部へ　一九四二〜一九四一』（中央公論新社、一九九九年）
高山信武『二人の参謀　服部卓四郎と辻政信』（芙蓉書房出版、一九九九年）
鯖田豊之『金（ゴールド）が語る二十世紀――金本位制が揺らいでも』（中央公論新社、一九九九年）
ジョージ・モーゲンスターン／渡邉明訳『真珠湾　日米開戦の真相とルーズベルトの責任』（錦正社、一九九九年）
産経新聞「ルーズベルト秘録」取材班『ルーズベルト秘録』上下巻（産経新聞社、二〇〇〇年）
瀬島龍三『大東亜戦争の実相』（ＰＨＰ研究所、二〇〇〇年）
立川京一『第二次世界大戦とフランス領インドシナ「日仏協力」の研究』（彩流社、二〇〇〇年）
五百旗頭真『日本の近代6　戦争・占領・講和　一九四一〜

一九五五年』(中央公論新社、二〇〇一年)
秦郁彦編『検証・真珠湾の謎と真相　ルーズベルトは知っていたか』(PHP研究所、二〇〇一年)
有馬学『帝国の昭和』(講談社、二〇〇二年)
勝田政治『内務省と明治国家形成』(吉川弘文館、二〇〇二年)
吉村道男監修『来栖三郎「日米外交秘話――わが外交史」』(ゆまに書房、二〇〇二年)
吉村道男監修『野村吉三郎「アメリカと明日の日本――『米国に使して』の続編」』(ゆまに書房、二〇〇二年)
安岡昭男『幕末維新の領土と外交』(清文堂、二〇〇二年)
斎藤良衛『欺かれた歴史――松岡洋右と三国同盟の裏面』(吉村道男監修『日本外交史人物叢書』22巻所収、ゆまに書房、二〇〇二年)
大橋忠一『太平洋戦争由来記――松岡外交の真相』(吉村道男監修『日本外交史人物叢書』22巻所収、ゆまに書房、二〇〇二年)
大杉一雄『真珠湾への道　開戦・避戦9つの選択肢』(講談社、二〇〇三年)
安井三吉『柳条湖事件から盧溝橋事件へ　一九三〇年代華北をめぐる日中の対抗』(研文出版、二〇〇三年)
太平洋戦争研究会『満州帝国』(河出書房新社、二〇〇五年)
加藤聖文『満鉄全史「国策会社」の全貌』(講談社、二〇〇六年)
副田義也『内務省の社会史』(東京大学出版会、二〇〇七年)
ウィリアムソン・マーレー、マクレガー・ノックス、アルヴィン・バーンスタイン編著／歴史と戦争研究会訳『戦略の形成』(中央公論新社、二〇〇七年)
満鉄会編『満鉄四十年史』(吉川弘文館、二〇〇七年)
五百旗頭編『日米関係史』(有斐閣ブック、二〇〇八年)
大杉一雄『日米開戦への道』上下巻(講談社、二〇〇八年)
戸部良一『外務省革新派――世界新秩序の幻影』(中公新書、二〇一〇年)
加藤陽子『昭和天皇と戦争の世紀 天皇の歴史』(講談社、二〇一一年)
古川隆久『昭和天皇』(中央公論新社、二〇一一年)
片山杜秀『未完のファシズム――「持たざる国」日本の運命』(新潮社、二〇一二年)
森山優『日本は何故開戦に踏み切ったか――「両論併記」と「非決定」』(新潮社、二〇一二年)
波多野澄雄『幕僚たちの真珠湾』(吉川弘文館、二〇一三年)
久保田哲『元老院の研究』(慶應義塾大学出版会、二〇一四年)
佐藤元英『外務官僚たちの太平洋戦争』(NHK出版、二〇一五年)
奈良岡聰智『対華二十一ヵ条要求とは何だったのか――第一次世界大戦と日中対立の原点』(名古屋大学出版会、二〇一五年)
半藤一利『なぜ必敗の戦争を始めたのか』(文春新書、二〇一七年)
筒井清忠『戦前日本のポピュリズム』(中公新書、二〇一八年)

波多野澄雄、戸部良一、松元崇、庄司潤一郎、川島真、川島真『決定版 日中戦争』（新潮社、二〇一八年）
牧野邦昭『経済学者たちの日米開戦――秋丸機関「幻の報告書」の謎を解く』（新潮社、二〇一八年）
大木毅『独ソ戦――絶滅戦争の惨禍』（岩波書店、二〇一九年）
長南政義『児玉源太郎』（作品社、二〇一九年）
服部聡『松岡洋右と日米開戦――大衆政治家の功と罪』（吉川弘文館、二〇二〇年）

◇防衛庁防衛研修所戦史室編纂戦史叢書

『戦史叢書65　大本営陸軍部　大東亜戦争開戦経緯1』（朝雲新聞社、一九七三年）
『戦史叢書68　大本営陸軍部　大東亜戦争開戦経緯2』（朝雲新聞社、一九七三年）
『戦史叢書69　大本営陸軍部　大東亜戦争開戦経緯3』（朝雲新聞社、一九七三年）
『戦史叢書70　大本営陸軍部　大東亜戦争開戦経緯4』（朝雲新聞社、一九七四年）
『戦史叢書76　大本営陸軍部　大東亜戦争開戦経緯5』（朝雲新聞社、一九七四年）
『戦史叢書１００　大本営海軍部　大東亜戦争開戦経緯1』（朝雲新聞社、一九七九年）
『戦史叢書１０１　大本営海軍部　大東亜戦争開戦経緯2』（朝雲新聞社、一九七九年）
『戦史叢書8　大本営陸軍部1　昭和十五年五月まで』（朝雲新聞社、一九七四年）
『戦史叢書20　大本営陸軍部2　昭和十六年十二月まで』（朝雲新聞社、一九七五年）
『戦史叢書99　陸軍軍戦備』（朝雲新聞社、一九六九年）
『戦史叢書91　大本営海軍部　連合艦隊1』（朝雲新聞社、一九七五年）
『戦史叢書31　海軍軍戦備1　昭和十六年十一月まで』（朝雲新聞社、一九六九年）
『戦史叢書27　関東軍1　対ソ戦備・ノモンハン事件』（朝雲新聞社、一九六九年）
『戦史叢書10　ハワイ作戦』（朝雲新聞社、一九六七年）

◇学術論文

板垣與一「太平洋戦争と石油問題」（日本外交会編纂『太平洋戦争原因論』、一九五三年）
大山梓「日露戦争と軍政撤廃」（季刊『国際政治』（日本外交史の諸問題Ⅱ）、一九六五年）
許世楷「台湾事件（一八七一―一八七四）」（季刊『国際政治』（日本外交史の諸問題Ⅱ）、一九六五年）
臼井勝美「広田弘毅論」（『国際政治』第三三号、一九六六年）
谷川栄彦「ヴェトナム民族独立運動の展開――一九三〇年から四一年まで」（『法政研究』第三三巻第三―六号。九州大学、一九六七年）

軍事史学会編『軍事史学』第四巻第二号(軍事研究社、一九六八年)
臼井勝美「満州事変と国際連盟脱退」(『国際政治』第四三号、一九七〇年)
今井清一「内閣と天皇、重臣」(細谷千博ほか編『日米関係史――開戦に至る一〇年』第一巻、東京大学出版会、一九七一年)
五百旗頭真「石原莞爾における支那観の形成」(『広島大学政経論叢』第二一巻第五、六号、一九七二年)
野村実「対米英海戦と対米七割思想」(『軍事史学』第九巻第三号、軍事史学会、一九七三年)
細谷千博「一九三四年の日英不可侵協定問題」(『国際政治』第五八号、一九七七年)
北岡伸一「陸軍派閥対立(一九三一~三五)の再検討」(年報『近代日本研究』1、山川出版社、一九七九年)
細谷千博「近衛文麿における悲劇性」(細谷千博編『日本外交の座標』、中央公論社、一九七九年)
入江昭「総論――戦間期の歴史的意義」(入江昭・有賀貞編『戦間期の日本外交』、東京大学出版会、一九八四年)
塩崎弘明『日英米戦争の岐路　太平洋の宥和をめぐる政戦略』(山川出版社、一九八四年)
古屋哲夫「日中戦争にいたる対中国政策の展開とその構造」(古屋哲夫編『日中戦争史研究』、吉川弘文館、一九八四年)
勝田政治「大久保利通と台湾出兵」(『人文学会紀要』第三四号、国士舘大学、二〇〇一年)
小野晋史「陸軍省新聞班の設立とその活動　大正期日本陸軍の言論政策」(『法学政治学論究』第五五号、慶応義塾大学、二〇〇二年)
後藤新「明治七年台湾出兵の一考察」(『法学政治学論究』第六〇号、慶応義塾大学、二〇〇四年)

◇史資料等

●御署名原本・昭和十六年・詔書一二月八日「米国及英国ニ対スル宣戦ノ件」(国立公文書館所蔵、一九四一年)

●外交史資料等

外交史料「満州占領地施政方針ノ件」(外務省外交史料館所蔵、一九〇四年)
開戦ニ関係アル重要国策決定文書閣議決定「対蘭印経済発展ノ為ノ施策」(外務省外交史料館所蔵、一九四〇年)
外務省記録「支那事変関係一件　仏領印度支那進駐問題」(外務省外交史料館、一九四〇年)
支那事変処理ニ関スル重要決定「支那事変処理要綱」(外務省外交史料館所蔵、一九四〇年)
対米外交関係主要資料集　第二巻「昭和十五年十月十二日『ルーズヴェルト』カ『デイトン』ヨリ西半球諸国ニ向ケテ放送セル三国条約ニ言及セル演説」(外務省外交史料館所蔵、一九四〇年)

日、仏印共同防衛協定及コレニ基ク帝国軍隊ノ仏印進駐関係　第三巻「仏領印度支那ノ共同防衛ニ関スル日仏間議定書」（外務省外交史料館所蔵、一九四一年）
日、仏印共同防衛協定及コレニ基ク帝国軍隊ノ仏印進駐関係　第三巻「仏領印度支那ノ共同防衛ニ関スル日本国『フランス』国間議定書」（外務省外交史料館所蔵、一九四一年）
日、米外交関係雑纂、太平洋ノ平和並東亜問題ニ関スル日米交渉関係（近衛首相「メッセージ」ヲ含ム）第一巻「昭和十六年七月十五日から昭和十六年七月二十六日」（外務省外交史料館所蔵、一九四一年）
日、米外交関係雑纂、太平洋ノ平和並東亜問題ニ関スル日米交渉関係（近衛首相「メッセージ」ヲ含ム）第二巻「昭和十六年八月一日から昭和十六年八月五日」（外務省外交史料館所蔵、一九四一年）
「日ソ外交交渉記録」（外交史料館所蔵、一九四六年）
満洲国史編纂刊行会編『満洲国史』総論（満蒙同胞援護会、一九七〇年）
満洲国史編纂刊行会編『満洲国史』各論（満蒙同胞援護会、一九七一年）
外務省編纂『日本外交文書　日米交渉――一九四一年』上下巻（外務省、一九九〇年）
神山晃令「『一九四一年日米交渉』に関する外務省記録について」（『外交史料館報』4、一九九一年）
細谷千博、臼井勝美、大畑篤四郎「鼎談　一九四一年日米交渉」（『外交史料館報』4、一九九一年）
外務省編纂『日本外交文書　日独伊三国同盟関係調書集』（外務省、二〇〇五年）

●陸海軍共通史資料等

「日独伊同盟条約一件」（防衛省防衛研究所史料閲覧室所蔵、一九四〇年）
大本営政府連絡会議決定「南方施策促進ニ関スル件」（防衛省防衛研究所史料閲覧室所蔵、一九四一年）
御前会議議事録「日独伊三国条約（昭和十五年九月十九日）」（防衛省防衛研究所史料閲覧室所蔵、一九四〇年）
御前会議議事録「帝国国策遂行要領（昭和十六年九月六日）」（防衛省防衛研究所史料閲覧室所蔵、一九四一年）
御前会議議事録「帝国国策遂行要領（昭和十六年十一月五日）」其の一、其の二（防衛研究所史料閲覧室所蔵、一九四一年）
御前会議議事録「対米英蘭開戦の件（昭和十六年十二月一日）」（防衛省防衛研究所史料閲覧室所蔵、一九四一年）

●陸軍史資料等

石原莞爾「石原莞爾中将回想録」（防衛省防衛研究所史料閲覧室所蔵、一九三九年）
「桐工作関係資料綴」（防衛省防衛研究所史料閲覧室所蔵、一九四〇年）

陸軍参謀次長澤田茂中将「上奏控」(防衛省防衛研究所史料閲覧室所蔵、一九四〇年)

畑俊六『畑俊六元帥日記』第四巻・第五巻(防衛省防衛研究所史料閲覧室所蔵、一九四〇年)

「支那事変戦争指導関係綴」(防衛省防衛研究所史料閲覧室所蔵、一九四一年)

石井秋穂「石井秋穂大佐回想録」(防衛省防衛研究所史料閲覧室所蔵、一九四六年)

堀場一雄「支那事変戦争指導の大観」(防衛省防衛研究所史料閲覧室所蔵、一九四六年)

武藤章「陸軍中将武藤章手記」(防衛省防衛研究所史料閲覧室所蔵、一九四六年)

西浦進「西浦大佐回想録——越し方の山々」(防衛省防衛研究所史料閲覧室所蔵、一九四七年)

元参謀本部第一部長田中新一、元参謀本部第二課長服部卓四郎「南方攻略作戦の計画に資する陳述書」(防衛省防衛研究所史料閲覧室、一九四九年)

岩畔豪雄少将手記「私が参加した日米交渉」(防衛省防衛研究所史料閲覧室、一九五六年)

横山一郎「横山一郎手記——日米交渉補佐官の秘録」(『人物往来』、人物往来社、一九五六年)

澤田茂「陸軍参謀次長澤田茂中将回想録」(防衛省防衛研究所史料閲覧室所蔵、一九五七年)

眞田穣一郎「眞田少将日記適」(防衛省防衛研究所史料閲覧室所蔵、不明)

●海軍史資料等

「日独伊軍事同盟に関する御前会議に於て海軍統帥部より政府に対する質問事項」(防衛省防衛研究所史料閲覧室、一九四〇年)

元軍令部第一課長富岡定俊「一九四一年九月の海軍大学校に於ける図上演習」(防衛省防衛研究所史料閲覧室、一九四八年)

元軍令部第一課長富岡定俊「日本海軍全般及布哇作戦ノ計画決定ノ経緯ニ関スル陳述書」(防衛省防衛研究所史料閲覧室、一九四九年)

豊田貞次郎「元海軍大将豊田貞次郎談話収録」(防衛省防衛研究所史料閲覧室所蔵、一九五七年)

元海軍中将中澤佑「昭和十五年時局処理要綱決定に伴ふ戦備の促進」(防衛省防衛研究所史料閲覧室、一九五七年)

海軍軍令部編『明治三十七八年海戦史』全三巻(春陽堂、一九六七年)

●その他

「北海道石狩国上川郡ノ内ニ於テ一都府ヲ立テ離宮ヲ設ケラルヽニ付北海道庁ニ令シテ計画施設セシム」(国立公文書館所蔵、一八八九年)

御前会議決定「支那事変処根本方針」(防衛省防衛研究所史料

閲覧室所蔵、一九三八年）
「仏印問題経緯文書」（防衛省防衛研究所史料閲覧室所蔵、一九四一年）
翼賛運動史刊行会「翼賛国民運動史」（翼賛運動史刊行会、一九五四年）
井川忠雄「井川忠雄手記——悲劇の日米交渉秘話」（『日本週報』、日本週報社、一九五六年）

●英語文献（邦訳されたものを除く）

J. O. P. Bland, *Li Hung-chang* (New York: Henry Holt and Company, 1917).

D. Tyler, *Roosevelt and the Russo-Japan War* (Garden City, Doubleday, Page & Company, 1925).

C. A. Beard, *President Roosevelt and the Coming of the War, 1941* (New Haven: Yale University Press, 1948).

R. H. Ferrell, *Peace in Their Time: The Origins of the Kellogg – Briand Pact* (New Haven: Yale University Press, 1952).

C. C. Tansill, *Back Door to War: The Roosevelt Foreign Policy 1933-1941* (Chicago: Henry Regnery Company, 1952).

J. W. Bennett, H. Passin and R. K. Mcknight, *In Search of Identity: The Japanese Overseas Scholar in America and Japan* (Minneapolis: University of Minnesota Press, 1958).

N. A. Graebner, *An Uncertain Tradition: American Secetaries of States in the Twentieth Century* (New York: McGraw-Hill, 1961).

D. Borg, *The United States and the Far Eastern Crisis of 1933-1938* (Cambridge: Harvard University Press, 1964).

A. A. Offner, *American Appeasement: United States Foreign Policy and Germany, 1933-38* (Cambridge: Harvard University Press, 1968).

S. E. Pelz, *Race to Pearl Harbor: The Failure of the Second London Naval Conference and the Onset of World War II* (Cambridge: Harvard University Press, 1974).

S. L. Endicott, *Diplomacy and Enterprise: British China Policy, 1933-37* (Manchester: Manchester University Press, 1975).

M. R. Peattie, *Ishiwara Kanji and Japan's Confrontation with the West* (Princeton: Princeton University Press, 1975).

A. Trotter, *Britain and East Asia 1933-1937* (London: Cambridge University Press, 1975).

R. Dallek, *Franklin D. Roosevelt and American Foreign Policy, 1925–1945* (New York: Oxford University Press, 1979).

G. W. Prange, *At Dawn We Slept: The Untold Story of Pearl Harbor* (New York: McGraw-Hil, 1981).

註

はじめに

▼1 米国軍統合参謀本部の『統合作戦環境二〇三五(Joint Operating Environment 2035)』(二〇一六年)などに詳しく書かれている。

▼2 一九四一年九月六日の御前会議が終了した後、永野修身海軍軍令部総長は統帥部を代表する形で「戦わざれば亡国と政府は判断されたが、戦うもまた亡国につながるやもしれぬ。しかし、戦わずして国亡びた場合は魂まで失った真の亡国である。しかして、最後の一兵まで戦うことによってのみ、死中に活路を見出しうるであろう。戦ってよしんば勝たずとも、護国に徹した日本精神さえ残れば、我等の子孫は再三再起するであろう。そして、いったん戦争と決定せられた場合、我等軍人はただただ大命一下戦いに赴くのみである」と語った。

▼3 本書では、合理的な意思決定に基づくものではなく、これまでの国家の経験によってもたらされる特別な気持ち、と定義する。これを「戦略文化」などと呼ぶ場合がある。

▼4 石田保政『欧洲大戦史ノ研究』(陸軍大学校将校集会所、一九三七年)緒言。

▼5 近衛文麿『近衛日記』(共同通信社、一九六八年三月)一一二頁。

序章

▼1 孫子は紀元前五世紀頃の中国春秋時代を代表する軍事思想家、孫武の作とされる兵法書である。孫武は戦国時代の新興国の一つ、呉国の王、闔閭に仕えた。孫子の兵法は「竹簡孫子」などと呼ばれるように、竹に彫った文字で編纂された。杉之尾宜生『「現代語訳」孫子』(日本経済新聞出版、二〇一九年)。

▼2 クラウゼヴィッツは、プロイセン王国の軍事学者である。ナポレオン戦争にプロイセン軍の将校として参加したが、捕虜になり、母国プロイセンがフランスと連合を組むとわかると、プロイセン軍を離れ、ロシア軍の将校としてナポレオン戦争に参加した。彼の代表作『戦略論』は生前に出版されたものではなく、クラウゼヴィッツの妻マリアと彼の弟子により編集された。戦争を哲学的に分析したところに、クラウゼヴィッツの独創性が見られる。また「重心」「戦争の三位一体」「戦場の霧」などは彼の言葉による。川村康之編著『クラウゼヴィッツ』戦略研究学会編集(芙蓉書房出版、二〇〇一年)。

▼3 防衛大学校安全保障学研究会編著『安全保障学入門』(亜紀書房、一九九八年)及び防衛大学校・防衛学研究会編『軍事学入門』(かや書房、一九九九年)などを参照とした。

▼4 防衛大・防衛学研究会編『軍事学入門』一四 - 一五頁。

▼5 米国では軍の研究機関だけではなく、大学の研究室、あるいは企業の研究所等が一体化し、最新の科学技術の軍事への応用を図っている。インターネットを開発したDARPAなどもその一例であり、最近はDX(デジタル・トランスフォーメーション)についても軍への活用について研究を重ねている。

▼6 米国陸軍訓練教義司令部(TRADOC)の定義による。

▼17 防衛大安全保障学研究会『安全保障学入門』三頁。

▼8 野中四郎、外同志一同「蹶起趣意書」を参照としている。

▼9 石津朋之編著『リデルハート』戦略研究学会編集(芙蓉書房出版、二〇〇二年)。

▼10 一例として米国陸軍訓練教義司令部の司令官マーティン・デンプシー大将が米国スタンフォード大学経済学部教授オリ・ブラフマンなどの理論を陸軍の新たな意思決定プロセスへ応用できるか検討していたことなどが挙げられる。

▼11 米国における統合に関して規定するゴールドウォーター・ニコラス法では、統合参謀本部議長は資源の配分を行うとされている。

第一章

▼1 ドゴール仏大統領は「その国の軍隊を見れば、その国のことがわかる」と語った(序章参照)。

▼2 孫子が対象としている春秋時代は「義戦なし」と呼ばれるように、弱小国は自助努力に頼るしかなかった。

▼3 トインビーは次のように語った。「十九世紀の西欧においては、白人民族同士の戦乱状態が常習的に行われており(中略)、東方をのぞめば、瓦解した諸帝国が、トルコから中国にいたるまでアジアの全大陸に、その残骸をならべていて(中略)、いたるところの原住民らは羊のごとく従順にその毛を刈りとらせ、ただ黙々たるのみ。あえて彼らの毛を刈りとる者に立ち向かって反抗しようとはしなかったのである。日本人だったら全く違った反応を示したであろう。しかし日本は極めて珍しい除外例であり、かえって、原住民は反抗しないという一般法則を証明しているのにすぎないのだ」。アーノルド・J・トインビー/黒沢英二訳『文明の実験――西洋のゆくえ』(毎日新聞社、一九六三年)二四頁。

▼4 一八六〇年、英仏と清国との間に締結された「北京条

約」に基づき、賠償金は八百万両とされ、英国に九竜半島南部が割譲された。また天津を開港場とした。

▼5 清国はロシアとも「北京条約」と同様の条約を締結したが、その際、ロシアに対して沿海州を割譲した。

▼6 清が属国としていたビルマは英国の植民地になり、インドシナ半島（ベトナム、ラオス、カンボジア）は清仏戦争の結果、フランスの植民地になった。露国も満州、朝鮮を狙っているのは明らかだった。

▼7 「佐幕」と呼ばれた。彼らの中には専ら幕府の意向を重視する尊皇攘夷派もいた。

▼8 林房雄『大東亜戦争肯定論』（番町書房、一九六四年）第二章参照。

▼9 明治天皇が天地神明に対して誓約する形式をとり、公卿や諸侯などに示した明治政府の基本方針と呼べるものである。

▼10 明治四年十二月二十四日、兵部大輔山県有朋、同少輔川村純義、西郷従道は治安維持、沿岸防御及び軍備充実の必要を建議した。

▼11 屯田兵制度は、明治政府が北海道の開拓と北方の警備を主な目的として、北海道の各地に兵農両面を担う人員を組織的かつ計画的に移住・配備していく制度だった。黒田清隆の建議によって明治六年（一八七三年）に制定された。

▼12 北海道における徴兵制は函館周辺の一部に適用されていたが、明治二十九年の渡島、後志、胆振、石狩への徴兵令施行と明治三十一年における残余七ヵ国への拡大により制度的確立を見たとされる。

▼13 屯田憲兵例則甲第三十六号（明治七年十月三十日）布令類聚によると、「北海道屯田兵設置ノ義演武ノ方法等ハ陸軍省商議ノ上時伺出旨昨年十二月中御達相成居候処憲兵ノ本旨ニ基キ実際ノ事状ヲ参酌致シ陸軍省照会ヲ経別紙ノ通地方適宜ノ方法調査致候尤実地施行ノ際万一差支ノ廉有之候節ハ臨機処分ノ上開申可仕候条此旨御允裁有之度此設奉伺候也」と記載されている。

▼14 明治八年太政官布告第一六四号「露西亜国ト千島樺太両島交換条約／露西亞國ト千島樺太兩島交換條約」（国会図書館所蔵、一八七五年）。

▼15 石井孝『明治初期の日本と東アジア』（有隣堂、一九八二年）第三章。
永井秀夫「維新政府の対外問題」（遠山茂樹編『近代天皇制の成立』岩波書店、一九八七年）五九－六三頁。

安岡昭男『幕末維新の領土と外交』（清文堂、二〇〇二年）第三章。

▼16 明治十五年（一八八二年）北海道を視察した岩村通俊会計検査院長は、北海道の中央部にある上川郡（現在の北海道旭川市）に「北京」を定め、殖民局を設置すべきとする建議を行った。後に岩村は初代北海道庁

長官となるが、岩村の後任として第二代北海道庁長官となった永山武四郎は、明治二十二年（一八八九年）十一月、上川郡に「北京」を設定し、北海道開拓に弾みをつけるよう建議した。その結果、宮内庁より「離宮」として設置する計画が出され、山縣有朋内閣はこれを閣議決定し、北海道庁に対して計画等に着手するよう指示が出された。「北海道石狩国上川郡ノ内ニ於テ一都府ヲ立テ離宮ヲ設ケラルヽニ付北海道庁ニ令シテ計画施設セシム」（国立公文書館所蔵、一八八九年）。

▼17 示村貞夫『旭川第七師団』（示村貞夫、一九七二年）一六頁。

▼18 兵部大輔山県有朋、同少輔川村純義、西郷従道「軍備意見書」（明治四年十二月二十四日）。

▼19 現代の「服務」とも呼ぶべきものと思われる。

▼20 軍人に対して陸軍卿山縣有朋の名で発布された訓戒。西周が起草、軍人勅諭の先駆けとなった。

▼21 陸軍省達乙第二号『軍人訓誡ノ勅諭』（国立国会図書館所蔵、一八八二年）。

▼22 戦略的縦深性とは、戦略規模での作戦を遂行する際、警戒及び敵の進出を減殺・遅滞するのに必要な前方地域、作戦努力を集中するための主作戦地域、そして作戦を支援する策源地、あるいは増援等の拠点となる後方地域の主として空間を有することの意味において使用している。

▼23 文部省訓令『教育ニ關スル勅語』（国立公文書館所蔵、一八九〇年）。

▼24 許世楷「台湾事件（一八七一－一八七四）」（季刊『国際政治』（日本外交史の諸問題Ⅱ）、一九六五年）三八頁。

また、この時、十三隻（そのうち十隻は政府が外国から購入したもの）からなる船団で日本兵を輸送したのが三菱蒸汽船会社だった。三菱商会から名を改めたばかりだった。この功績により、翌年、三菱は念願の横浜から上海を結ぶ航路を開くことが許された。三菱が大会社へ発展するきっかけの一つになったのは言うまでもない。

▼25 この時、日本政府は沖縄の領有を清国に対し、主張したが、申告及び沖縄島民からの反発を招き、外交上に領有問題が解決されることはなかった。

▼26 官報一八八五年五月二十七日「日清条約締結ノ儀」（国立国会図書館所蔵、一八八五年）。

▼27 太平洋戦争研究会『満州帝国』（河出書房新社、二〇〇五年）七－一〇頁。

▼28 短期決戦戦略に基づくものであった。それは列強諸国の介入を防ぐという狙いもあった。また作戦は二期に区分され、第一期は先遣師団の朝鮮への輸送、清国海軍の艦隊掃討による制海権の獲得、第二期は制海権の帰趨による各作戦計画を準備していた。

▼29 『戦史叢書91　大本営海軍部　連合艦隊1』(朝雲新聞社、一九七五年)一〇九頁。

▼30 総務省統計局「戦争別戦費」『日本長期統計総覧』。

▼31 条約「日清両国媾和条約及別約」(国立公文書館所蔵、一八九五年)。

▼32 陸奥宗光『蹇蹇録』(岩波書店、一九四一年)二二六－二二七頁。

▼33 太平洋戦争研究会『満州帝国』一五頁。

▼34 詔勅「占領壌地ヲ還付シ東洋ノ平和ヲ鞏固ニス」(国立公文書館所蔵、一八九五年)。

▼35 目的(復讐)を達成するため、長い間、辛苦にじっと耐えることを意味する中国の故事である。

▼36 官報一九〇二年二月十二日「第一回日英同盟協約」(国立国会図書館所蔵、一九〇二年)。

▼37 戦略レベルで有利な態勢を確保して守勢へ移行できるように、作戦レベルでは攻勢をとることを意味する。

▼38 参謀本部が対露作戦計画を真面目に検討し始めたのは明治三十三年(一九〇〇年)のことだった。当初、守勢を旨としていたが、明治三十五年(一九〇二年)八月頃から攻勢作戦にも研究したのだった。『戦史叢書8　大本営陸軍部1　昭和十五年五月まで』(朝雲新聞社、一九七四年)九一頁。

▼39 山本権兵衛海相は「海戦ハ時ト場合トニ種々アルヲ以て　予メ其方針ヲ計画シ難シ」と語っている。『大本営海軍部・連合艦隊1』六五頁。

▼40 勅令第二十五号「陸軍団隊配備表　陸軍管区表ヲ改正シ　陸軍常備団隊配備表及要塞砲兵配備表ヲ廃止ス」(国立国会図書館所蔵、明治二十九年)。

▼41 東インド戦隊、中国戦隊、オーストラリア戦隊を主力部隊とするシンガポールに司令部を置く東洋艦隊。しかし統一して運用されることはほとんどなかった。

▼42 『戦史叢書31　海軍軍戦備1　昭和十六年十一月まで』(朝雲新聞社、一九六九年)一一三－一一四頁。

▼43 プロシロフ中佐の建言は「明治三十六年までは、少しぐらい日本軍が朝鮮に乗り込んできても、それを黙認していても差し支えない。そうして三十八年になって戦をするのに最も好都合なチャンスを摑まえるように日本に対し、戦時行動と外交工作を並行して導いていかねばならぬ(中略)、このように日本に対し、宣戦する固い決心をもってドシドシ戦備を修めることを必要とする。ただ戦争に勝つだけでは済まぬ。日本海軍を根絶やしにし、朝鮮を取り、優越権を極東に確取せねばならぬ(中略)、故に現在においては少しぐらい日本軍が朝鮮に侵入したとしても、これを放任黙過しておいて、今後二ヵ年にして前述せるがごとき、極めて優勢なる海軍力と、あらかじめ朝鮮侵略に対し準備せらるる十分の陸兵とを備え、

我が海軍力をもって、日本海軍を叩きつけて朝鮮占領の日本軍と、その本国、すなわち主根拠地との連絡を遮断すると同時に、我が陸軍は陸上より朝鮮に侵入することができるのだ」というものだった。

▼44 時事新報社編『回顧三十年　日露戦争を語る――海軍の巻』(時事新報社、一九三五年)一－二頁。

▼45 時事新報社編『回顧三十年　日露戦争を語る――外交・財政の巻』(時事新報社、一九三五年)一四頁。

▼46 林『大東亜戦争肯定論』六八頁。

▼47 太平洋戦争研究会『満州帝国』三三頁。

▼48 「戦争別戦費」。

▼49 官報一九〇五年十一月一日「日露両国講和条約及追加約款」(外務省外交史料館所蔵、一九〇五年)。

▼50 時事新報社編『回顧三十年・日露戦争を語る・外交・財政の巻』一三六頁。

▼51 高木八尺編『日米関係の研究――アメリカの対日姿勢上巻』(東京大学出版会、一九六八年)一〇頁。

▼52 ユリシーズ・グラント米国大統領は第十八代米合衆国大統領であり、初の陸軍士官出身だった。また明治十二年(一八七九年)、米大統領経験者として初めて日本を訪れた。日本滞在中、浜離宮において明治天皇に会い、欧州情勢、諸外国からの借款問題、対日不平等条約、教育や招聘外国人教師の問題に至るまで進講した。

▼53 高木『日米関係の研究――アメリカの対日姿勢』上巻、一一頁。

▼54 前掲書、五－六頁。

▼55 同右、一六頁。

▼56 同右、一六－一七頁。

▼57 同右、二〇頁。

▼58 『回顧三十年　日露戦争を語る――外交・財政の巻』八七頁。

▼59 前掲書、八八頁。

▼60 ここでは有田八郎外務大臣ラジオ放送演説(昭和十五年(一九四〇年)六月二十九日)のことを言う。有田は「国際情勢と帝国の立場」と題するラジオ放送演説を行った。この放送は、世界が数個の国家群ないしブロック圏に分かれるような体制に移行するであろうと予見し、そのブロック圏の一つである東亜の安定勢力は日本であって、欧米の干渉は許されないと強調した。いわゆる東亜モンロー主義とも言うべき宣言だった。当然、米政府なかんずくハル国務長官の信奉する通商無差別の原則と相容れないものであった。しかも、そのブロック圏には南洋地方が含まれており、日本の南進意欲を察知させるものがあった。防衛省防衛研修所戦史室『戦史叢書65　大本営陸軍部　大東亜戦争開戦経緯1』(朝雲新聞社、一九七三年)一二〇－一二二頁。

▼61 明治四十年(一九〇七年)十二月十六日から明治四十二年(一九〇九年)二月二十二日にかけて、米海軍大西洋艦隊は世界一周を航海した。別名は「グレート・ホワイト・フリート」である。ちなみにホワイトの由来は艦体が白色に統一されていたからとされる。

▼62 小村全権一行はポーツマス会議が終わった後、九月九日、オイスター・ベイの私邸に大統領を訪ねた。まず講和条約に関する大統領の尽力に謝意を陳べ、講和条約の韓国及び遼東租借地並びに南満州鉄道に関する条項に言及した。「韓国に関しては、帝国は断然韓国の外交権を我が手に収め、もって東洋の禍源を永遠に杜絶するため、同国に我が保護国となす考えであるが、右は出来るだけ韓国側の同意すなわち保護条約の締結によってこれを行うつもりではあるが、もし韓廷が頑張るときには已むなく帝国の一方的宣言によって保護権設定を断行する覚悟であるから、大統領に於かれましても宜しくお含みおき願いたい」と述べた。

次に「遼東租借地並びに南満州鉄道についていては、早速清国政府と商議を開き条約で承認させるつもりであるけれども、露国側の裏面工作が万が一にもこれなきを保しがたく、そうでなくとも清国政府は兎角の文句を唱え、あるいは持病の以夷制夷で列国公使に整えたりなどして譲受承認の条約を逃れようとするかもしれない。そういう場合には日本は已むなく条約の経緯を断念し、実力でもって租借地及び鉄道の経営を断行していく考えであるから、これまた予め御諒解おき願う」と表明した。

大統領はこれに対し、「日本のそうした決意は韓国及び遼東租借地並びに南満州鉄道に関する条項ともに全く已むを得ない当然の次第と認める。韓国保護権の設定が条約による場合は勿論のこと、日本の一方的宣言によって行われる場合においても、米国は列国に先んじて公使館の撤退を行うべく、また租借地及び南満州鉄道に対する日本の利権については支那をしてぐずぐず言わさないように、北京駐在の米国公使をして適当の機会に強硬に清国側当局に忠告さして置く」と気持ちよく快諾した。

『回顧三十年　日露戦争を語る——外交・財政の巻』一三二頁。

▼63 外交史料館編『日本外交文書』第三八巻第一冊(外交史料館所蔵、一九〇五年)。

▼64 山辺健太郎『日韓併合小史』(岩波新書、一九六六年)二一七—一八頁。

▼65 ウラジミール・レーニンは「旅順の降伏はツァーリズムの降伏の序幕である。専制は弱められた。いちばん信じようとしない人々までが、革命が起こることを信じはじめている。人々が革命を信じることは、

既に革命の始まりである」と語っている。

▼66 井本熊男『大東亜戦争作戦日誌』(芙蓉書房出版、一九九八年)二三頁。

▼67 金子堅太郎「米国大統領会見始末」『日本外交文書』七五九－六〇頁。

▼68 前掲書、七五九－六〇頁。

▼69 日露戦争における日本の勝利は、有色人種の白人に対する勝利として、アジアの諸民族によって熱狂的に迎えられ、後年のロシア革命の影響とも結びついて、専制と植民地支配からの解放運動の画期的昂揚をうながす契機となった。
信夫清三郎『日露戦争史の研究』(河出書房新社、一九五九年)四四七頁。

▼70 (大きなニュースとは)小村外相の留守中に日本を訪れた米国の鉄道王エドワード・ヘンリー・ハリマンが元老や内閣の連中を丸め込んで南満州鉄道を日米共同経営という方式で、まんまと彼の手の中に入れる予備協定を桂首相との間に取り結んだことである。
その協定によると、「南満州鉄道及び付属炭坑経営のため一つの日米シンジケートが組織さるべく、鉄道及び炭坑、その他一切の付属財産に対しては、日米両当事者において共同かつ均等の所有権を有すべく、シンジケートにおける代表権及び管理権も、また日米均等たるべく、更にまた満州における諸般の企業に対しても原則として日米均等の権利たるべし」とあった。何のことはない。国家の運命を賭して漸く勝ち得た南満州鉄道と満州の利権を、たった一億か二億ドルの金で米国の財閥に献上してしまうという話にもなりかねない馬鹿げたものだった。

時事新報社編『回顧三十年　日露戦争を語る――外交・財政の巻』一三七－三八頁。

▼71 前掲書、一三九頁。

▼72 同右、一三九頁。

第二章

▼1 エーリヒ・ルーデンドルフ／間野俊夫訳『国家総力戦』(三笠書房、一九三八年)八－九頁。

▼2 外交史料「満州占領地施政方針ノ件」(外務省外交史料館所蔵、一九〇四年)。
大山梓「日露戦争と軍政撤廃」(『国際政治』日本外交の諸問題II、国際政治学会、一九六五年)一一七頁。

▼3 大山「日露戦争と軍政撤廃」一一八頁。

▼4 前掲書、一一八－一九頁。

▼5 「満州問題ニ関スル協議会」(アジア歴史資料センター所蔵、一九〇六年)。

▼6 前掲書。

▼7 大山「日露戦争と軍政撤廃」一一八頁。

▼8 前掲書、一二〇頁。

▼9 「文装的武備」とは元来、「武装的文弱」と対比される言葉だった。後藤は満州への進出に当たっては鉄道を中心として合理的経営を進め、農業や牧畜を振興し、大量の移民を実現することが軍事的効果の点からも有効という主張だった。直ちに大量の軍事輸送を可能とする鉄道、直ちに遊撃軍たり得る移民は潜在的な軍備であるからだ。また直ちに軍備に転化しうる非軍事的施設の整備にも適用できる考えだった。北岡伸一『後藤新平――外交とヴィジョン』(中央公論社、一九八八年)九四－九五頁。

▼10 前掲書、一〇一頁。

▼11 山田豪一『満鉄調査部――栄光と挫折の四十年』(日本経済新聞社、一九七七年)二八頁。

▼12 前掲書、二九頁。

▼13 原田勝正『満鉄』(岩波書店、一九八一年)三八－四一頁。

▼14 満鉄会編『満鉄四十年史』(吉川弘文館、二〇〇七年)一二頁。

▼15 山田『満鉄調査部』三〇頁。

▼16 「文装的武備」と同じ趣旨である。

▼17 山田『満鉄調査部』三〇頁。

▼18 前掲書、三一頁。

▼19 想定敵国については「露国を第一とし、米・独・仏の諸国之に次ぐ」とされた。

▼20 角田順『満州問題と国防方針』(原書房、一九六七年)六四五－四六頁。

▼21 『大本営海軍部・連合艦隊1』一〇九頁。

▼22 前掲書、一一三頁。

▼23 井本『大東亜戦争作戦日誌』二四－二五頁。

▼24 『大本営陸軍部1』一六〇頁。

▼25 勅令第三百六十五号「帝国在郷軍人会令」(国立国会図書館所蔵、一九三九年)。

▼26 野村実「対米英海戦と対米七割思想」(『軍事史学』第九巻第三号、軍事史学会、一九七三年)二六－二七頁。

▼27 臨時軍事調査委員編『欧洲交戦諸国ノ陸軍ニ就テ』(陸軍省臨時軍事調査委員、一九一七年、国立国会図書館所蔵)。

▼28 前掲書。

「一、此戦局と共に、英、仏、露の団結一致は更に強固になると共に、日本は右三国と一致団結して、茲に東洋に対する日本の利権を確立せざるべからず。

一、東洋に対し英は海軍力、露は陸軍力、仏は財力を以て之にのぞめり。抑も海陸両力ある日本は、宜しく仏を説き英露を勧め、仏と共に財力を以て日本の援助とならしむるの策を講ぜざるべからず。

一、日英同盟に対する英国人の近来将さに冷却せんとする感情を、此時局と共に英国人をして直に悔悛せしむるの方法を採らざるべからず。

一、日露協約は此数年間寧ろ紙上の協約たり。此時局に際し、次第に具体的事実的の協約たら占めざるべからず。
一、以上英、仏、露と誠実なる連合的団結をなし、此基礎を以て、日本は支那の統一者を懐柔せざるべからず。
　明治維新の大業は鴻謨を世界に求めたるにあり。大正新政の発展は、此世界的大禍乱の時局に決し、欧米強国と駢行提携し、世界的問題より日本を度外すること能はざらしむるの基礎を確立し、以て近年動もすれば日本を孤立せしめんとする欧米の趨勢を、根底より一掃せしめざるべからず。此千歳一遇の大局に処し、区々たる薫情又は箇的感情の為め適材を適所に求めざるが如きは断じて国家を憂ふるものに非るなり」。

井上馨侯伝記編纂会編『世外井上公伝（第五巻）』（内外書籍、一九三四年）三六七－六九頁。

▼29 『大本営陸軍部1』二〇三－〇四頁。

▼30 官報一九一四年八月二十三日「独逸国ニ対スル宣戦ノ詔書」（国立国会図書館所蔵、一九一四年）。

▼31 奈良岡聰智『対華二十一ヵ条要求とは何だったのか——第一次世界大戦と日中対立の原点』（名古屋大学出版会、二〇一五年）一頁。

▼32 明治四十一年（一九〇八年）、中国湖北省で創立された大規模な製鉄会社である。

▼33 『大本営陸軍部1』二〇四－〇五頁。

▼34 奈良岡『対華二十一ヵ条要求とは何だったのか』四－五頁。

▼35 軍事技術の趨勢から大国間の長期戦は困難と見られていた。特に火力の発達は戦争における死傷者を激増させ、悲惨かつ非人道的な戦いになることを予想させた。よって戦争も短期で終わり、数ヵ月もしたら休戦条約が結ばれると考えられた。しかし多くの予想を裏切り、動員兵力は総計約六千五百万、軍人の損害約三千七百万、民間人の死者は推定約一千三百万に達し、さらに約四年四月にわたる長期戦になったのである。

▼36 原奎一郎編『原敬日記』第六巻（乾元社、一九五一年）一〇八頁。

▼37 奈良岡『対華二十一ヵ条要求とは何だったのか』一一一頁。

▼38 日本国際政治学会太平洋戦争原因研究部編『太平洋戦争への道　開戦外交史　満州事変前夜』1巻（朝日新聞社、一九八七年）一七頁。

▼39 エドワード・H・カー／井上茂訳『危機の二十年』（岩波書店、一九五二年）一〇－一一頁。

▼40 のちの首相、近衛文麿は論文「英米本位の平和主義を排す」において、英米の論者は時に平和人道という

が、その平和とは「自己に都合よき現状維持」であり、「平和の攪乱者を直ちに正義人道の敵とする論法」に承服できないと表明していた。細川護貞「近衛公の生涯」(共同通信社『近衛日記』、一九六八年)一二〇頁。

▼41 ファイス『真珠湾への道』八頁。

▼42 筒井清忠『戦前日本のポピュリズム』(中公新書、二〇一八年)五一－六二頁。

▼43 五百旗頭編『日米関係史』(有斐閣ブック、二〇〇八年)二三〇頁。

▼44 大正七年(一九一八年)創立の思想団体である。左派と右派思想家が一堂に会した。

▼45 ハーバート・ファイス／大窪愿二訳『真珠湾への道』(みすず書房、一九五六年)八頁。

▼46 前掲書、五四－五五頁。

▼47 日本は日英同盟が冷却した後、日露協商を逐次強化し、中国とともに米国の進出を鈍化させてきた経緯を持つ。その相手である露国が中国の辛亥革命に続き革命によって倒壊したのである。その影響を危惧したのは当然のことであった。

▼48 大正七年改訂の帝国国防方針の正文は太平洋戦争終結に伴う混乱で散逸したため、現在に至るまで、その所在を確認することはできない。

▼49 『大本営海軍部　連合艦隊1』一六五－一六六頁。

▼50 近衛『近衛日記』一一九－一二一頁。

▼51 エリオット・コーエン／塚本勝也訳「第十四章　無知の戦略?――アメリカ(一九二〇～一九四五年)」(ウィリアムソン・マーレー、マクレガー・ノックス、アルヴィン・バーンスタイン編著／歴史と戦争研究会訳『戦略の形成』中央公論新社、二〇〇七年)。

▼52 「無知の戦略」より抜粋。

▼53 ファイス『真珠湾への道』八頁。

▼54 「第四次日露協約」のこと。秘密協約とされていたが、協約で記述されている「第三国」とは英米両国を指す、という脚注付きで大正六年(一九一七年)十二月十九日の政府機関紙『イズヴェスチヤ』にて公開された。

▼55 日本の特命全権大使・石井菊次郎と米国務長官ロバート・ランシングとの間で締結された、中国での特殊権益に関する協定である。

▼56 「石井・ランシング協定」『日本外交年表並主要文書』(外務省外交史料館所蔵、一九一七年)。

▼57 服部卓四郎『大東亜戦争全史』(原書房、一九六五年)三頁。

▼58 高木『日米関係の研究』上巻、五〇－五一頁。

▼59 前掲書、五一－五二頁。

▼60 同右、五三頁。

▼61 一九二一年一月、米上院で海軍長官は、日英同盟があるかぎり軍縮は望めない、と発言した。つまり米国

は日英同盟の海軍力に対抗できるようになるまで建艦競争を止めることはできない、という意味である。

▼62 日本国際政治学会『太平洋戦争への道』1巻、二二頁。

▼63 三輪公忠『松岡洋右——その人間と外交』(中央公論社、一九七一年)一三九-四〇頁。

▼64 日本国際政治学会『太平洋戦争への道』1巻、一六九頁。

▼65 エドワード・ミラー/沢田博訳『オレンジ計画——アメリカの対日侵攻50年戦略』(新潮社、一九九四年)。

▼66 米国は「オレンジ・プラン」だけを策定していたのではなかった。「カラーコード」と呼ばれる主要な戦争指導計画には次のものがあった。「レッド(対英・加)」「クリムゾン(対加)」「ルビー(対印)」「スカーレット(対豪)」「ガーネット(対ニュージーランド)」「ホワイト(米国における内乱対処)」「グレー(対中央米諸国・西印諸島諸国)」「パープル(対南米諸国)」「ブラック(対独)」「シルバー(対伊)」「イエロー(対中)」などである。

▼67 昭和四年から五年にかけて金子堅太郎から加藤寛治海軍大将(軍令部長)に宛てた数通の書翰から抜粋した。

▼68 井本『大東亜戦争作戦日誌』二四頁。

▼69 『大本営海軍部　連合艦隊1』一七五-七六頁。

第三章

▼1 加藤友三郎内閣の陸軍大臣山梨半造により進められた日本陸軍史上では初となる軍縮のことである。第一次世界大戦後の世界規模での海軍軍縮の流れの中、陸軍もそれに準じた軍縮を実行する必要に迫られた。一九二二年七月に「大正十一年軍備整備要領」が施行され、約六万人の将兵、約一万三千頭の軍馬が整理された。そして、それに代わる新規予算をもって新装備を取得し、軍の近代化を図ろうとしたのである。

▼2 それを強く勧めたのは井上蔵相であった。井上の狙いは金本位制へ復帰することで、日露戦争や第一次世界大戦において日本が発行した外債の借り換えを円滑に行い、国際金融市場での日本の信用を浮揚させることだった。また井上は金本位制への復帰とロンドン軍縮会議は別々の関係ではなく、国外にあっては国際協調による海外資金の活用と軍縮による軽軍事費、国内にあっては産業構造の再構築とあいまって経済の発展が企図できるという視点を持っていた。

▼3 入江昭、篠原初枝『太平洋戦争の起源』(東京大学出版会、一九九一年)八頁。

▼4 井上が企図していた外債の借り換えには成功するものの、農作物の価格暴落に加え、世界恐慌の想定を超えるデフレ圧力による綿糸、紡績などの主要輸出産業の壊滅的被害をもたらした。

▼5 鯖田豊之『金(ゴールド)が語る二十世紀――金本位制が揺らいでも』(中央公論新社、一九九九年)二二五頁。

▼6 前掲書、二二九-三〇頁。

▼7 生産コストを切り下げるために、労働賃金の低下及び労働条件の悪化を招いた。紡績業の工賃は英国の三十二パーセント、米国の十七パーセントまで落ち込んでいた。

▼8 服部『大東亜戦争全史』七頁。

▼9 明治四年(一八七二年)十二月に兵部大輔山縣有朋、兵部少輔川村純義、同西郷従道から出された建議書には「兵ハ国ヲ守リ民ヲ護スル要ナリ」と書かれていた。

▼10 日本国際政治学会『太平洋戦争への道』1巻、四頁。

▼11 筒井清忠『戦前日本のポピュリズム』(中公新書、二〇一八年)一七八頁。

▼12 高橋正衛『二・二六事件――「昭和維新」の思想と行動』(中央公論社、一九六六年)一五四-五五頁。

▼13 東京帝国大学教授河合栄太郎は『中央公論』六月号に「時局に対して志を言ふ」と題する巻頭論文を寄せた。河合は、彼らを駆って事件にまで至らしめた目的は次のように三つある、としている。

「第一に彼等軍人としての職務上、外国より祖国を防衛するために、軍備を拡張して国防を全うせんとした。第二に彼等は国民の苦しめるもの、殊に農村の子弟の窮境に同情して、社会組織を変革して経済生活の不安を除去せんとした。第三に彼等は政党の堕落と財閥の横暴とを見た」。

▼14 高橋正衛『二・二六事件――「昭和維新」の思想と行動』(中央公論社、一九六六年)二三-二四頁。

▼15 『大本営海軍部　連合艦隊1』一九八-九九頁。

▼16 前掲書、一九八頁。

▼17 同右、一九七-九八頁。

▼18 同右、二〇一頁。

「世界規模の経済沈滞の流れを背景に、主要国の国防動向は海軍の軍縮に加え、陸軍の規模も縮小する傾向と見られていた。その中で宇垣一成は陸軍大臣に就任した。宇垣軍縮といっても実際は軍の近代化だった。宇垣は政府の財政緊縮の方針に従い、四個師団を廃止し、捻出した経費をもって軍を機械化したのである。さらに学校配属将校制度を設けて、動員の際に必要なる中級将校を現役のまま確保し、加えて召集将校の資質向上を図るとともに進んで、平戦両時における社会人の国防、軍事知識の涵養を狙ったのである」。

▼19 額田坦『秘録　宇垣一成』(芙蓉書房、一九七三年)七〇頁。

瀬島龍三『大東亜戦争の実相』(PHP研究所、二〇〇〇年)七三頁。

▼20 前掲書、七四‐七六頁。

▼21 六月二十七日、陸軍大尉中村震太郎他三名が農業技師と身分を称し軍用地誌を調査する中、大興安嶺東側（一部立入禁止区域に指定されていた）において、張学良配下の関玉衛の指揮する屯墾軍に拘束され、銃殺の後、遺体を焼き棄てられた事件である。

▼22 七月二日に中国吉林省万宝山付近で起こった入植中の朝鮮人とそれに反発する現地の中国農民との流血事件である。その原因は用水路の使用権だった。中国農民は中国の警察による問題解決を望んだが、それに対抗して動いた日本の警察と中国農民が衝突した。

▼23 服部『大東亜戦争全史』四頁。

▼24 瀬島『大東亜戦争の実相』七六頁。

▼25 前掲書、七九‐八〇頁。

▼26 「事変」という言葉が使われたのは、米英依存経済下の日本は米英圏からの物資取得を維持するため、交戦権の発動を差し控え、中国とのいわゆる戦争状態へ入ることを回避したためである。

▼27 服部『大東亜戦争全史』四頁。

▼28 日本国際政治学会『太平洋戦争への道』1巻、三八三頁。

▼29 九月十九日、日本政府は不拡大方針を閣議で決定した。しかし、この方針は漠然とした政策に過ぎず、軍部は実質的には無視した。軍部は政府が旧態復帰を主張するならば、政府指示を撤回し、その結果、「政府が倒壊するも毫も意とする所にあらず」との方針を確認したのである。

▼30 臼井勝美『満州事変』（中央公論社、一九七四年）四八‐四九頁。

▼31 日本国際政治学会太平洋戦争原因研究部編『太平洋戦争への道　開戦外交史　満州事変』2巻（朝日新聞社、一九八七年）三三頁。

▼32 井上寿一『危機の中の協調外交――日中戦争に至る対外政策の形成と展開』（山川出版社、一九九四年）四頁。

▼33 「石原莞爾中将回想録」（防衛省防衛研究所史料閲覧室所蔵、一九三九年）。

▼34 国民は軍部の策動とは知らずに、満州事変の報に接した。しかし、それは逆に軍部が何らかの成果を出さなくてはならない結果に陥ったと考えられる。

▼35 文藝春秋『「文藝春秋」にみる昭和史』（文藝春秋、一九八八年）一〇八‐一一〇頁。

▼36 三輪公忠編『再考・太平洋戦争前夜――日本の一九三〇年代論として』（創世記、一九八一年）一九一頁。

▼37 入江『太平洋戦争の起源』四頁。

▼38 前掲書、二四頁。

臼井『満州事変』一八三頁。

服部『大東亜戦争全史』五頁。

▼39 前掲書、五頁。

▼40 入江『太平洋戦争の起源』三二―三三頁。

▼41 その具体的な方針は内蒙古に親日・親満州の自治政府をつくることだった。昭和八年（一九三三年）、内蒙古王侯会議が開かれることになった。関東軍は、これをもって南京の国民政府に対し、高度の自治を要求させたのである。また、ほぼ同時に「内蒙古自治政府」組織大綱を採択したのだった。

▼42 一九三二年条約第九号「帝国特命全権大使ガ満洲国国務総理ト共ニ署名調印ノ議定書」（アジア歴史資料センター所蔵、一九三二年）。

▼43 入江『太平洋戦争の起源』二五頁。

▼44 前掲書、二一頁。

▼45 満州事変（支那兵ノ満鉄柳条溝爆破ニ因ル日、支軍衝突関係）善後措置関係　国際連盟支那調査員関係報告書関係（日、支両国意見書ヲ含ム）『日本外交文書満州事変（別巻）』（外務省、一九八一年）。

▼46 竹内夏積編『松岡全権大演説集』（大日本雄弁会講談社、一九三二年）一二八頁。

▼47 筒井『戦前日本のポピュリズム』二〇七頁。

▼48 三輪『再考・太平洋戦争前夜』二五頁。

▼49 入江『太平洋戦争の起源』三四―三五頁。

▼50 三輪『再考・太平洋戦争前夜』二五頁。

▼51 井上『危機の中の協調外交』二〇八頁。

▼52 守島康彦編『昭和の動乱と守島伍郎の生涯』（葦書房、一九八五年）八四頁。

▼53 三輪『再考・太平洋戦争前夜』二五頁。

▼54 文藝春秋『「文藝春秋」にみる昭和史』一〇八―一一〇頁。

▼55 入江『太平洋戦争の起源』四八頁。

▼56 三輪『再考・太平洋戦争前夜』二六頁。

▼57 井上『危機の中の協調外交』一八三頁。

▼58 服部『大東亜戦争全史』七頁。

▼59 ファイス『真珠湾への道』九頁。

▼60 入江『太平洋戦争の起源』一〇五―〇六頁。

▼61 汪兆銘の目論見は、次のとおりとされる。

「日中両国は戦争の継続に困難を来している。そのため、歩み寄りの上、解決を目指す機が到来した。米英仏は中国を支援すると言ってはいるが、自国の軍隊を日本と戦うために派遣することはないであろう。ソ連も単独には行動しないであろうし、ドイツに至っては日中両国の和解に積極的である。そして、日本と交渉して休戦を達成し、「国家建設」に専念することができる。これらの目的が成就できれば、日中両国は恒久的平和を確立し、太平洋と世界の秩序と平和に貢献できると考えた。つまり第三国の直接介入による中国の援助は望めない。日本の提案をのむべきだ」。

▼62 前掲書、一〇五―〇七頁。

同右、一〇七頁。

▼63 服部『大東亜戦争全史』八頁。

▼64 瀬島『大東亜戦争の実相』一一六頁。

▼65 堀場一雄『支那事変戦争指導史』(時事通信社、一九六二年)八三頁。

▼66 防衛庁防衛研修所戦史室『戦史叢書8　大本営陸軍部1　昭和十五年五月まで』(朝雲新聞社、一九七四年)四三二頁。

▼67 前掲書、四四三頁。

▼68 「日本陸軍の通信部隊が天津と北平のほぼ中間、鉄道に沿う郎坊で通信線の補修をしているのに対し、支那軍第三十八師の部隊から射撃を受けた事件である。この事件は全く偶発的に起こったのであったが、射撃した支那軍が日本に最も好意を持っていると見られていた張自忠の部隊であったことがこの事件の意義を一層重大視する因となった。これで情勢が一挙に緊張し、日支全面衝突の発火作用をなした。またそれに続く二十六日には日本陸軍が北平の広安門を通過する際、支那軍が広安門の楼上から小銃、機関銃を以て射撃を加えた。明らかな挑発行為だった」。井本熊男『作戦日誌で綴る支那事変』(芙蓉書房、一九七八年)一〇三頁。

▼69 井本『作戦日誌で綴る支那事変』一〇四頁。

▼70 前掲書、一一三－一一五頁。

▼71 瀬島『大東亜戦争の実相』一二四－一二五頁。

▼72 御前会議決定「支那事変処根本方針」(防衛省防衛研究所史料閲覧室所蔵、一九三八年)。

▼73 服部『大東亜戦争全史』九頁。

▼74 前掲書、九頁。

▼75 近衛文麿『失はれし政治——近衛文麿公の日記』(朝日新聞社、一九四六年)一七頁。

▼76 筒井『戦前日本のポピュリズム』二四一頁。

▼77 法律第五十五号「国家総動員法」(国立国会図書館所蔵、一九三八年)。

▼78 日軍令第一号「大本営令」(一九三七年)。

▼79 御前会議決定「日支関係調整方針」(防衛省防衛研究所史料閲覧室所蔵、一九三八年)。

▼80 服部『大東亜戦争全史』一〇頁。

▼81 前掲書、九－一〇頁。

▼82 米国製品とその技術が非人道的行為に利用されないために、輸出制限へ協力するよう航空機製作会社や輸出業者に対し、国務省から発出された通知のことを指す。

▼83 総務省統計局「経済成長率の推移(日本の戦前及び戦後直後)」『長期統計総覧』を参照して算出した。

▼84 半藤一利『なぜ必敗の戦争を始めたのか——陸軍エリート将校反省会議』(文春新書、二〇一九年)九三－九四頁。

▼85 総務省統計局「経済成長率の推移(日本の戦前及び戦

後直後)」『長期統計総覧』。

▼86 加瀬俊一『日米戦争は回避できた』(善本社、一九九四年)一六頁。

▼87 ファイス『真珠湾への道』一二一－一三頁。

▼88 前掲書、一二一－一三頁。

▼89 英米は国際連盟などの国際外交の機能を利導し日本に圧迫を加え、又累次に亘る政府高官の声明や抗議を以て、日本を牽制するに努めた。

服部『大東亜戦争全史』一一頁。

▼90 ファイス『真珠湾への道』一六頁。

▼91 「日米通商航海条約の破棄通告(示唆)は、日本政府にとって全くの寝耳に水というわけではなかった。米国世論は以前からそのような政策を要求していた。また七月初めには上院外交委員会において九ヵ国条約違反諸国に対する禁輸決議案を検討していた。アーサー・バンデンバーグ上院議員も通商条約破棄の決議案を提出していた」。

入江『太平洋戦争の起源』一一六頁。

▼92 日中戦争により中国大陸での戦線・占領地が拡大した。そのため占領地に対する政務・開発事業を統括する必要性が生じ、興亜院が設けられた。

▼93 『大本営陸軍部1』六一四頁。

▼94 種村佐孝『大本営機密日誌』(芙蓉書房、一九八〇年)三二頁。

▼95 阿部信行首相は「今次欧州戦争勃発に際しては帝国は之に介入せず、専ら支那事変の解決に邁進せんとす」と声明を発表した。

▼96 『開戦経緯1』二八頁。

▼97 前掲書、三三頁。

▼98 同右、三〇頁。

▼99 同右、三五頁。

▼100 同右、三七頁。

▼101 細川護貞は「近衛公の生涯」の中で、近衛が政権を引き受けた最大の理由は支那問題の解決であったと記述している。

近衛『近衛日記』一四七頁。

▼102 前掲書、一一八－二〇頁。

▼103 戦後、澤田中将は「陸軍大臣畑俊六大将は、特に阿部内閣の成立に際し、御思召を以て大臣となりし関係上、中央部の信頼は寧ろ反対にして、これは聖上の大臣にして我々の大臣にあらずとの恐るべき思想、中央部の一角に迷底しあり」と回想している。

澤田茂「陸軍参謀次長澤田茂中将回想録」(防衛省防衛研究所史料閲覧室所蔵、一九五七年)。

▼104 畑俊六『畑俊六元帥日記　第五巻』(防衛省防衛研究所史料閲覧室所蔵、一九四一年)七月四日記載。

▼105 陸軍が米内内閣へ後任の陸相を推挙しなかったのは米内内閣に対する不承認の意思表示をしたからだと

される。

▼106 入江『太平洋戦争の起源』一五三－五四頁。

▼107 服部『大東亜戦争全史』一五頁。

▼108 三輪『松岡洋右』一五二頁。

▼109 前掲書、一五三頁。

日本国際政治学会太平洋戦争原因研究部編『太平洋戦争への道　開戦外交史――日米開戦』7巻(朝日新聞社、一九八七年)三九頁。

第四章

▼1 田中新一『田中作戦部長の証言』(芙蓉書房、一九七八年)。

▼2 服部『大東亜戦争全史』。

▼3 井本熊男『大東亜戦争作戦日誌――作戦日誌で綴る大東亜戦争』(芙蓉書房出版、一九九八年)。

▼4 田中『田中作戦部長の証言』三一一頁。

▼5 近衛は「日米ノ衝突ヲ極力回避セネバナラヌ」理由の一つとして、「蘇連ノ向背ノ問題」を挙げ、「抑モ米国ト蘇連トヲ同時ニ敵トスベカラザルコトハ、我外交軍事ノ根本鉄則デアル。従ツテ蘇連ノ向背未ダ明ナラザル間ハ米国トハ事ヲ構フベキデナイ」と書いている。

近衛文麿「第二次及第三次近衛内閣ニ於ケル日米交渉ノ経過(草稿)」(『近衛日記』)一七四頁。

▼6 閣議決定「基本国策要綱」(原書不明、一九四〇年)。

▼7 大本営政府連絡会議決定「世界情勢の推移に伴ふ時局処理要綱」(アジア歴史資料センター所蔵、一九四〇年)。

▼8 服部『大東亜戦争全史』二一一－二一二頁。

▼9 種村『大本営機密日誌』四〇頁。

▼10 『太平洋戦争への道7』三六頁。

▼11 『開戦経緯1』四一四頁。

▼12 前掲書、三七九頁。

▼13 服部『大東亜戦争全史』二二二頁。

▼14 前掲書、二二二頁。

▼15 同右、二二二頁。

▼16 同右、二二一－二二三頁。

▼17 『戦史叢書69　大本営陸軍部　大東亜戦争開戦経緯3』(朝雲新聞社、一九七三年)三〇七－〇八頁。

▼18 前掲書、三〇八頁。

▼19 同右、三〇九頁。

▼20 当時、大本営海軍部作戦課長だった富岡定俊大佐は戦後、次のように語っている。

「連合艦隊司令長官山本五十六大将ノ提唱ニ係ル真珠湾攻撃ノ作戦構想ニ関シテハ而シテ山本大将提案ノ理由ハ「南方攻略作戦遂行ノ為メノ所要期間西部太平洋ノ制海権ヲ確保スル為メニハ開戦ノ初頭ニ於テ布哇ニアル『アメリカ』太平洋艦隊ニ大打撃ヲ與ヘテ

行動不能ニ陥ラシムルコト絶対必要ナリ若シ我ニシテ『アメリカ』太平洋艦隊ヲ監視スルニ止メ彼ヲシテ健在ナラシメンカ彼ハ直ニ我南方攻略作戦ノ経過中ニ西部ニ進攻シ来ルコトアルヘシ然ル場合我連合艦隊ハ南方攻略ノ支援ノ為メ兵力ノ集結モ容易ナラスシテ海上邀撃決戦モ思フニマカセス結局『マーシャル』諸島ノ如キ日本ノ重要基地ハ米国ノ手中ニ帰シ之ヲ対日作戦ノ前進基地トシテ利用セラルル虞大ナリト言フニ存シ山本大将ガ日本海軍作戦ノ最高責任者トシテ深甚ナル考慮ノ末提案セラレタルモノナリ」。元軍令部第一課長富岡定俊「日本海軍全般及布哇作戦ノ計画決定ノ経緯ニ関スル陳述書」(防衛省防衛研究所史料閲覧室、一九四九年)。

▼21 『戦史叢書10　ハワイ作戦』(朝雲新聞社、一九六七年)七–八頁。

▼22 抗議の趣旨である。支那事変が勃発してから米英は日本に対し、どのような態度で臨んできたか。彼らは交戦国である日中両国に対して中立国としての義務を守るべき立場にあったのではないだろうか。果たして米英両国は中立維持の義務を守ったのだろうか。つまり米英は対立に身を投じた国の一つではなかったか。

▼23 昭和十年(一九三五年)八月十二日、統制派の軍務局長永田鉄山少将は陸軍省の執務室において、相沢三郎陸軍歩兵中佐により、白昼斬殺された。相沢中佐は皇道派青年将校に共感していた。

▼24 企画院「生産力拡充計画要綱」(国立公文書館アジア歴史資料センター所蔵、一九三九年)。

▼25 岩畔豪雄「私が参加した日米交渉」(防衛省防衛研究所史料閲覧室、一九五六)。

▼26 芳澤謙吉『外交六十年』(自由アジア社、一九五八年)一三一頁。

▼27 井本『作戦日誌で綴る支那事変』八二頁。

▼28 服部『大東亜戦争全史』六頁。

▼29 独伊などの全体主義の勃興も危惧されたが、このソ連の早期経済復興と海軍軍備制限条約の失効がその主な理由だった。

▼30 服部『大東亜戦争全史』六頁。

▼31 英国のボールドウィン内閣はドイツに対し、英国の三十五パーセントまでの軍艦を保有できること、潜水艦は英国の六十パーセントまで建造できることを、商船攻撃には使用しないことを保証させた上で承認した。これは英国のドイツに対する最初の宥和政策と言われたが、その期待はヒトラーによって裏切られ、協定は一方的に破棄された。

▼32 日本国際政治学会太平洋戦争原因研究部編『太平洋戦争への道　開戦外交史　三国同盟・日ソ中立条約』5巻(朝日新聞社、一九八七年)一六頁。

▼33 条約第八号「共産『インターナショナル』ニ対スル協定」(国立国会図書館所蔵、一九三六年)。

▼34 服部『大東亜戦争全史』六頁。

▼35 松岡外相、あるいは海軍の一部の強硬派とする意見も見られる。
半藤『なぜ必敗の戦争を始めたのか』六五-六六頁。

▼36 服部『大東亜戦争全史』二三-二四頁。

▼37 日本国際政治学会『太平洋戦争への道』5巻、一四五-一四六頁。

▼38 前掲書、一五四頁。

▼39 同右、一五五頁。

▼40 同右、一六一頁。

▼41 同右、一六一-六二頁。

▼42 木場浩介編『野村吉三郎』(野村吉三郎伝記刊行会、一九六一年)三八八-八九頁。

▼43 『太平洋戦争への道』5巻、一六七-六八頁。

▼44 前掲書、一七〇頁。

▼45 瀬島『大東亜戦争の実相』一四七頁。

▼46 それが条約の第四条に反映される形になった。

▼47 近衛『近衛日記』一八四頁。

▼48 服部『大東亜戦争全史』二四-二五頁。

▼49 「3　世界が東亜、ソ連、欧州、米州の四大分野に分かるを予見させらるる戦後の新態勢に於て東亜の指導者を以て任ずる皇国は欧州の指導勢力たる独伊と密接に連携し

(イ)　ソ連を東西両方面より牽制し且之を日独伊共通の立場に副ふ如く利導して其の勢力圏の進出方面を日独伊三国の利害関係に直接影響少なき方面例へば波斯湾(場合に依りては印度方面に対するソ連の進出を認むることあるべし)に向かふ方面に向はしむる如く努ると共に

(ロ)　又米国に対しては力めて平和的手段を以てすべきも東亜及欧州分野の政治的経済的提携に依り所要に応じ米国に対し圧迫を加へ得るの態勢を以て構成し以て皇国の主張を貫徹するに寄与せしめる如く策す

　右施策に際し努めてソ連を利導することを考慮す

4　対英米武力行使に関し皇国は左の諸項に依り自主的に決定す

(イ)　支那事変処理概ね終了せる場合に於ては内外諸般の情勢之を許す限り好機を捕捉し武力を行使す

(ロ)　支那事変の処理未だ終らざる場合に於ては原則として開戦に至らざる限度に於て施策するも内外諸般の情勢特に有利に進展するか若くは我が準備の成否に拘らず国際情勢の推移猶余を許さずと認めらる場合武力を行使す

(ハ)　内外諸般の情勢とは支那事変処理の状況の外欧州の情勢特に対ソ国交調整の状況米国の我に対する同行及我戦争準備等の諸件を指すものとす

服部はさらに4項のイに注目した。それには日本は支那事変の処理を優先させることはもちろん、処理が概ね終了している場合は好機を捕捉し、英米に武力を行使するとしているのだ。そして以上の決定に基づき、松岡外相はスターマー特使と、九日及び十日の両日会談し、次の如き諸点につき意見の一致を見たのである。

1 日独伊は米国が欧州戦争及び日支紛争に参戦せざらんことを希望す

2 ドイツは其の対英戦に日本の介入を求めず

3 日独伊三国の毅然たる一致の態度に依りてのみ米国の行動を抑制することを得

4 三国同盟には次でソ連邦をも介入せしむるものとし、ドイツは日ソの提携に就き斡旋す

5 ドイツは東亜に於ける日米の衝突回避に努力す」。

▼50 近衛『近衛日記』一七八頁。

▼51 ファイス『真珠湾への道』三三頁。

▼52 岩畔「私が参加した日米交渉」。

▼53 御前会議議事録「日独伊三国条約(昭和十五年九月十九日)」(防衛省防衛研究所史料閲覧室所蔵、一九四〇年)。

▼54 前掲書。

▼55 同右。

▼56 同右。

▼57 同右。

▼58 同右。

▼59 半藤『なぜ必敗の戦争を始めたのか』二一三－二一五頁。

▼60 野心家ルーズベルト大統領は自己危うしと見れば、「その野心遂行の為には如何なることも辞せざるべく、対日戦争、欧州戦参加等を決行するやも知れず。両大統領候補者とも日本を責むれば人気あり、支那に於ける僅少の日米の衝突(武力的)は直に戦争に転化すべし。

今や米国の対日感情は極端に悪化しありて、僅かの機嫌取りでは恢復するものにあらず、只々我れの毅然たる態度のみが戦争を避くるを得べし。勿論反米英の空騒ぎは厳重に取締るべし。アドルフ・ヒトラーの考へも極力米国との戦争を避け、加之対英戦終了せば、極力米国とは親善を図り度考へなり。

米国には二千三百万の独系市民ありて、重大なる役割を演ず。日本の米国に求むる所も、これと同様にして、日独は対米態度に於て同様なり。我国も機会を捉へて日米関係の改善を試むべく、独伊系市民を利用することも考へられる」。

御前会議議事録「日独伊三国条約(昭和十五年九月十九日)」。

▼61 前掲書。

▼62 同右。

▼63 三輪『松岡洋右』三六頁。

▼64 御前会議議事録「日独伊三国条約(昭和十五年九月十九日)」。

▼65 対米外交関係主要資料集　第二巻「昭和十五年十月十二日『ルーズヴェルト』カ『デイトン』ヨリ西半球諸国ニ向ケテ放送セル三国条約ニ言及セル演説」(外務省外交史料館所蔵、一九四〇年)。

▼66 瀬島『大東亜戦争の実相』一五二－五三頁。

▼67 服部『大東亜戦争全史』三一頁。

▼68 前掲書、三二頁。

▼69 同右、三一頁。

▼70 同右、三二頁。

▼71 この作戦名は「バルバロッサ(赤ひげの人)」であり、フリードリヒ大王のあだ名だった。

▼72 服部『大東亜戦争全史』三二頁。

▼73 ファイス『真珠湾への道』一一五－一六頁。

▼74 防衛庁防衛研修所戦史室『戦史叢書27　関東軍1　対ソ戦備・ノモンハン事件』(朝雲新聞社、一九六九年)参照。

▼75 「石原莞爾中将回想録」。

▼76 山下中将の報告は、陸海軍の一元化、政治力の強化、対ソ参戦の三点に要約できた。

▼77 種村『大本営機密日誌』九六頁。
服部『大東亜戦争全史』三三頁。

▼78 日本国際政治学会太平洋戦争原因研究部編『太平洋戦争への道　開戦外交史——南方進出』6巻(朝日新聞社、一九八七年)一七頁。

▼79 畑俊六『畑俊六元帥日記』第四巻(防衛省防衛研究所史料閲覧室所蔵、一九四〇年)六月十九日掲載。

▼80 木戸『木戸幸一日記』下巻(東京大学出版会、一九六六年)七九四頁。

▼81 ジョルジュ・カトルー総督は、シャルル・アルセーヌ＝アンリ駐日フランス大使の助言を受け、本国政府に請訓せずして仏印ルートの閉鎖と日本側の軍事顧問団の受け入れを行った。その後、総督は解任された。

▼82 西原機関の存在がある。西原一策陸軍少将を団長として仏印の河内(ハノイ)に派遣された援蔣ルートの監視団。陸軍から二十三名、海軍からは七名が加わり、大本営から正式に派遣され、六月二十九日には現地に着き、監視を開始した。

▼83 『太平洋戦争への道』6巻、一七頁。

▼84 外務省記録「支那事変関係一件　仏領印度支那進駐問題」(外務省外交史料館、一九四〇年)。

▼85 『戦史叢書68　大本営陸軍部　大東亜戦争開戦経緯2』(朝雲新聞社、一九七三年)六一－六三頁。

▼86 前掲書、六四頁。

▼87 同右、九五－九六頁。

▼88 服部『大東亜戦争全史』三三三頁。

▼89 前掲書、三三三頁。

▼90 已むことを得ざる理由なくしての越境は陸軍刑法の「擅権の罪」に問われ、重刑に処せられるのが常だった。しかし当該大隊長は約十ヵ月の勾留の後、精神疾患による指揮不能が越境の原因とされ、不起訴処分とされた。

▼91 『開戦経緯2』一四二頁。

▼92 服部『大東亜戦争全史』三三三頁。

▼93 陸軍参謀次長澤田茂中将「上奏控」(防衛省防衛研究所史料閲覧室所蔵、一九四〇年)。

▼94 『開戦経緯2』一一一頁。

▼95 諒山(ランソン)までを局地と考え、諒山攻略後は同地を確保しようとしていた。

▼96 『開戦経緯2』一三九-四〇頁。

▼97 九月二十五日、富永少将が帰任すると、澤田茂参謀次長から第一部長免職を示達された。富永少将は次長室を出た時には参謀肩章を外していた。富永少将は仏印進駐に関し、現地の作戦を指導すべしという参謀総長の訓令を受けて東京を出発していた。これを広義に解釈し、独断で重大な指示を発した責任を問われたのである。富永は一旦は東部軍司令部付の閑職に回されたが、すぐに中将へ昇進し、陸軍省人事局長に栄進するのであった。

▼98 『開戦経緯2』一四八頁。

▼99 澤田「上奏控」。

▼100 『開戦経緯2』一四一頁。

▼101 ファイス『真珠湾への道』一〇〇頁。

▼102 チャーチル首相は英国議会でこれを発表した。ロバート・クレーギー駐日英国大使は松岡外相に対し、ビルマルート閉鎖に関する日英取極めを更新する意図のないことを通告した。
『開戦経緯2』二八八頁。

▼103 波多野澄雄、戸部良一、松元崇、庄司潤一郎、川島真、川島真『決定版　日中戦争』(新潮社、二〇一八年)一六五-六七頁。

▼104 服部『大東亜戦争全史』三三五頁。

▼105 『開戦経緯2』一五〇頁。

▼106 支那事変処理ニ関スル重要決定「支那事変処理要綱」(外務省外交史料館所蔵、一九四〇年)。

▼107 日本国際政治学会太平洋戦争原因研究部編『太平洋戦争への道　開戦外交史——日米開戦』7巻(朝日新聞社、一九八七年)四〇頁。

▼108 条約第十一号「日満華共同宣言」(国立公文書館所蔵、一九三五年)。

▼109 ロバート・シャーウッド/村上光彦訳『ルーズヴェルトとホプキンズ』(みすず書房、一九五七年)二五三-五四頁。

▼110　武器貸与法の基になったのは、一八五二年に発令された法令だった。それは「(陸軍長官の)自由裁量によって、公共福祉に益すると思われるときに」陸軍長官が陸軍の装備品を賃貸することを議会が容認したものだった。

▼111　第一番目はフランスの敗北、爾後、英本土大空襲、武器貸与法の成立、独ソ開戦、真珠湾奇襲であるとされる。

▼112　一九四〇年十二月十六日、大政翼賛運動に画期的意義を加える臨時中央協力会議が開催され、各地区の代表が集まり、「我等はかしこみて大御心を奉体し、和衷協力、もって大政翼賛の臣道を全うせんことを誓い奉る」と誓ったのである。

▼113　「大政翼賛会の実践要綱」(国立国会図書館所蔵、一九四〇年)。

▼114　近衛『失はれし政治』二六―二七頁。

▼115　十一日高松宮が奉祝会総裁代理(秩父宮は病気静養中だった)を務めた。参会者は約五・五万、まさに空前の盛儀だった。

▼116　閣議決定(新聞発表)「経済新体制確立要綱」(アジア歴史資料センター所蔵、一九四〇年)。

▼117　服部『大東亜戦争全史』四三頁。

▼118　開戦ニ関係アル重要国策決定文書閣議決定「対蘭印経済発展ノ為ノ施策」(外務省外交史料館所蔵、一九四〇年)。

▼119　筒井『戦前日本のポピュリズム』二七六頁。

▼120　服部『大東亜戦争全史』四四頁。

▼121　前掲書、四四頁。

▼122　同右、四四頁。

▼123　同右、五〇頁。

▼124　種村『大本営機密日誌』七五―七六頁。

▼125　半藤『なぜ必敗の戦争を始めたのか』九九―一〇〇頁。

▼126　『開戦経緯3』三三九頁。

▼127　種村『大本営機密日誌』七八頁。

第五章

▼1　木場『野村吉三郎』一五九―六〇頁。

▼2　『開戦経緯3』四五一頁。

▼3　湊川とは建武三年(一三三六年)、後醍醐天皇に反旗を翻した足利尊氏の大軍が京都に攻め入った時、楠木正成は勝ち目のない湊川の戦いに出陣した。天皇に忠節を尽くした故事に則ったものである。

▼4　木場『野村吉三郎』四一八―一九頁。

▼5　前掲書、四二一頁。

▼6　同右、四二九頁。

▼7　フレデリック・モアー/寺田喜治郎・南田慶二訳『日米外交秘史――日本の指導者と共に』(法政大学出版局、一九六一年)一七八頁。

▼8 加瀬俊一『日米戦争は回避できた』二三頁。

▼9 前掲書、二八頁。

▼10 『開戦経緯3』三五五頁。

▼11 『開戦経緯1』一〇三頁。

▼12 『開戦経緯3』三五七－五八頁。

▼13 服部『大東亜戦争全史』五六頁。

▼14 地勢学者のカール・ハウスホーファーの思想である。彼は世界をブロックに分けて考察することを考えていた。

▼15 近衛『近衛日記』一七七－七八頁。

▼16 「正午、松岡外相拝謁の後来室、左の要領の話ありたり。

　対仏印・泰施策要綱の決定当り陸軍は三月末迄と期限を切り度く立案し居りしが、如斯は不可能なりとして反対し、取止めしめたり。

　自分は大体左の如き腹案を以て今後の外交に当る積りにて、大体は今日奏上し置きたり。来る三日連絡会議にて、外相訪独蘇の際携行の案を決定する予定なるが、近く訪独して、ヒトラー、リッペントロップ等と対英作戦の真相を聴き充分打合を為すと共に、蘇に対しても国交調整を為し、而して四月一杯に支那との全面和平を図り度く、然る後に南方に向って全力を挙ぐる積りなり。南方問題の解決なくして支那事変の真の意味の解決はなく、南方問題は真に国運を賭するの大問題なり。従って全国力を揚げて之に当るの態勢を整ふるの要あるべし云々」。木戸『木戸幸一日記』下巻、五八三－八四頁。

▼17 服部『大東亜戦争全史』五七頁。

▼18 三輪『松岡洋右』一七六－七七頁。

▼19 ドイツが示唆したにもかかわらず、外相が独ソ戦を察知できなかったとする書もあるため、真相はわからない。

▼20 服部『大東亜戦争全史』五八頁。

▼21 三輪『松岡洋右』一七三頁。

▼22 服部『大東亜戦争全史』五八－五九頁。

▼23 三輪『松岡洋右』一七八頁。

▼24 前掲書、一八〇頁。

▼25 「日本政府及び米国政府両国間の伝統的友好関係の回復を目的とする全般的協定を交渉し、かつ之を締結するためここに共同の責任を受託する。

　両国政府は両国国交の最近の疎隔の原因については、特にこれを議論することなく、両国民間の友好的感情を悪化するに至りたる事件の再発を防止し、不測の発展を制止することを衷心より希望する。

　両国共同の努力により太平洋に道義に基づき平和を樹立し、両国間の懇切なる友好的諒解を速やかに完成することによって文明を覆滅しようとする悲しむべき混乱の脅威を一掃すること、もしそれが不可能な場合に於ては速やかに之を拡大させないようにすることは両国政府の切実に希望とするところである」。

26 外交資料　日米交渉記録ノ部 日米交渉資料「四月十七日日米両国諒解案四月十七日来電二三四号」(外務省外交史料館所蔵、一九四一年)。

27 岩畔「私が参加した日米交渉」。
「日米両国が相互に対等の独立国であり、太平洋を挟み隣接する強国であると認めた上で、両国政府は恒久の平和を確立し、両国間に相互の尊敬に基づく信頼と協力の新時代を画さんことを希望する。

　その事実において両国の国策が一致したことを闡明する。そして、それに続き、両国政府は各国並びに各人種は相拠りて八紘一宇を為し等しく権利を享有し、相互に利益は之を平和的方法に拠り調整し、精神的並びに物資的の福祉を追求し之を自ら擁護するとともに、之を破壊せざるべき責任を容認することは両国政府の伝統的確信なることを声明する。

　両国政府は相互に両国固有の伝統に基づく国家観念及び社会的秩序並びに国家生活の基礎である道義的原則に保持すべく之に反する外来思想の跳梁を許容せざるの鞏固なる決意を有する」と書かれていた。

28 『開戦経緯3』五二〇頁。

29 服部『大東亜戦争全史』六二一頁。

30 種村『大本営機密日誌』七九－八〇頁。

31 服部『大東亜戦争全史』六二一頁。

32 種村『大本営機密日誌』七九頁。

33 服部『大東亜戦争全史』六二一頁。

34 佐藤賢了『東條英樹と太平洋戦争』(文藝春秋、一九六〇年)一七一－七五頁。

35 『開戦経緯3』五四八－五〇頁。

36 木戸『木戸幸一日記』下巻、八七〇頁。

37 服部『大東亜戦争全史』六二一－六三頁。

38 三輪『松岡洋右』一八一頁。

39 富田健治『敗戦日本の内側――近衛公の思い出』(古今書院、一九六二年)一四二頁。

40 矢部貞治、近衛文麿伝記編纂刊行会編『近衛文麿』下巻(弘文堂、一九五二年)二六一頁。

41 三輪『松岡洋右』一八二頁。

42 富田『敗戦日本の内側』一四二頁。

43 近衛『近衛日記』一九九頁。

44 『開戦経緯3』五六九頁。

45 前掲書、五六九－七〇頁。

46 同右、五六九－七一頁。

47 「たとえ野村大使に示してもリッペントロップから意見がくれば、修正しなければならない。却って後で困るようなことになるかもしれない。また保全上の理由からも適当でないと思う。よって自分の考えで示さないでいる。

（中略）

米の今日までのやり方は正に（欧州）参戦である。日本は大国として当然、抗議して然るべきと思うが、見て見ぬふりをしているのである。ヒトラーも今までは我慢しているが、存外、米に対し起つかもしれない。

ドイツが起った場合、同盟条約によれば日本も当然起つのが正論だと思う。しかし外交から言えばそうもいかない。米を参戦させないで、また米を支那から手をひかせるというのが、今度、自分がやろうとする考えである。従って急かさないでくれ。

米と諒解事項を取り付けたと言っても、それで戦争は防げないかもしれない。米の哨戒が激化すれば、こんな諒解事項なんか吹っ飛んでしまう。その時は米と日本はやらなければならんだろう」。

▼48 種村『大本営機密日誌』八二頁。

▼49 「このため近衛首相は五月十日午前十時、陛下に拝謁し、前日の外相の奏上内容を陛下より承った。それによると、米国が参戦すれば日本はシンガポールを撃たざるべからず、又米国が参戦すれば長期戦となる結果、独ソ衝突の場も予想される。その場合は日本は中立条約を棄てドイツ側に立ち、イルクック（ママ）位迄は行かねばならぬ、というものだった」。近衛『失はれし政治』七二頁。

▼50 「当面第一の問題たる支那事変処理の為には米国を利用する以外に途なく、従って今回の米国の提案は絶好無二機会なるが故に速かに之を進行せしめんとする意図である。

同時に、第一にはドイツが不同視を表明し来りたる場合、第二には我修正案に対し米国が更に再修正をなしたる場合、第三には日米諒解案は成立しても米国が参戦したる場合に起り得べき閣内の意見対立、更に広くは国論の分裂があると考えられる。

首相としては日米交渉を飽く迄成立に迄進む所存なること又ドイツに対する信義といふも自国の利益を捨ててまでも之を守るいはれなきことを言上、能ふ限り円満に事を運ぶ為最善を為すべきも、尚且不可能なる場合には非常の手段を用ふる要あるやも知れず」。

▼51 前掲書、七三頁。

▼52 近衛『近衛日記』二〇四頁。

予想されていたことだが、五月十九日、オットー大使はドイツの回答を待たずして米国へ回答したことに対する本国政府の不満を申し入れてきた。

▼53 『開戦経緯3』五八九頁。

▼54 種村『大本営機密日誌』八三頁。

▼55　服部『大東亜戦争全史』六七頁。
▼56　前掲書、六八頁。
▼57　『開戦経緯3』五八一頁。
▼58　服部『大東亜戦争全史』六八頁。
▼59　前掲書、六九頁。
▼60　『戦史叢書70　大本営陸軍部　大東亜戦争開戦経緯4』(朝雲新聞社、一九七四年)六－七頁。
▼61　前掲書、三九－四〇頁。
▼62　参謀本部『杉山メモ』上巻、二二二頁。
▼63　服部『大東亜戦争全史』七〇頁。
▼64　前掲書、七〇頁。
▼65　同右、七〇頁。
▼66　瀬島は戦後、「米国がいつ石油の対日輸出を禁止するであろうかは、日本なかんずく陸海軍の最大関心事であった。なぜならそれは無条件に戦争を意味するからである」と語った。
▼67　瀬島『大東亜戦争の実相』一八五頁。
▼68　参謀本部『杉山メモ』上巻、二一九－二二〇頁。
▼69　斉藤良衛『欺かれた歴史――松岡洋右と三国同盟の裏面』(中公文庫、二〇一二年)二七八、三一六頁。
▼70　服部『大東亜戦争全史』七一頁。
▼71　松岡外相は、昭和十五年八月三十日に締結された「松岡・アンリ協定」により、日本はこれ以上の要求をしないと言っていた。
▼72　服部『大東亜戦争全史』七二頁。
▼73　前掲書、七三頁。
▼74　同右、七三頁。
▼75　瀬島『大東亜戦争の実相』一六〇頁、二二四頁。
▼76　参謀本部『杉山メモ』上巻、二四八－四九頁。
▼77　前掲書、二四九頁。
▼78　服部『大東亜戦争全史』七五頁。
「一　フランスの領土及び主権の尊重を厳守すること
二　攻撃的防守同盟にあらざること
三　第一項の趣旨を日本政府において特に声明すること。右は現地仏印の無抵抗を命ずるためにも必要なること
四　駐屯の必要解消せば撤廃せられ度いこと」。
▼79　日、仏印共同防衛協定及コレニ基ク帝国軍隊ノ仏印進駐関係　第三巻「仏領印度支那ノ共同防衛ニ関スル日本国『フランス』国間議定書」(外務省外交史料館所蔵、一九四一年)。
▼80　服部『大東亜戦争全史』七五頁。
▼81　日、米外交関係雑纂、太平洋ノ平和並東亜問題ニ関スル日米交渉関係(近衛首相「メッセージ」ヲ含ム)第一巻「昭和十六年七月十五日から昭和十六年七月二十六日」(外務省外交史料館所蔵、一九四一年)。
▼82　前掲書。
『開戦経緯4』三九〇－九一頁。

▼83 服部『大東亜戦争全史』九五頁。

▼84 『開戦経緯1』三二一―三三頁。

▼85 服部『大東亜戦争全史』七六頁。

▼86 前掲書、七六頁。

▼87 『開戦経緯4』九一頁。

▼88 大橋忠一『太平洋戦争由来記』(原書房、一九五二年)一四八頁。

▼89 『開戦経緯4』九二頁。

▼90 服部『大東亜戦争全史』七七頁。

▼91 前掲書、七七頁。

▼92 種村『大本営機密日誌』八六―八七頁。

▼93 服部『大東亜戦争全史』七八頁。

▼94 「昭和十五年十二月十二日、海軍中央部内に海軍国防政策委員会が発足した。略称「政策委員会」と呼ばれた。四つの委員会で構成され、第一委員会は「国防政策・戦争指導方針」、第二委員会は「軍備」、第三委員会は「国民指導」、そして第四委員会は「情報」を担当した。その中で第一委員会は、これまで軍事に関する政策決定の主導権を陸軍に握られていたことに反発し、爾後は自分たちが主導権を握って政策を決定していこうという趣旨の下、実質的な「総司令部」になった」。半藤『なぜ必敗の戦争を始めたのか』八四頁。NHKスペシャル取材班『日本海軍400時間の証言――軍令部・参謀たちが語った敗戦』(新潮社、二〇一一年)九一―九二頁。

▼95 『開戦経緯4』七五頁。

▼96 前掲書、八三頁。

▼97 同右、八四頁。

▼98 服部『大東亜戦争全史』七八―七九頁。

▼99 『開戦経緯4』一六七―七八頁。

▼100 大本営政府連絡会議決定「南方施策促進ニ関スル件」(防衛省防衛研究所史料閲覧室所蔵、一九四一年)。

▼101 参謀本部『杉山メモ』上巻、一七五頁。

▼102 種村『大本営機密日誌』では、及川海相より外相に対し、「南北一緒では自信がないから、余りソ連を刺戟しないようにしてくれと注文が出た」とされている。種村『大本営機密日誌』九二頁。
「独ソ戦が短期に終わると判断するならば、日本が南北何れにも出ないと云う事は出来ぬ。短期間に終わると判断すれば北を先にやるべし。ドイツがソ連を料理した後に対ソ問題解決と云ふても外交上は問題にならぬ。

　ソ連を迅速にやれば、米国は参加しないであろう。米国はソ連を助けることは事実上できぬ。元来米国はソ連が嫌だ。米国は大体において参戦はしない。一部判断違ひがあるかもしれぬが。そこでまず北をやり次いで南に出よ。

仏印に進出することについては、ともすれば英米と戦ふことになるかもしれぬが、二週間に亘る軍備の説明により、仏印進出の必要性はよく分かった。ソ連と戦ふ場合、三、四ヵ月ぐらいなら米を外交的におさへる自信を持ってゐる。統帥部案の如く形勢を観望すると、英米ソに包囲されるだろう。先ず北をやり、次いで南をやるべし。虎穴に入らずんば虎子を得ず。宜しく断行すべきである」。

▼103 参謀本部『杉山メモ』上巻、二四三－四五頁。松岡外相は「昨年暮れまでは先ず南、次いで北と思ってゐた。南をやれば支那は片付くと思ったが、だめだった。北に進みイルクーツクまで行けば宜しかろうし、その半分くらいでも行けば、蔣介石に影響を及ぼし、全面和平になるかも知れない。我輩は道義外交を主張する。三国同盟は止められぬ。(米国との)中立条約は初めから止めて良かった。利害打算はいかぬ。ドイツの戦況がまだ不明の時にやらねばならぬ。また我輩は北を先にやることを決め、ドイツに通告したいと思ふ」と語った。

▼104 参謀本部『杉山メモ』上巻、二四三－四五頁。

▼105 前掲書、二四五－四六頁。

▼106 「現下世界の情勢特に独ソ両国の開戦と其の推移米国の動向、欧州戦局の進展、支那事変処理策の関係を勘案致しまして此の際帝国の執るべき方策を速やかに決定いたしますことは帝国にとりまして正に急務であると存ぜられるのであります。(中略)帝国としては大東亜共栄圏建設の為には依然として当面の支那事変処理に邁進するを要すること当然でありますが、更に自存自衛の基礎を確立するため南方進出の歩を進むる一方、北辺に於ける憂患を芟除せんが為世界情勢特に独ソ戦の推移に応じ、適時北方問題を解決することは帝国国防上は勿論、東亜全局の安定上極めて肝要であると存ずるものであります」。同右、二六一頁。

▼107 「現下の情勢に於て帝国と致しましては重慶政権に対する直接圧迫を増強致しまする反面、南方に進出致しまして重慶政権を背後より支援し其の抗戦意志を弥が上にも増長せしめつつある英米の勢力と重慶政権との連鎖を分断致しまするることは事変解決を促進する為極めて必要なる措置と考へらるるのでありまして今回南部仏印に軍隊を派遣せられますのも此の趣旨に基くもので御座ゐます。尚、米国が対独参戦をなしたる場合或は米英蘭が対日禁輸を実行したる場合若くは帝国の南部仏印方面に対する地歩確立致したる場合等各般の情勢の相関関係を検討致しまして適時重慶政権に対し交戦権を行使し且支那に於ける敵性租界を接収致しまするることは重慶政権の屈服を促進する為有効適切なる措置と存じます。

独ソ戦に対しましては三国枢軸の精神に基き行動すべきは勿論で御座ゐまするが、帝国は目下支那事変の処理に邁進し而も英米との間に機微なる関係にありまするので暫く之に介入せざることが適当と存ぜられまするが、独ソ戦争の推移が帝国の為有利に進展致しましたる場合武力を行使して北方問題を解決し北辺の安定を確保致しまするは帝国として正に執るべき喫緊の方策と存じます。依て之が為必要とする作戦準備を隠密裡に整へまして自主的に対処するの態勢を確立することが極めて肝要と存じます」。同右、二六二頁。

108 「帝国が南方に於ける国防の安定を確立し又大東亜共栄圏内に於て自給自足の態勢を確立致しまする為に南方要域に対し情勢推移と睨み合せつつ政戦両略の施策を統合促進し、以て逐次南方進出の歩を進めますることは現下の情勢に鑑みまして緊要なる措置と存じます。然るに現在英米蘭等の対日圧迫態勢は益々強化せられつつある情勢で御座ゐまするので万一英米等が飽く迄も妨害を続け帝国として之が打開の途なき場合には対英米戦に立ち到ることもあるを予期せられますので之をも辞せざる覚悟を以て其の準備を整へまして先づ第一着手として「対仏印泰施策要綱」及「南方施策促進に関する件」に依り仏印及泰に対する諸方策を完全に遂行致し以て南方進出の態勢を強化することが肝要であると存じます。

米国が参戦致しましたる場合には帝国は三国同盟に基き行動致すべきは勿論で御座ゐまして単に独伊に対する援助義務遂行の見地に止まらず大東亜共栄圏建設の為遂には武力を行使するも施策の完遂を図るべきであると存じます」。同右、二六二－六三頁。

109 「独ソ開戦が日本の為真に千載一遇の好機なるべきことは、皆様も異議ないことと思ふ。ソ連は共産主義を世界に振り撒きつつある故何時かはこれを打たねばならぬ。日本は現在支那事変遂行中なる故ソ連を打つのも思ふやうに行かぬと考へるが機を見てソ連は打つべきものなりと思ふ。国民はソ連を打つことを熱望してゐる。

日ソ中立条約の為に、日本がソ連を打てば背信なりと云うものもあらうが、ソ連は背信行為の常習者である。日本がソ連を打って不信呼ばはりするものはいない。私はソ連を打つの好機の到来を念願して已みませぬ」。同右、二五六頁。

110 服部『大東亜戦争全史』八五頁。

111 国府軍(中華民国軍)第二戦区司令長官閻錫山に対する停戦工作である。

112 『開戦経緯4』二八〇－八一頁。

▼113 服部『大東亜戦争全史』八五頁。

▼114 種村『大本営機密日誌』九七頁。

▼115 服部『大東亜戦争全史』八五頁。

▼116 「不幸にして政府の有力なる地位に在る日本の指導者中には、国家社会主義のドイツ及其の征服政策の支持を要望する進路に対し抜き差しならざる誓約を与へ居るものもある。(中略)斯る指導者達が公の地位に於て斯る態度を維持し、且公然と日本の輿論を上述の方向に動かさんと努る限り、現在考究中の如き提案の採択が希望せらるる方向に沿ひ、実質的結果を収むるための基礎を提供すべしと期待するるは、幻滅を感ぜしむることとなるに非ずや」だった。

▼117 服部『大東亜戦争全史』九〇頁。

▼118 「一 世界は現状維持と現状打破、民主主義と全体主義とがまんじ巴となって戦ってゐる。ハルの対案は現状維持であり、民主主義である。米国が英国及び支那と協議してやったことは申す迄もあるまい。かくして現状維持国は一致して日本圧迫に乗り出すものと思ふ。

二 満州は支那に復帰すべきものであると考えてゐる。本案は、要するに日満華共同宣言を白紙にもどして日支交渉をせよと云ふのである。

三 治安駐兵を認めてゐない。無条件撤兵を目標としてゐる。治安駐兵は、日本の国策として最も重大なる要求である。無条件撤兵すれば、事実問題として支那は共産党と国民党、重慶政府と南京政府とが争闘して非常に紊乱してくる。かくなければ英米が介入することになる。

四 防共駐兵を非認してゐる。日本が今日迄の支那との条約を生かして行こうとしてゐるのに対し、米国はこれを削ってからかかろうと考えてゐる。

五 日本は日支の緊密な提携を企図してゐるのに対し、米国は支那に於ける無差別待遇を主張してゐる。これでは東亜新秩序の建設の如きは不可能である。英米は今日まで援蔣行為を続け、支那に於て将来有利なる地位を確立しようと考えてゐる。

六 日支和平交渉の解決の根本を日米両国で決めて、その範囲内で日支直接交渉をさせようと考えてゐる。即ち東亜の指導を米国に譲ることになり、日本の自主的国策の遂行を妨害する。

七 欧州戦争に対する日米両国の態度に就ては大いに違ふ。要するに米国は参戦するが日本は黙ってゐろとしか見えない。米国は自衛権に就ては非常に広い解釈をしてゐる。而して日本に対しては、三国同盟より脱退せよと云はぬばかりのことを陳べてゐる。こんな考へは当然否定せねばならぬ。

八 日米間の貿易に就ては、事変前の額に釘づけしようとしてゐる。日本の貿易発展を阻止することになる。即ち日本の将来の経済発展を妨害し、米国自体としては東洋の市場を自由に占めることになる」。参謀本部『杉山メモ』上巻、二六五－六七頁。

▼119 前掲書、二七三頁。

▼120 同右、二七〇－七二頁。

▼121 近衛『失はれし政治』九四－九六頁。

▼122 近衛『近衛日記』二二〇頁。

▼123 前掲書、二二二頁。

▼124 同右、二二一－二二二頁。

▼125 種村『大本営機密日誌』九八－九九頁。

▼126 米国は日本及び支那の在米資金を凍結した。しかし大勢（多くの大本営陸海軍部参謀）は南部仏印進駐にとどまる限り全面禁輸はないだろうと判断していた。
前掲書、一〇〇頁。

▼127 半藤『なぜ必敗の戦争を始めたのか』一四四頁。

▼128 服部『大東亜戦争全史』九四頁。

▼129 半藤『なぜ必敗の戦争を始めたのか』二八五－八六頁。

▼130 服部『大東亜戦争全史』九四頁。

▼131 前掲書、九四頁。

▼132 東京裁判におけるローガン弁護人の冒頭陳述「太平洋段階第二部・日本に対する連合国の圧迫」から抜粋した。

▼133 近衛『失はれし政治』一〇二頁。

▼134 「どうしたら、日米交渉問題を打開することが出来るかということは、喫緊の夢寐にも忘れることの出来ない問題であった。そこで私は残された一つの途として、近衛公とルーズベルト大統領との両首脳の直接会談ということを思いついたのである。
（中略）

そこで私は先ずこの案を外交専門家で私の日頃尊敬している伊藤氏に披瀝してその意見を求めた。伊藤氏は『非常な名案である。あなたは実に良いことに思いついた。外交上のことは、我々専門家より却って素人の方が良案を出されるものだ。すぐに総理に進言しましょう』と言い、直ちに総理大臣室にいる近衛公に面談した。近衛公も『それは面白いですな、もうそれ以外途がないかもしれない。陛下より全権を委任されて、アメリカで総てを大統領と直接談判で定めてくる以外、途はありませんね。小村侯になれるなら、有りがたいことだ』と思いなしか、晴れ晴れした顔付きで、直接面談に讃〔ママ〕意を表してくれたのであった」。

富田健治『敗戦日本の内側——近衛公の思い出』一六九頁。

▼135 服部『大東亜戦争全史』九四－九五頁。

▼136 『開戦経緯4』四一一－一二頁。

▼137 近衛『失はれし政治』一〇六頁。

▼138 前掲書、一〇六頁。

▼139 服部『大東亜戦争全史』九六頁。

▼140 前掲書、九六頁。

▼141 『開戦経緯4』四八五頁。

▼142 同右、四八七頁。

▼143 同右、四八八－八九頁。

▼144 種村『大本営機密日誌』一〇六－〇七頁。

▼145 第二十班の八月十五日付「機密戦争日誌」によれば、「右ハ一体如何ナル決意ニ依ルヤ。海軍ハ決意セザル儘徹底的作戦準備ヲ行ハントスルヤ、出師準備ノ演習ヲ行ハントスルニ在ルヤ。不可解至極ナリ」とされる。

『開戦経緯4』四九〇頁。

▼146 前掲書、四九三－九四頁。

▼147 同右、四九三頁。

▼148 種村『大本営機密日誌』一〇九頁。

▼149 『開戦経緯4』五一二頁。

▼150 服部『大東亜戦争全史』九八頁。

▼151 陸海軍案本文は文献として残っていない。

『開戦経緯4』五〇五－〇六頁。

▼152 「日本は各般の方面に於て、特に物が減ってゐる。即ちやせつつある。これに反し、敵側は段々強くなってゐる。時を経れば愈々足腰立たぬ。外交によってやるのは、忍べる限りは忍ぶが、適当の時機に見込をつけねばならぬ。到底外交の見込がないときは、早くしなければならぬ。今ならば勝利のチャンスがあることを確信するも、このチャンスは時と共になくなるのをおそれる。

戦争の見通しに就いては、海軍は短期長期二様に考へる。多分長期になると思ふ。従って長期の覚悟が必要である。敵が速戦速決に来ることは希望するところで、その場合は我近海に於て決戦をやり、相当の勝算があると見込んでゐる。然し戦争はそれで終るとは思はぬ。長期戦となるだらう。この場合も戦勝の成果を利用して長期戦に対応すれば有利である。これに反し決戦がなく長期戦となれば苦痛である。特に物資が欠乏するので、これを獲得しなければ長期戦は成立せぬ。物資を取ることと戦略要点を取ることにより、不敗の備をなすことが大切だ。

敵に王手と行く手段はない。然し王手がないとしても、国際情勢の変化により取るべき手段はあるだらう。要するに軍としては、極度の窮境に陥らぬ時機に起つことと、開戦時機を我方で定め先制の利を占むることが必要であり、これにより勇往邁進する以外に手がない」と理由を述べた。

▼153 『開戦経緯4』五二七頁。

▼154 前掲書、五四一頁。

▼155 参謀本部『杉山メモ』上巻、三一〇－一一頁。

▼156 前掲書、三一〇－一一頁。

▼157 日本国際政治学会『太平洋戦争への道7』二五二頁。

第六章

▼1 「既に御承知の通り帝国をめぐる国際情勢は愈々急迫して参りまして、特に米英蘭等の各国はあらゆる手段を以て帝国に対抗し来り又独ソ戦争の推移長期化するに伴ひ米ソの対日連合戦線の結成せらるるが如き傾向もあるのであります。

此の儘にして推移せむか帝国は逐次国力の弾撥性を失ふに至り惹ては米英等に対して国力の懸隔も甚しきに至ること必至と存ぜらるるのであります。帝国としては此の際一方に於て速に如何なる事態の発生にも応ずべき諸般の準備を完整することが当然でありますが、他面あらゆる外交上の手段を尽して戦禍を未然に防ぐに努めねばなりません。万一右外交的措置が一定期間内に功を奏せざるに至りたるときは自衛上最後の手段に訴うることも已むを得ないと存ずるのであります。

政府と大本営陸海軍部とは此の問題に関しまして協議を重ねて参ったのでありますが今回意見一致致しまして本日の議題『帝国国策遂行要領』を立案することを得た次第であります」。

御前会議議事録「帝国国策遂行要領(昭和十六年九月六日)」(防衛研究所史料閲覧室所蔵、一九四一年)。

▼2 「帝国と致しましては極力平和的手段に依り現下の難局を打開し帝国の発展及安固を将来に確保する途を発見することに努力を傾注すべきであるは勿論のことに存じます。併し乍ら万一平和的打開の途なく戦争手段によるの已むなき場合に対し統帥部として作戦上の立場より申上げますれば、帝国は今日油其の他重要なる軍需資材の多数が日々涸渇への一路を辿り惹ては国防力が逐次衰弱しつつある状況でありまして若し此の儘現状を継続して行きますならば若干期日の後には国家の活動力を低下し遂には足腰立たぬ窮境に陥ることを免れないと思ひます又之と同時に極東に於ける英米其の他の軍事施設及要地の防備並に此等諸国家特に米国の軍備は非常なる急速度を以て強化増勢されつつありまして明年後半期ともなりますれば米国の軍備は非常に進捗し其の取扱ひ困難となるの情勢にあります故に今日何等為す処なく荏苒日を過しますことは現下の帝国に取りて甚だ危険なりと謂はなければなりませぬ従って外交交渉に於て帝国の自存自衛上の已むに熄まれぬ要求すら容認せられず遂に戦争避くべからざるに立到りますならば帝国としては先づ最善の準備を尽し機を失せず決意特に毅然たる態度を以て積極的作戦に邁進し死中に活を求むるの策に出でざるべからずと存じます作戦の見通しに関しましては彼が最初より長期作戦

に出づる算は極めて多いと認められますので帝国と致しましては長期作戦に応ずる覚悟と準備とが必要であります若し彼にして速戦速決を企図し其の海軍兵力の主力を挙げて進出し来り速戦を我に求むることあらば是れ我が希望する処で御座ゐます欧州戦争の継続中なる今日英国が極東に派遣し得る海軍兵力は相当の制限を受くべく従て英米の聯合海軍も之を我予定決戦海面に邀撃する場合飛行機の活用等を加味考量致しまするに勝利の算は我に多しと確信します但し帝国が此の決戦に於て勝利を占め得たる場合に於きましても之を以て戦争を終結に導き得ること能はざるべく恐らくは爾後彼は其の犯されざるの地位、工業力及物資力の優位を恃んで長期戦に転移するものと予想せられます

帝国と致しましては進攻作戦を以て敵を屈し其の戦意を放擲せしむるの手段を有しませず且国内資源に乏しき為長期戦は甚だ欲せざる処ではありますが長期戦に入りたる場合克く之に堪へ得る第一要件は開戦初頭速に敵軍事上の要所及資源地を占領し作戦上堅固なる態勢を整うると共に其の勢力圏内より必要資材を獲得するにあり此の第一段作戦として適当に完成されますならば仮令米の軍備が予定通り進みましても帝国は南西太平洋に於ける戦略要点を既に確保し犯されざる態勢を保持し長期作戦の基礎を確立すること出来ます其の以後は有形無形の各種要素を含む国家総力の如何及世界情勢推移の如何に因りて決せられる処大であると存じます

斯くの如く第一段作戦の成否は長期作戦の成否に大なる関係が御座ゐますが第一段作戦成功の算を多からしむる見地より其の要件と致します所は第一には彼我戦力の実情より見まして開戦を速かに決定致しますこと、第二は彼より先制せらるることなく我より先制すること、第三に作戦を容易ならしむる見地より作戦地域の気象を考慮すること等が極めて必要で御座ゐます。如上の考慮に基きまして重要決意の時機を本案の如く選定致しましたる次第で御座ゐます固より作戦の準備は外交交渉の成行を十分考慮致しまして慎重之を進めて参る所存で御座ゐます

尚一言付け加へたいと思ひますが平和的に現在の難局を打開し以て帝国の発展安固を得る途は飽く迄努力して之を求めなければなりませぬ決して避け得る戦をも是非戦はなければならぬと云う次第では御座ゐませぬ同時に又大阪冬の陣の如き平和を得て翌年の夏には手も足も出ぬ様な不利なる情勢の下に再び戦はなければならぬ事態に立到らしめることは皇国百年の大計の為執るべきに非ずと存ぜられる次第で御座ゐます

本日述べましたる中作戦に関しますることは戦争

避くべからざる場合に対する所見に付之を開陳したる次第であります」。

▼3 前掲書。

「只今軍令部総長の説明には陸軍部としても全然同意で御座ゐます以下主として戦争準備と外交交渉との関係に就て申し上げます

帝国は現下の急迫せる情勢特に帝国国力の弾撥性漸減しつつある実情に鑑みまして今や平和か戦争かを決するの機に到来しつつありますることは裏に近衛総理大臣の説明によりましても明らかなるところでありまして統帥部としては和戦両様の構へに応ずる如く速に所要の作戦準備を整へる必要があるので御座ゐます

此の如く急迫せらる事態に於きまして荏苒時を移し米英の術策に陥り時日を経過しますれば帝国国防弾撥力は漸次減耗すると共に他面米英等の軍備は逐次増強致しまして我作戦は益々困難となり遂に米英よりする障碍を排除するの機を失ふ様な事態に立到ります廣大なるを以て対米(英)戦争遂行に自信のある間に戦争を発起致しまする為予想戦場の天象等を勘案し又動員、船舶の徴傭艤装を行ひ且長遠なる海上輸送を以て戦略要点に兵力の展開を完了する為其の戦争準備完整の時機を十月下旬と致しましたる次第で御座ゐます

而して此際平和か戦争かを決する為外交上最後的手段を尽すべきは申す迄もなきことでありまして此の外交交渉間は我作戦準備の行動が米英を刺戟しまして折角の外交交渉に支障を招くが如き事態に立到らざる様統帥部としては作戦準備の実行に関し慎重を期して居る次第で御座ゐます

然し乍ら某時期に至りまするも外交的に目的を達成する目途なき場合は直ちに対米英開戦を決意して更に戦争準備を促進することが必要で御座ゐます即ち南部仏印に兵を増派致しまする等茲に十月下旬を期して戦争準備を完整せねばならないのであります従ひまして此等軍隊の行動を勘案し遅くも十月上旬には開戦の決意をする必要があると存じます

又帝国の南方作戦間北方に対しましては独ソ開戦後帝国が採りつつありまする対ソ作戦準備を更に強化促進し不測の事態に対応するの態勢を整へますることに依りまして先づ心配はないものと存じます今後に於ける米ソの提携は当然と存じまするが冬季は北方に於ては気候の関係上大なる作戦は至難でありまするのみならず此季節に於て米ソが相提携し一部飛行機又は潜水艦の蠢動することが御座ゐましても実際上軍事的に実力を発揮する公算は少なくありますので此冬季間を利用して南方作戦を速に終結し得れば明春以降北方に対しましては如何なる情勢の変化に

も対処し得るものと感じて居る次第であります之に反し此の季節的好機を逸しますれば南方作戦に伴ふ北方の安固は期し難きものがあるので御座ゐます

最後に特に申し上げ度きは対南方戦争の事態に立到りますれば帝国は速に其の企図を独伊に開示し予め戦争遂行に関する協定を密にし日独伊三国は相協力して戦争目的の完遂を期すべきでありまして如何なる場合に於きまして独伊をしても米英を相手とする単独講和を為さしめざることが戦争指導上特に喫緊の事項と存じます」。

同右。

▼4

「帝国国力の源泉でありまする要員及国民の精神力に関しましては今後帝国が如何なる事態に直面致しますとも不安は無いと存じます

唯だ問題となりますのは主として物資の面でありまず由来我国の経済は主として英米及英勢力圏との貿易の上に発展して参ったのでありまして重要物資の多くは海外の供給に依存していたのであります支那事変発生以来今日の如き最悪の事態が早晩到来致すことを考慮しまして自給圏内に於ける資源の開発と生産力の拡充整備等を図りまして我国経済の逐次対外依存態勢よりの脱却に努めて参ったのでありますが欧州戦乱勃発以来世界情勢の急転特に昨年夏以来の日米間の不円滑は我国生産力の拡充整備充分ならざるにも拘らず急激に英米等よりの依存関係から離脱することを決意せねばならぬことが予想されたのであります之れが為昨年下半期以降は六億六千万円の特別輸入を致しまして重要物資の取得蓄積を致しました一方新に独逸、ソ連等との経済関係を活用し其の欠を補はんと致したのであります

然るに本年六月独ソの開戦を見るに及びまして此種補正も断念せねばならぬ状態と相成りました

茲に於きまして帝国の国力の物的弾力性は一に帝国自体の生産力と皇軍の威力下にありまする満州、支那、仏印、泰の生産力に依るの外予ねて備蓄せる重要物資に依存することとなったのであります

従ひまして今日の如き英米の全面的経済断交状態に於きましては帝国の国力は日一日と其の弾撥力を弱化して参ることとなるのであります

最も重要なる関係に在ります液体燃料に就きましては民需方面にありまして極度の戦時規正を致しましても明年六、七月頃には貯蔵が皆無となる様な状況でありますす夫れでありますから左右を決しまして確乎たる経済的基盤を確立安定致すことが帝国の自存上絶対に必要と存ずるのであります

万一武力により之が確立を図らねばならぬこととなりますれば海上輸送力其他諸般の関係から致しまして我が国の生産力は一時総じて現生産力の半ば程

度に低下致すことが予想致されるのであります」。
▼5 同右。
▼6 『開戦経緯4』五五二‐五三頁。
▼7 参謀本部『杉山メモ』上巻、三一一‐一二頁。
▼8 『開戦経緯4』五五三‐五四頁。
▼9 参謀本部『杉山メモ』上巻、三一一頁。
▼10 『開戦経緯4』五五六頁。
▼11 服部『大東亜戦争全史』一〇四頁。
▼12 前掲書、一〇五頁。
▼13 同右、一〇五頁。
▼14 『戦史叢書76 大本営陸軍部 大東亜戦争開戦経緯5』（朝雲新聞社、一九七四年）三八頁。
▼15 前掲書、三八頁。
▼16 服部『大東亜戦争全史』一〇七頁。
▼17 前掲書、一〇五頁。
▼18 『開戦経緯5』二七六頁。
▼19 参謀本部『杉山メモ』上巻、三四〇頁。
▼20 木戸は「九月二十六日午後四時より近衛首相は木戸内大臣と懇談した。『軍部に於て十月十五日を期し是が非でも戦争開始と云ふことなれば、自分に自信なく、進退を考ふる外なし』と苦衷を述べられし故、切に慎重なる考慮を希望す」と日記に記している。
木戸『木戸幸一日記』下巻、九〇九頁。
『開戦経緯5』五七頁。
▼21 前掲書、五七頁。
▼22 同右、七五頁。
▼23 服部『大東亜戦争全史』一〇八頁。
▼24 参謀本部『杉山メモ』上巻、三四二‐四三頁。
▼25 佐藤早苗『東條英機「わが無念」』（光文社、一九九一年）一五一頁。
▼26 前掲書、二〇九‐一〇頁。
▼27 『開戦経緯5』九四‐九五頁。
▼28 種村『大本営機密日誌』一一七頁。
▼29 『開戦経緯5』一〇四頁。
▼30 田中『田中作戦部長の証言』二六九‐七〇頁。
▼31 『開戦経緯5』一〇七頁。
▼32 前掲書、一〇八頁。
▼33 参謀本部『杉山メモ』上巻、三四三頁。
▼34 前掲書、三四五‐四七頁。
▼35 近衛『近衛日記』一三三頁。
▼36 近衛『失はれし政治』一三一‐三三頁。
▼37 前掲書、一三二‐一三三頁。
▼38 参謀本部『杉山メモ』上巻、三四七‐五〇頁。
▼39 中国内陸部に位置する昆明は援蔣・仏印ルートの中継点である。昆明を押さえれば、米国は中国に支援物資を輸送できない。そのため日本陸軍が一時検討した昆明奪取に向けた作戦のことである。
▼40 近衛『近衛日記』一三五頁。

▼41 前掲書、一三七－三九頁。

▼42 田中『田中作戦部長の証言』二九七－九九頁。

▼43 『開戦経緯5』一六二頁。

▼44 「昭和十六年(一九四一年)十月十七日の午後のことである。参謀総長杉山大将と懇談中であった東條陸相に宮中からお召しがあった。陸相はただちに近衛内閣倒閣の直接原因となった陸軍の要望事項を説明できるよう整理するとともに、立ち上がると、参謀総長に『やがて、あなたにもお召しがあるだろうから予め準備しておかれたらよいだろう』といい残し、私を伴ってただちに参内した。

　拝謁の前に、木戸内大臣から『今日は御椅子を賜りません』といわれ、いよいよ近衛内閣辞職に対する『お叱りかな』と陸相は独語し、恐る恐る御前に出た。従来上奏後は椅子を賜り、いろいろと御下問に対して御懇談申し上げるのが例だった。それゆえ、陸相は悲痛な覚悟を決めていたのである。

（中略）

　私は待合いの室でしばらく東條陸相が御前を下って来るのを待っていた。随分長時間待ったような気がする。退出して来た東條さんは口を一文字にして何も話をしてくれなかった。そして、車に乗ったら、ただちに明治神宮に参拝するといっただけで、また黙り込んでいた。

　明治神宮につづいて東郷神社にも参拝した。神主たちは夕刻の突然の参拝に、一応ならず狼狽していた。私がどうかしたのかと聞く余裕も与えてくれず厳しい顔をして、陸相は終始黙り込んでいた。つづいて靖国神社を参拝すると命じ、その途中で私はやっと『どうされたのか』と質問したのである。

　『大命を拝したのだ。予想もせず、恐懼して奉答もできないでいたら、お上から暫時猶予を与える、及川海相と木戸とよく相談して組閣を準備するようにと仰せ出され、ただただ恐れ入り、この上は神霊の御加護によるほかはないと信じて、まずかくは参拝するわけである』と陸相は答えてくれた。

　東条は陸軍を唯一人統制できると考えられていた。昭和天皇もそのようにお考えのようだった。しかし、戦後、御自らの考えを見込み違いだったと自戒されていたという。戦争に逸る陸軍の統制ができなければ、戦争へ突入するだけだった。東條自身は『神の御加護によるほかない』と思っていた。追い詰められていた。日本の舵取りを任せられた首相の苦しい立場がにじみ出ている。また東條自身は次のように述懐する。

　大東亜戦争勃発直前、帝国は尚不幸なる日支戦継続中にして、既に四年有余に及びたり、其の間帝国は東亜の安定を確保し以って、世界の平和に寄与し万邦をして各々、その所を得しむる国是に基づき速かに日支間に平和克服の方途を講ずると共に、戦禍の拡大を防止せんと終始真摯なる努力を尽せり」。赤松貞雄『東條秘書官機密日誌』（文藝春秋、一九八五年）二六－二七頁。

▼45 服部『大東亜戦争全史』一一一頁。

▼46 『開戦経緯5』一七三頁。

▼47 木戸『木戸幸一日記』下巻、九一七頁。

▼48 参謀本部『杉山メモ』上巻、三六三頁。

▼49 田中『田中作戦部長の証言』三一〇－一一頁。

▼50 『開戦経緯5』二〇八－〇九頁。

▼51 前掲書、二一四頁。

▼52 参謀本部『杉山メモ』上巻、三六〇－六一頁。

▼53 前掲書、三六二頁。

▼54 服部『大東亜戦争全史』一一四頁。

▼55 『開戦経緯5』二四一頁。

▼56 服部『大東亜戦争全史』一一五－一七頁。

▼57 参謀本部『杉山メモ』上巻、三七五頁。

▼58 服部『大東亜戦争全史』一一七頁。

▼59 前掲書、一一七頁。

▼60 同右、一一八頁。

▼61 同右、一一九頁。

▼62 「今戦争をやらねばならぬとの意志は、永野軍令部総長は強固で明白である。然し第三年以降の戦争の見通しは不明であるとつっぱねてゐる。嶋田海相は、永野総長の言ふ如く今やるより外なしと考へて居る様だが、積極的には発言しない。

　杉山参謀総長は、戦機は今であり、陸軍作戦は、海軍の海上交通確保と相俟って、占領地確保に自信ありと強く言ふ。

　東郷外相、賀屋蔵相は最後迄、数年先の戦争の見通しが不明であるから決心し兼ねるとて、大体臥薪嘗胆の考へらしく看取せられた。鈴木企画院総裁は外相及び蔵相に対し種々心配はあるだらうが、今戦争を決意する以外に手段がない、又物的関係よりも今戦争する方が宜しいと説いてゐた。

　一般に長期戦になっても大丈夫、戦争を引き受けると云ふ者はなかった。誰もが戦争の前途に不安を持ってゐた。そこで何んとかして平和に行く方法はないかと云ふ考へがあった。然し、現状維持の不可であることは明かであった。結局已むに已まれず、外交決裂すれば戦争と云ふ結論に落着いた。

　自分としては、日米戦争は避けられぬと思ふ。時期は今である。今やらなくても来年か再来年の問題である。時は今だ。神州の正気はこの場合に必ず光を放つ。戦って南方に出る方が、国防国策遂行上前途に光明がある。

　而して戦争の終結に就ては、日本の南進により独伊をして英を屈服せしむる算が大となる。支那を屈せしむる公算も、現在よりは大となる。次にはソ連の屈服と云ふことも考へられる。南を取れば米国の国防資源にも打撃を与へることが出来る。即ち先づ西太平洋及び東亜の大陸に鉄壁を築き、その中で亜細亜の敵性国家群を各個に撃破し、他面米英打倒に努むべきだ。英国が倒れれば、米国も考へるだらう。五年先きはと問はれても、作戦、政治、外交、何れもみな不明と云ふより他にない」。

▼63 『開戦経緯5』二四九－五〇頁。

第七章

▼1 杉山参謀総長は「東條はいつの間にか、どうしてあんなに御上の御信任を得たのだろうか」と感心しながら語ったという。

▼2 『開戦経緯5』二六一頁。

▼3 服部『大東亜戦争全史』一二一頁。

▼4 前掲書、一二二頁。

▼5 「九月六日の御前会議に於きまして、帝国国策遂行要領を議せられ、帝国は自存自衛を全ふする為対米（英、蘭）戦争を辞せざる決意の下に概ね十月下旬を目途として戦争準備を完整し之に併行して米、英に対し外交の手段を尽して帝国の要求貫徹に努め、尚外交交渉に依り十月上旬頃に至るも、我要求を貫徹し得る目途なき場合に於ては直ちに対米（英、蘭）開戦を決意する旨御聖断を仰ぎました。

爾来政戦両略緊密なる連繋の下に、特に力を対米交渉の成功に傾けられましたる次第で御座ります。

此の間帝国と致しましては、実に忍ぶべきを忍んで交渉の妥結にと努めて参りましたが、未だ米側の反省を得るに至らず、日米交渉継続中に内閣の更迭を見るに至った次第で御座ります。

政府と大本営陸海軍部とは、九月六日御決定の帝国国策遂行要領に基き、更に広く且深く之を検討することとし、前後八回に亘り連絡会議を開催致しましたる結果、今や戦争決意を固め、武力発動の時機を十二月初頭と定め、之に基き只管作戦準備を完整すると共に尚外交に依る打開の方策を講ずべしとの結論に意見一致しました。依って『帝国国策遂行要領』に付御審議を御願ひ致します」。御前会議議事録「帝国国策遂行要領（昭和十六年十一月五日）」其の一（防衛省防衛研究所史料閲覧室所蔵、一九四一年）。

▼6 「謹んで按じまするに、帝国対外国策の要諦は、正義と公正とに立脚する国際関係を確立し、仍て以て世界平和の維持増進に貢献せんとするものであります。

一　由来支那事変の完遂と大東亜共栄圏の確立とは、

帝国の存立を保障すると共に東亜安定の礎石たるものでありまして、帝国は之が遂行に当りましては、如何なる障碍をも排除すべき覚悟が必要であります。昨年十一月三十日日支基本条約の成立と共に、帝国は南京政府を承認し、茲に支那事変は一段階を画したのであります。爾来同政府の育成強化に協力しつつ、他面蔣介石政権に対しましては、引き続き、武力的圧力を加へ、其の反省を促したのでありますが、聖戦四年有半今尚抗戦を持続して居りまする所以のものは、英米等の援助に俟つこと極めて大なるは明かなる事実であります。

二　支那事変以来、英米両国政府は、帝国の大陸発展を曲解し、一方に於て援蔣の行為に出づると共に、他面帝国に対しては、或は現地行動を牽制し、或は経済的圧迫を加重する等の措置に出でたのであります。東亜に於て最も権益を扶植して居りました英国が、当初より凡ゆる妨害手段を講じましたことは勿論、之と呼応して米国は、日米間通商条約の廃棄、輸出入禁止制限等日と共に対日圧迫を強化するに至りましたが、殊に帝国が独伊と三国同盟を締結致しまして以来は、自ら英、蘭を誘導し、蔣政権と協力して、所謂対日包囲陣を形成する等の手段に出で、独ソ戦開始後に於きましては、帝国政府の警告にも拘らず、極東を通ずる石油其の他軍需必要物資の対ソ供給に依り、帝国に対し非友誼的行為を敢えてするに至りました。帝国が自衛と防護の為に、将又支那事変遂行の必要の為、友好的商議に依りフランス政府と条約を締結して、仏印に兵力を進駐せしめまするや、米国の行動は愈々露骨となりまして、資金凍結の名の下に、事実上中南米をも含む対日経済断交の挙に出でましたのみならず、英、支、蘭等と提携して、帝国の生存を脅威すると共に、其の抱懐する国策の遂行を阻止せんとする態勢を強化するに至りましたので、東亜安定の勢力としては、毅然たる態度と決意を以て局面打開に当らざるを得ざることとなりました。

三　ルーズベルト大統領は、其の国策として其の所謂ヒトラー主義即武力政策の排撃を強調し、之が為経済的に有利なる米国の立場を利用しつつ、殆ど参戦同様の援英政策を実施すると共に、前述の如く強硬なる対日圧迫政策を執るに至りました。偶々本年四月中旬、日米国交の一般的調整に関し非公式話合が開始せられましたが、帝国政府は東亜の安定と世界平和の招来を願念し、最も真摯且公正なる態度を以て交渉を継続致しました。爾来今日迄六箇月有余の久しきに亘り、忍耐と互譲の精神とを以て交渉の円満なる妥結を努め、特に前内閣に於きましては、両国首脳者会談に依り局面の打開を計らんと凡ゆる誠意を披瀝し、努力を傾倒致し、九月下旬国交調整の為めの妥協案を提示致しましたが、米国政府は態度頗る強硬を極め、殆ど最初の原案とも申すべき六月二十一案を固執して、一歩も歩み寄りを示すに至らぬ次第であります。最近前内閣成立後の話合に於きましては、米国側は相当妥協の気持を示し居るやの観測的報告はありまするが、実質的には何等の譲歩を示さざるのみならず、南方軍事施設の強化、財政援助、武器供給、軍事使節団の派遣等援蔣を促進し、新嘉坡『マニラ』に於ける軍事当局の会合を初めとし、『バタヴィア』香港等に於ても頻々として軍事的経済的会談を重ね、対日包囲強化の措置行動は目にあまるものがあり、依然として誠意の認むべきものは殆どなく、従って交渉も遺憾ながら此の儘では急速に妥結の見込は先づなきものと判断せざるを得ないのであります。而して六月二十一日案なるものを仔細に検討致しまするに、中には帝国に於て受諾し差支無き点もない訳ではありませぬが、之を全般的に観察致しますれば、九国条約の再認識となり、実に満州事変以来多大の犠牲を払ひ遂行し来りました帝国の政策を逆転せしめ、延ては東亜に於ける新秩序建設の針路を遮断し、同地域に於ける帝国の指導的地位に動揺を来す懸念尠からざるものが御座ゐます。

四　之を要しまするに、現下の国際情勢は、東亜に於ては英米の援蔣政策と所謂英米蘭蔣政権一体の対日包囲陣攻勢とは逐次強化せられ、又ソ連政権も英米の支援に依って漸次極東方面に其の余勢を張らんとする可能性もありまして、為に帝国の意図する事変の解決と東亜新秩序の建設とは、共に其の根底を脅かされんとする虞なしと致しませぬ。尚又欧州の戦局は、独伊が大陸制覇を為し遂げ第一段の目的を達成し得るとするも、長期戦の様相を呈しまするも、全局の収拾又急速に期待し得ず、長期戦の様相を呈しまするも、全局の収拾又急速に期待し得ず、独伊の帝国に対する協力は実際に於て多きを期待し得ざる実情に在りと申さなければなりませぬ。

惟ふに形勢は逐日急迫を告げつつありまして、日米交渉は時間的にも著しく制約を蒙り居り、従って遺憾乍ら其の間外交的施策の余地に乏しいのであります。且又日米諒解案成立の際にも米国側の国内手続上の問題もあり、交渉妥結は焦眉の急を要しまするので、極めて困難なる状況の下に折衝を致さねばならず、旁々其の円満成立を期待し得る程度小なるは甚だ遺憾であります。併し帝国政府と致しましては、此の際努力を傾注して本交渉の急速妥結に努る次第でありまして、茲に帝国の名誉と自衛とを確保し得る限度を堅持する二案を以て交渉を為したい次第であります。即ち第一案は、九月二十五日案中従来懸念となって居りました㈠支那に於ける駐兵及撤兵㈡日独伊三国同盟の解釈及履行及㈢国際通商の無差別原則に関しまして、米側の希望を斟酌し可能なる限り之を歩み寄りたるものであります。又第二案の内容は、大体南西太平洋地域に武力的進出を為さざること及同地域に於ける物質獲得に関する協力を相互に約すること、米側が日支和平を妨害せざること、資金凍結令の相互解除等を取極めたものであります。最後に付言し度いことは、本交渉成立の際は、帝国政府が執りましたる非常措置は何れも当然之を旧に復すべきものとの諒解に基きまして、折衝に臨まんとすることで御座ゐます。

尚、不幸にして本交渉妥結を見ざる際は、帝国は独伊両国と協力関係を益々緊密ならしめ、各種時宜の措置を講じ万違算なきを期する所存であります」。

前掲書。

▼7 「支那事変を戦ひつつ更に長期戦の性格を有しまする対英米戦を行ひ、長期に亘り戦争の遂行に必要なる国力を維持増進致しますことは、中中容易なことではなく、万一天災等不慮の出来事でも起りますれば、益々其の困難の度を増しますことは明かであります。然し緒戦に於ける勝利の確算が充分でありまする故、此の確実なる結果を活用し、他方一死を以て困難に赴かんとする国民志気の昂揚を、生産各部面は勿論消費其の他各般の国民生活の部面に展開致しまするならば、座して相手の圧迫を待つに比しまして、国力の保持増進上有利であることと確信致すのであります。

臥薪嘗胆の場合については、之を要するに、現状を以て進みますことは、国力の物的部面の増強のみに就て見まするも、頗る不利なるものあるやに察せられるのであります」。

同右。

▼8 「枢相：二千六百年の皇室を戴く国民なるが故に一心となって今日迄四ヵ年こたへて来て居る。英の如きは既に厭戦の気があるが如し。ドイツの如きもどうかと思ふ。伊国の如きも反戦運動もあるが如し。我国に於ては皇寧戴く国体淵源する結果なりと思ふ。されされればとて国民としては速に支那事変を解決し度い。之が見込つかずに大国たる米国と戦争すると言ふことは、為政者として考へなくてはならぬ。本日の説明によると、米国の態度は却って益々強硬となり、今後の交渉も望み薄と見て甚だ遺憾に思ふ。然し乍ら、米国の云ふことを其の儘受け入れることは、国内事情から見ても国家の自存自立の見地から見ても不可であって、日本の立場は固守せねばならぬ。

承れば日支問題交渉の重点であって、米国は恰も蔣政権の代弁なるやの疑がある。蔣介石が米国の力を頼み日本と交渉するとすれば、到底二、三箇月で交渉が成立するとは思はれぬ。米国が日本の決意を見て屈すれば結構だが、先づ絶望と思はれる。寔に已むを得ぬと思ふ。然らばとて現状の儘進むことは出来ない。今を措いて戦機を逸しては、米国の頤使に屈するも已むないことになる。従って米国に対し開戦の決意をするも已むなきものと認める。

　初期作戦は心配なく、先きになると困難を増すとのことであるが、何んとか見込があると云ふので之に信頼する。此の際政府当局に一言すれば、日米英戦ふと云ふことは、支那事変も其の一つの原因だが、他の一つは独英戦との関係からである。支那事変だけでは今日の如くならなかったと思ふ。茲に牢記すべきは、白人対黄色人の観点から、日本が参戦した場合独英独米の関係が如何に推移するかの点である。

　ヒトラーも日本人を二流人種だと云って居り、独逸としては未だ米国に対し直接宣戦してゐない。日本が米国に宣戦した場合、米国民の心理としてはヒトラーを悪むよりも日本に対する憤慨の方が大きいであろう。

　在米独人は米独の和平を招来させようと考へてゐる。従って日米開戦となれば、独英、独米間の話がつき、日本だけ取り残されることになるかも知れぬことを虞れる。即ち米国人のヒトラーに対する憎悪が、黄色人種たる日本人に対する憎悪に転化し、英米の対独戦争が日本に向けられる結果となることを覚悟しなければならない。

　政府は人種的関係を深く考慮し、アリアン人種全体より包囲され、日本独り取り残されぬ様警戒され度い。就ては今より独伊との関係を強化することが必要である。而もそれは単なる紙上の約束では不可である。以上当局者の注意を喚起し今後の国際情勢に善処されんことを切望する。

首相：枢相の御説は御尤もである。政府としては前回の御前会議以来何とかして日米交渉を打開し度い切なる希望を捨ててゐない。

　交渉殆ど見込なしとの事故、統帥上からすれば一途に作戦に入るのが当然であるが、何んとか交渉打開の途あればとて、作戦の不自由を忍んでも交渉を続けるべく、本案の如く外交と作戦の二本建としたのである。若干の交渉成立の見込はあると考へる。

　元来、日米交渉に米国が乗って来たのは弱点があるからである。即ち両洋作戦準備の未完、国内体制の強化未完、国防資源の不足等それである。この案に依って日本軍が展開位置に就く事になれば日本の決意は米側に分る。米国は元来日本が経済的に降伏すると思ってゐるのであらうが、日本が決意したと米国が認めれば其の時機こそ外交の手段を打つべき時だと考へる。

私は此の方法だけが残ってゐると思ふ。それが本案である。之が原枢相の申された外交で行くと云ふ最後の処置である。此の事態となっては本案より仕方なしと考へる。

長期戦となれば幾多の困難と不安がある。然し此の不安があるからとて、現在の如く米国のなすが儘のことをさせて如何になるであらうか。二年後に油はなくなり、船は動かず、南西太平洋の敵側の防備は強化され、米艦隊は増強し、支那事変は依然として解決しない。

国内の臥薪嘗胆も長年月に亘り堪へることは不可能であり、日清戦争後とは趣を異にする。座して、二、三年を過せず三等国に顚落することなきやを虞れる」。

▼9 同右。

日、米外交関係雑纂、太平洋ノ平和並東亜問題ニ関スル日米交渉関係(近衛首相「メッセージ」ヲ含ム)第二巻「昭和十六年八月一日から昭和十六年八月五日」(外務省外交史料館所蔵、一九四一年)。

▼10 瀬島『大東亜戦争の実相』二五七－五八頁。

▼11 前掲書、二五八頁。

▼12 コーデル・ハル「コーデル・ハル回想録」(朝日新聞社、一九四九年)一六七頁。

▼13 瀬島『大東亜戦争の実相』二五九頁。

▼14 『開戦経緯5』四五三頁。

▼15 前掲書、四三六－三八頁。

▼16 同右、四三八頁。

▼17 同右、四三九頁。

▼18 服部『大東亜戦争全史』一二五頁。

▼19 『開戦経緯5』四四一－四二頁。

▼20 服部『大東亜戦争全史』一二五頁。

▼21 『開戦経緯5』四五一頁。

▼22 服部『大東亜戦争全史』一二六頁。

▼23 前掲書、一二六頁。

▼24 同右、一二六頁。

▼25 『開戦経緯5』四五七頁。

▼26 服部『大東亜戦争全史』一二六頁。

▼27 前掲書、一二六頁。

▼28 『開戦経緯5』四四七頁。

▼29 服部『大東亜戦争全史』一二七頁。

▼30 前掲書、一二七頁。

▼31 同右、一二七頁。

▼32 「聖戦実にに四ヵ年半、足掛け五年も大規模の戦争を続けて、壊滅の一途を辿りつつある瀕死の蔣介石政権が、今なほ一縷の余喘を保って頑張ってゐる原因は、ただ米国を中心とする敵性国家群の、陰険にして執

拗なる後援があるためのみである。

かれ等は、常に蔣介石をロボット〔化〕して、わが聖戦完遂の邪魔をしてゐるばかりではない。泰国の内政にも干渉してゐる。ビルマに強圧を加へて抗日の足場にしてゐる。蘭印を利用して必要物資の供給を拒絶せしめてゐる。シンガポール、グワム、フィリッピン、ハワイ島等太平洋を繞る有ゆる地点の防備を不当に強化して、無益の威嚇をなしてゐる。

平穏静謐であるべき太平洋の波浪をことさらにわき立たせて、一触即発の危機を醸成し、ペルリ（ペリー）来訪以来一世紀の長きにわたる日米の国交を、一朝にして破壊に導かんとしつつある。

（中略）

そもそも民族の自給自足、大東亜共栄圏の確立、即ち平和的に経済的に東亜の諸民族諸国家が、有無共通、連絡結合して共存共栄の平和境を確立し、よってもって世界平和の顕現に貢献せんとする、皇国の正しき主張のどこに、侵略的意図を見ることが出来るか、これを否定し、これを妨害せんとするところに米国政府の無理がある。

（中略）

吾々は固より争を好む者ではない。戦争はすでに五年もやってゐる、その上米英相手の戦争の如き、固より好むところではない。故に話の余地ある限り最後まで話して見るのも宜しからう。しかし仏の面も三度といふことがある。

聖人は二度すれば可なりとさへ教へてゐられる。正義を蹂躙し、好意を無視し、独立を脅威し、進路を遮断せられても、なほかつこれを甘受し、侮辱や威嚇に屈服して自滅を待つが如きは、吾々の正義感、我々の愛国心が絶対にこれを許さぬのである。

凡そ話をしても解らぬ者には尚解らせる方法工夫がある。しかし解ってをりながらなほ解らぬというて、理屈を捏ねて止まざる者に対してなすべきことは、ただ一つあるのみではないか。

（中略）

政府の人達の中には、ややもすれば国民大衆がいまだに時局認識に徹底してをらぬかの如くに考へてをらるるやうであるが、それこそ大なる誤りである。

政府の人々は果して、如何に吾々国民が押し詰められた気分になり、どうしてもこの重圧を押し徐けて、天日を見ねば止まぬといふ意気に燃えてゐるかといふことを認識してをられるか。国民はみんな大きな火事に焼かれつつあるやうな気分に駆られてをる。

目に見えざる空襲に攻められてをるが如き気分に充ち、政府当局にして一度大磐石の決心をもつ前進一歩するならば、電光石火瞬時にこれに呼応して邁進するの覚悟をして居ることが判ってをられるか。

ここまで来ればもはや遣る以外はないといふのが全国民の気持ちである。

　吾々国民はこの戦争を戦ひ抜かなければ、浮かぶ瀬はないと考へてゐる。いはゆる聖戦三昧に入ってゐる。それは吾々の愛情おかざる子弟が護国の干城となって第一線にいのちがけの活躍をしてゐからといふばかりではない。公債のふえるのも戦争のためである。

　税金の昂まるのも戦争のためである。生活物資の不足も窮屈もみな戦争のためであって、今や如何なる苦労艱難がこの上如何ほど重なりかかろうとも、どこまでもこの戦争を戦ひぬき、戦争に勝ち抜くに非ざれば、平和も幸福も栄光も望み得ないといふことを、十分十二分に自覚し覚悟してをるからである。

　此の緊迫し緊張せる気持から、国民はこの新内閣、即ち東條将軍の新内閣に対して、大なる期待をかけ、今度はやるだらうと思うて真剣になり、必死になり、支援もし、協力もし、鞭撻もしようといふ気持を旺溢させてをるのである。

　内閣の諸公は、よろしくこの国民の熱烈水火を辞せざるの気持を、国家の為に善用せらるべきである。ものには機会がある。鉄は白熱の時に打たねば駄目である。かやうな意味に於て吾々は、政府が戦争目的遂行の一本槍でやって行かるることを希望する。道草を喰ふことは止めて貰ひたいのである。

（中略）

　吾々はこれまで、幾度も幾度も不退転の決意をもって邁進するといふが如き意味の言葉をきいた。昨日の議場に於てもこれを聞いた。しかし決意は実行ではない。吾々が危んでるのは、決意の固からざるにはあらずして、決意の牢固たる実証すべき実行が示されないところにある。

　政府は我国家国民のために、何を惲り何を恐れるのであるか。我等の惲り恐れるところは、取りも直さず相手もまた惲り恐れるところであることを知るべきだ。一度起って戦ふ時、人命を損傷し、物資を消耗するのは我方ばかりでない。吾々はすべからく今の機会に於て、所謂敵性国家に於ける政界財界の曲解者等をして、苛烈なる実物教育を受けしむべきである。

　しかしこの実物教育を通じて戦争が双方に人的並に物的の大犠牲を必然とすることを知らしめ、あはせてその国の国民大衆をして、彼等の驕慢なる指導者の指導教唆によって、彼等が戦争渦中に捲き込まれたる時、彼等の独立にも、自存にも直接関係なき戦争の犠牲となる者が、彼等の指導者に非ずして、かへって彼等被指導国民大衆自身なることを徹底的に知らしむるに非ざれば、太平洋の和平静謐は得て望むべからずと考へる。

　近衛首相は日米交渉に関する例のメッセージにおいて、太平洋の癌といふ言葉を用ひられたと聞いてゐるが、果していはゆる癌なるものが太平洋にありとするならば、その癌たるや、実は太平洋上にあるのではなくして、アメリカ人、ことにアメリカの現在の指導者その人達の心の裡にあることを知らねばならぬ。

　この癌に対しては、断固として一大メスを入るるの必要がある。それは我々の責任である。肇国の昔より永遠の招来にわたる、大日本帝国の現在を負担するところの、現在国民たる我々の、最大最重の責務である。政府は果して我々をして何時そのメスを振はしむるか」。

同右、一二七－一二九頁。

▼33 三輪『再考・太平洋戦争前夜』八八頁。

▼34 「極秘」「試案であり決定案ではない」

「合衆国及日本国間協定の基礎概略

第一項　政策に関する相互宣言案

合衆国政府及日本国政府は共に太平洋の平和を欲し其の国策は太平洋地域全般に亘る永続的且広汎なる平和を目的とし、両国は右地域に於て何等領土的企図を有せず、他国を脅威し又は隣接国に対し侵略的に武力を行使するの意図なく又其の国策に於ては相互間及一切の他国政府との間の関係の基礎たる左記根本諸原則を積極的に支持し且之を実際的に適用すべき旨闡明す

㈠　一切の国家の領土保全及主権の不可侵原則
㈡　他の諸国の国内問題に対する不干与の原則
㈢　通商上の機会及待遇の平等を含む平等原則
㈣　紛争の防止及平和的解決並に平和的方法及手続に依る国際情勢改善の為め国際協力及国際調停遵拠の原則

日本国政府及合衆国政府は慢性的政治不安定の根絶、頻繁なる経済的崩壊の防止及平和の基礎設定の為相互間並に他国家及他国民との間の経済関係に於て左記諸原則を積極的に支持し且実際的に適用すべきことに合意せり

㈠　国際通商関係に於ける無差別待遇の原則
㈡　国際的経済協力及過度の通商制限に現はれたる極端なる国家主義撤廃の原則
㈢　一切の国家に依る無差別的なる原料物資獲得の

原則

(四)　国際的商品協定の運用に関し消費国家及民衆の利益の充分なる保護の原則

(五)　一切の国家の主要企業及連続的発展に資し且一切の国家の福祉に合致する貿易手続に依る支払を許容せしむるが如き国際金融機構及取極樹立の原則

第二項　合衆国政府及日本政府の採るべき措置

合衆国政府及日本国政府は左の如き措置を採ることを提案す

一　合衆国政府及日本政府は英帝国支那日本国和蘭蘇連邦泰国及合衆国間多辺不可侵条約の締結に努むべし

二　当国政府は米、英、支、日、蘭及泰政府間に各国政府が仏領印度支那の領土主権を尊重し且印度支那の領土保全に対する脅威発生するが如き場合斯る脅威に対処することに必要且適当なりと看做さるべき措置を講ずるの目的を以て即時協議する旨誓約すべき協定の締結に努むべし

斯る協定は又協定締約国たる各国政府が印度支那との貿易若は経済関係に於て徳恵的待遇を求め又は之を受けざるべく且各締約国の為仏領印度支那との貿易及通商に於ける平等待遇を確保するが為尽力すべき旨規定すべきものとす

三　日本国政府は支那及印度支那より一切の陸、海、空軍兵力及警察力を撤収すべし

四　合衆国政府及日本国政府は臨時に首都を重慶に置ける中華民国国民政府以外の支那に於ける如何なる政府若くは政権をも軍事的、政治的、経済的に支持せざるべし

五　両国政府は外国租界及居留地内及之に関連せる諸権益並に一九〇一年の団匪事件議定書に依る諸権利をも含む支那に在る一切の治外法権を抛棄すべし

両国政府は外国租界及居留地に於ける諸権利並に一九〇一年の団匪事件議定書による諸権利を含む支那に於ける治外法権抛棄方に付英国政府及其の他の諸政府の同意を取付くべく努力すべし

六　合衆国政府及日本国政府は互恵的最恵国待遇及通商障壁の低減並に生糸を自由品目として据置かんとする米側企図に基き合衆国及日本国間に通商協定締結の為協議を開始すべし

七　合衆国政府及日本国政府は夫々合衆国に在る日本資金及日本国にある米国資金に対する凍結措置を撤廃すべし

八　両国政府は円弗為替の安定に関する案に付協定し右目的の為適当なる資金の割当は半額を日本国よ

り半額を合衆国より供与せらるべきことに同意すべし
九　両国政府は其の何れかの一方が第三国と締結しをる如何なる協定も同国に依り本協定の根本目的即ち太平洋地域全般の平和確立及保持に矛盾するが如く解釈せられざるべきことを同意すべし
十　両国政府は他国政府をして本協定に規定せる基本的なる政治的経済的原則を遵守し且之を実際的に適用せしむる為其の勢力を行使すべし」。

▼35 服部『大東亜戦争全史』一二九－三一頁。

▼36 前掲書、一三一頁。

▼37 東條英機刊行会、上法快男編『東條英機』(芙蓉書房、一九七四年)四六－四七頁。

▼38 前掲書、四六－四七頁。

▼39 服部『大東亜戦争全史』一三一頁。

▼40 前掲書、一三一頁。

「陸軍中将武藤章手記」(防衛省防衛研究所史料閲覧室所蔵、一九四六年)一三四頁。

▼41 『開戦経緯5』四九三頁。

▼42 前掲書、四九三頁。

▼43 参謀本部『杉山メモ』上巻、五三二－三三頁。

▼44 前掲書、五三三－三四頁。

▼45 同右、五三四頁。

▼46 同右、四九五－九六頁。

▼47 同右、四九六頁。

▼48 同右、四九六－九七頁。

▼49 同右、四九九頁。

▼50 同右、五〇三頁。

▼51 「一八一〇(午後六時十分)、大臣総長同列ご学問所にて拝謁し、直ちに椅子を給って至て静かに総長に対せられて『愈々時機は切迫して矢は弓を放れんとしておるが、一旦矢が離れると長期の戦争となるのだが、予定の通りやるかね』とお尋ねになった。此の重大事の御下問に、実に物柔らかな御容子を拝し感激し奉ったことは今でも記憶を去らない。

心の底からお嫌やな戦争を避けたい御念願と、国家として追い詰められた戦争に対せられる御勇気とを、親しく拝し上げたのであった。総長は『何れ明日、委細奏上すべきも大命降下あらば予定の通りに進撃いたします』と奉答した。次に私に対せられて『大臣としても総てよいかね』とのお尋ねあり、私は『物も人も共に十分の準備を整えて大命降下を御待ちしております』と奉答した所、更に私に対して『ドイツが欧州で戦争を止めたときはどうかね』とのお尋ねかあったので、私は『ドイツは真から頼りになる国とは思っておりませぬ、仮令、ドイツが手を引きましても、差支ない限りで御座います』と奉答した。お尋ねは以上であったが、大御心を安じ奉らんために、両人から艦隊の様子を申上げ、司令長官は訓練が行届き、士気旺盛なることに十分の自信を存しておることや、此の戦争はどうしても勝たねばならぬと一同覚悟しておることなどを申上げて退下した。陛下には御安心の御様子に拝した」。

「元海軍大将嶋田繁太郎談話収録」(財団法人水交会、一九五七年)。

▼52
「十一月五日御前会議決定に基きまして、陸海軍に於ては作戦準備の完整に努めまする一方、政府に於きましては、凡有手段を尽し、全力を傾注して、対米国交調整の成立に努力して参りましたが、米国は従来の主張を一歩も譲らざるのみならず、更に米英蘭支連合の下に、支那より無条件全面撤兵、南京政府の否認、日独伊三国同盟の死文化を要求する等、新たなる条件を追加し、帝国の一方的譲歩を強要して参りました。

　若し帝国にして之に屈従せんか、帝国の権威を失墜し、支那事変の完遂を期し得ざるのみならず、遂には帝国の存立をも危殆に陥らしむる結果と相成る次第でありまして、外交手段に依りては到底帝国の主張を貫徹し得るざることが明かとなりました。一方、米英蘭支等の諸国は、其の経済的軍事的圧迫を益々強化して参りまして、我国力上の見地よりするも、又作戦上の重点よりするも、到底此の儘推移するを許さざる状態に立至りました。然も特に作戦上の要求は之以上時日の遷延を許しません。事茲に至りましては、帝国は現下の危局を打開し、自存自衛を全ふする為、米英蘭に対し開戦の已むなきに立ち到りましたる次第であります。

　支那事変も已に四年有余に亘りましたる今日、更に、大戦争に突入致すことと相成り、宸襟を悩まし奉ることは洵に恐懼の至りに堪へぬ次第でございます。

　然しながら熟々考へまするに、我が戦力は今や寧ろ支那事変前に比し遥かに向上し、陸海将兵の士気愈々旺盛国内の結束益々固くして、挙国一体一死奉公、以て国難突破を期すべきは私の確信して疑わぬ所で御座ゐます」。

　御前会議議事録「対米英蘭開戦の件(昭和十六年十二月一日)」(防衛省防衛研究所史料閲覧室所蔵、一九四一年)。

▼53
「之を要しまするに、米国政府は、終始其の伝統的理念及原則を固執し東亜の現実を没却し、而も自らは容易に実行せざる諸原則を帝国に強要せむとするものにして、我国が屢々幾多の譲歩を為せるに拘らず、七ヵ月余に亘る今次交渉を通じ、当初の主張を固持して一歩も譲らなかったのであります。

　惟ふに米国の対日政策は終始一貫して我不動の国是たる東亜新秩序建設を妨碍せんとするに在り、今次米側回答は、仮に之を受諾せんか、帝国の国際的地位は満州事変以前よりも更に低下し、我が存立も亦危殆に陥らざるを得ぬものと認められるものであります。即ち

一　蔣介石の中国は、愈々英米依存の傾向を増大し、帝国は国民政府に対する信義を失し、日支友誼亦将来永く毀損せられ、延いて大陸より全面的に退却を余儀なくせられ、其の結果、満州国の地位も必然動揺を来すに至るべく、斯くの如くにして我支那事変完遂の方途は、根底より覆滅せらるべく

二　英米は此等地域の指導者として君臨するに至り、帝国の権威地に堕ちて、安定勢力たる地位を覆滅し、東亜新秩序建設に関する我大業は中途にして瓦解するに至るべく

三　三国同盟は一片の死文となりて、帝国は信を海外に失墜し

四　新にソ連をも加へ集団機構的組織を以て帝国を控制せんとするは、我北辺の憂患を増大せしむることとなるべく

五　通商無差別其の他の諸原則の如きは其のいふ所、必ずしも排除すべきに非ずと雖も、之を先づ太平洋地域にのみ適用せんとする企図は、結局英米の利己的政策の方途に過ぎずして、我方に於ては重要物資の獲得に大なる支障を来すに至るべく

　要するに右提案は到底我方に於ては容認し難きもので、米側於て其の提案を全然撤去するに於ては格別、右提案を基礎として此の上交渉を持続するも、我が主張を充分に貫徹することは殆ど不可能と云ふの外なしと申さなければなりませぬ」。

▼54

参謀本部『杉山メモ』上巻、五四九－五〇頁。

「陸海軍統帥部は去る十一月五日決定の『帝国国策遂行要領』に基き政府の施策と緊密なる連繫を保持しつつ作戦準備を進めて参りまして、今や武力発動の大命を仰ぎ次第、直に既定の計画に基き、作戦行動を開始し得べき態勢を完整致して居ります。

　而して米英蘭は、其の後着々戦備を進め、特に南方に於ける此等諸邦の兵備は漸次増強しつつありますが、目下のところ予想致しましたる所と大になる差異を認めませぬので、我方としては毫も作戦発起に支障なく、既定の計画通り作戦を遂行し得るものと確信致して居ります。

　又ソ連に対しましては、適切なる外交施策と相俟ちまして、厳重警戒しつつありますが、目下の処其の兵力配備等より致しまして大なる不安を感ぜしむるものは御座ゐません。

　今や肇国以来の国難に際会致しまして、陸海軍作戦部隊の全将兵は士気極めて旺盛でありまして、一死奉公の念に燃え、大命一下勇躍大任に赴かんとしつつ

あります。此の点特に御安心を願ひ度く存じます」。
御前会議議事録「対米英蘭開戦の件（昭和十六年十二月一日）」。

▼55 「帝国は対米交渉に就ては、譲歩に次ぐ譲歩を以てし、平和維持を希望した次第でありますが、意外にも米の態度は徹頭徹尾蔣介石の言はんとするところを言ひ、従来通りの理想論を述べてゐるのでありまして、其の態度は唯我独尊、頑迷無礼、甚だ遺憾とする所であります。此の如き態度は我国として何うしても忍ぶべからざるものであります。

若し之を忍ぶと致しましたら、日清日露両戦役の成果をも一擲することになるばかりでなく、満州事変の結果をも放棄しなければならぬこととなるのであります。何としても忍ぶべからざる処であります。

丸四年以上の支那事変を克服して来た国民をして、更に此の上の苦難に堪へしむることは、誠に忍び難いことと考へます。然し乍ら今や帝国の存立を脅かされ、明治天皇の御事蹟をも全く失ふこととなるものでありまして、此の上手を尽すも無駄であることは明かであります。従ってさきの御前会議決定通り開戦も止むなき次第と存じます。

最後に一言致し度いことは、当初の作戦は我国の勝利は疑はぬ処でありますが、長期戦の場合には一方に勝利を得つつ、他方には民心の安定を得ることが必要であります。誠に開国以来の大事業でありますが、之を克服してなるべく早期に解決することが必要と存じます。之が為には今から如何にして戦争の結末をつけるべきかを考へておく必要があります。

国民は此の立派な国体の下にありまして、精神的には他に比類のない優秀さであることは疑はない処でありますが、戦争長期に亘るときは、時として考へ違ひのものもあり、又敵国の策動も絶えず行はれ、内部的崩壊を企図するでありませう。尚愛国心に燃えてゐるものでも、時として此の内部的崩壊を企図することがないとも限りませぬ。此の点最も憂ふべきことと存じます。

開戦は今日の情勢上誠に已むを得ぬことと存じ誠忠無比なる我将兵に信頼致します」。
前掲書。

▼56 同右。

▼57 『開戦経緯5』五二三頁。

▼58 渙発された詔書全文である。

「詔　書

天祐ヲ保有シ万世一系ノ皇祚ヲ践メル大日本帝国天皇ハ昭ニ忠誠勇武ナル汝有衆ニ示ス

朕茲ニ米国及英国ニ対シテ戦ヲ宣ス　朕カ陸海将

兵ハ全力ヲ奮テ交戦ニ従事シ　朕カ百僚有司ハ励精職務ヲ奉行シ　朕カ衆庶ハ各其ノ本分ヲ尽シ　億兆一心国家ノ総力ヲ挙ケテ征戦ノ目的ヲ達成スルニ遺算ナカラムコトヲ期セヨ

　抑東亜ノ安定ヲ確保シ以テ世界ノ平和ニ寄与スルハ丕顕ナル皇祖考丕承ナル皇考ノ作術セル遠猷ニシテ　朕カ拳々措カサル所　而シテ列国トノ交誼ヲ篤クシ万邦共栄ノ楽ヲ偕ニスルハ之亦帝国カ常ニ国交ノ容義ト為ス所ナリ　今ヤ不幸ニシテ米英両国ト釁端ヲ開クニ至ル　洵ニ已ムヲ得サルモノアリ　豈朕カ志ナラムヤ　中華民国政府曩ニ帝国ノ眞意ヲ解セス　濫ニ事ヲ構ヘテ東亜ノ平和ヲ攪乱シ　遂ニ帝国ヲシテ干戈ヲ執ルニ至ラシメ茲ニ四年有余ヲ経タリ　幸ニ国民政府更新スルアリ帝国ハ之ト善隣ノ誼ヲ結ヒ相提携スルニ至レルモ重慶ニ残存スル政権ハ米英の庇蔭ヲ恃ミテ兄弟尚未タ牆ニ相鬩クヲ悛メス　米英両国ハ残存政権ヲ支援シテ東亜ノ禍乱ヲ助長シ平和ノ美名ニ匿レテ東洋制覇ノ非望ヲ逞ウセムトス　剰ヘ予国ヲ誘ヒ帝国ノ周辺ニ於テ武備ヲ増強シテ我ニ挑戦シ更ニ帝国ノ平和的通商ニ有ラユル妨害ヲ与ヘ遂ニ経済断交ヲ敢テシ帝国ノ生存ニ重大ナル脅威ヲ加フ　朕ハ政府ヲシテ事態ヲ平和ノ裡ニ回復セシメムトシ隠忍久シキニ弥リタルモ彼ハ毫モ交譲ノ精神ナク徒ニ時局ノ解決ヲ遷延セシメテ此ノ間却ッテ益々経済上軍事上ノ脅威ヲ増大シ以テ我ヲ屈従セシメムトス

　斯ノ如クニシテ推移セムカ東亜安定ニ関スル帝国積年ノ努力ハ悉ク水泡ニ帰シ帝国ノ存立亦正ニ危殆ニ瀕セリ　事既ニ此ニ至ル　帝国ハ今ヤ自存自衛ノ為蹶然起ッテ一切ノ障礙ヲ破砕スルノ外ナキナリ

　皇祖皇宗ノ神靈上ニ在リ　朕ハ汝有衆ノ忠誠勇武ニ信倚シ祖宗ノ遺業ヲ恢弘シ速ニ禍根ヲ芟除シテ東亜永遠ノ平和ヲ確立シ以テ帝国ノ光榮ヲ保全セムコトヲ期ス」。

　御署名原本・昭和十六年・詔書一二月八日「米国及英国ニ対スル宣戦ノ件」(国立公文書館所蔵、一九四一年)。

▼59

『開戦経緯5』五四一頁。

【ヤ行】

【ラ行】

【ワ行】

【ナ行】

【ハ行】

【マ行】

【サ行】

【タ行】

人名索引

【ア行】

【カ行】

【著者略歴】
関口高史（せきぐち たかし）
1965年東京生まれ。元防衛大学校（防衛学教育学群戦略教育室）准教授。
防衛大学校人文社会学部国際関係学科、同総合安全保障研究科国際安全保障コース卒業。安全保障学修士。2000年、陸上幕僚監部調査部調査課調査運用室勤務。2006年、陸上自衛隊研究本部総合研究部直轄・第２研究室（陸上防衛戦略）研究員。2014年、防衛大学校防衛学教育学群戦略教官准教授。2020年 退官（予備１等陸佐）。

【主要業績】
- 著　書
  『誰が一木支隊を全滅させたのか――ガダルカナル戦と大本営の迷走』（芙蓉書房出版、2018年）
- 共著・共同執筆
  「昭和陸軍の戦い」『昭和史がわかるブックガイド』（文春新書、2020年）、「米中衝突　南太平洋発の『第二のキューバ危機』は起きるか」『文藝春秋オピニオン　2021年の論点100』（文藝春秋、2020年）
- 番組制作協力（軍事考証・解説等）
  「激闘ガダルカナル――悲劇の指揮官」（NHKスペシャル、2019年）
  「ガダルカナル大敗北の真相」（NHK歴史秘話ヒストリア、2020年）等

戦争という選択
――〈主戦論者たち〉から見た太平洋戦争開戦経緯

2021年8月15日　第1刷印刷
2021年8月30日　第1刷発行

著　者　関口高史
発行者　和田　肇
発行所　株式会社 作品社
〒102-0072 東京都千代田区飯田橋2-7-4
電　話 03-3262-9753
ＦＡＸ 03-3262-9757
https://www.sakuhinsha.com
振　替 00160-3-27183

装　　丁　小川惟久
本文組版　米山雄基
印刷・製本　シナノ印刷㈱

落・乱丁本はお取替えいたします。
定価はカバーに表示してあります。

ISBN978-4-86182-864-5 C0021

児玉源太郎
長南政義

台湾統治を軌道に乗せ、日露戦争を勝利に導いた"窮境に勝機を識る"名将の虚像と実像を暴く。新史料で通説を覆す決定版評伝!「児玉源太郎関係文書」を使用した初の評伝!

ドイツ装甲部隊史
1916−1945

ヴァルター・ネーリング　大木毅訳

ロンメル麾下で戦ったアフリカ軍団長が、実戦経験を活かし纏め上げた栄光の「ドイツ装甲部隊」史。不朽の古典、ついにドイツ語原書から初訳。

マンシュタイン元帥自伝
一軍人の生涯より

エーリヒ・フォン・マンシュタイン　大木毅訳

アメリカに、「最も恐るべき敵」といわしめた、"最高の頭脳"は、いかに創られたのか?"勝利"を可能にした矜持、参謀の責務、組織運用の妙を自ら語る。

パンツァー・オペラツィオーネン
第三装甲集団司令官「バルバロッサ」作戦回顧録

ヘルマン・ホート　大木毅編・訳・解説

将星が、勝敗の本質、用兵思想、戦術・作戦・戦略のあり方、前線における装甲部隊の運用、そして人類史上最大の戦い独ソ戦の実相を自ら語る。

戦車に注目せよ
グデーリアン著作集

大木毅編訳・解説　田村尚也解説

戦争を変えた伝説の書の完訳。他に旧陸軍訳の諸論文と戦後の論考、刊行当時のオリジナル全図版収録。

軍隊指揮
ドイツ国防軍戦闘教範

現代用兵思想の原基となった、勝利のドクトリンであり、現代における「孫子の兵法」。【原書図版全収録】旧日本陸軍/陸軍大学校訳 大木毅監修・解説

歩兵は攻撃する
エルヴィン・ロンメル

浜野喬士訳　田村尚也・大木毅解説

なぜ、「ナポレオン以来の」名将になりえたのか?そして、指揮官の条件とは?　"砂漠のキツネ"ロンメル将軍自らが、戦場体験と教訓を記した、幻の名著、ドイツ語から初翻訳!【貴重なロンメル直筆戦況図82枚付】

「砂漠の狐」回想録
アフリカ戦線 1941〜43

エルヴィン・ロンメル　大木毅訳

DAK(ドイツ・アフリカ軍団)の奮戦を、自ら描いた第一級の証言。ロンメルの遺稿遂に刊行!【自らが撮影した戦場写真/原書オリジナル図版、全収録】

ソ連軍〈作戦術〉
縦深会戦の追求

デイヴィッド・M・グランツ　梅田宗法訳

内戦で萌芽し、独ソ戦を勝利に導き、冷戦時、アメリカと伍した、最強のソフト。現代用兵思想の要、「作戦術」とは何か?　ソ連の軍事思想研究、独ソ戦研究の第一人者が解説する名著、待望の初訳。